河南省“十四五”普通高等教育规划教材

河南省普通高等教育优秀教材建设奖

弹性力学与有限元

TANXING LIXUE YU YOUXIANYUAN

（第三版）

●主编 陈孝珍

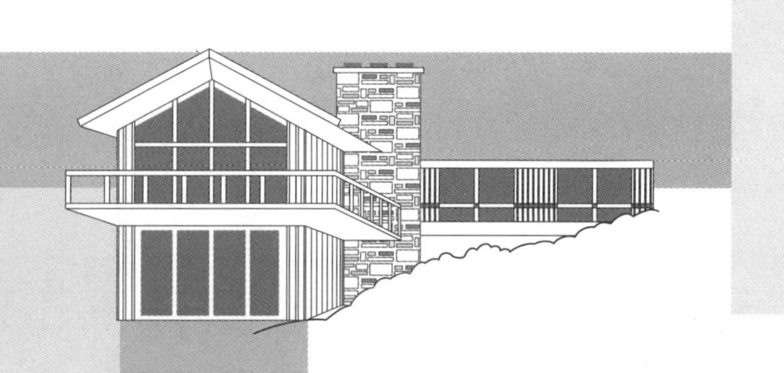

郑州大学出版社

内容简介

本书共10章，包含绪论、弹性力学基本理论及平面问题的直角坐标求解、弹性力学平面问题的极坐标求解、弹性力学空间问题的求解、平面问题的有限元法、其他形式的平面单元有限元法、杆件系统有限元法、轴对称问题的有限元法、空间问题的有限元法，最后介绍了大型通用有限元程序ANSYS的应用。

本书将弹性力学与有限元有机地结合在一起，内容完整，语言简练。在介绍弹性力学基本理论的基础上，逐步深入到有限元的基本理论中，同时介绍了有限元程序的应用，便于操作和编程。各章还配备了丰富的例题和习题，便于理论学习。

本书可作为高等院校土木工程专业、机械工程专业本科生的教材，同时可供其他专业的本科生、研究生选用，也可供有关工程技术人员参考。

图书在版编目（CIP）数据

弹性力学与有限元 / 陈孝珍主编.—3版. —郑州：郑州大学出版社，2022.8（2024.6重印）

ISBN 978-7-5645-8769-7

Ⅰ.①弹… Ⅱ.①陈… Ⅲ.①弹性力学②有限元法 Ⅳ.①O343②O241.82

中国版本图书馆CIP数据核字（2022）第096295号

弹性力学与有限元

策划编辑	崔青峰　祁小冬	封面设计	苏永生
责任编辑	刘永静	版式设计	苏永生
责任校对	李　蕊	责任监制	李瑞卿
出版发行	郑州大学出版社	地　址	郑州市大学路40号（450052）
出 版 人	孙保营	网　址	http://www.zzup.cn
经　销	全国新华书店	发行电话	0371-66966070
印　刷	河南大美印刷有限公司		
开　本	787 mm×1 092 mm　1 / 16	印　张	14.75
版　次	2007年8月第1版 2022年8月第3版	字　数	343千字
		印　次	2024年6月第5次印刷
书　号	ISBN 978-7-5645-8769-7	定　价	39.00元

编写指导委员会

The compilation directive committee

本书作者

Authors

主　编　陈孝珍

副主编　张学军　张　扬　陈　峰

序

Preface

近年来,我国高等教育事业快速发展,取得了举世瞩目的成就。随着高等教育改革的不断深入,高等教育工作重心正在由规模发展向提高质量转移,教育部实施了高等学校教学质量与教学改革工程,进一步确立了人才培养是高等学校的根本任务,质量是高等学校的生命线,教学工作是高等学校各项工作的中心的指导思想,把深化教育教学改革,全面提高高等教育教学质量放在了更加突出的位置。

教材是体现教学内容和教学要求的知识载体,是进行教学的基本工具,是提高教学质量的重要保证。教材建设是教学质量与教学改革工程的重要组成部分。为加强教材建设,教育部提倡和鼓励学术水平高、教学经验丰富的教师,根据教学需要编写适应不同层次、不同类型院校,具有不同风格和特点的高质量教材。郑州大学出版社按照这样的要求和精神,组织土建学科专家,在全国范围内,对土木工程、建筑工程技术等专业的培养目标、规格标准、培养模式、课程体系、教学内容、教学大纲等,进行了广泛而深入的调研,在此基础上,分专业召开了教育教学研讨会、教材编写论证会、教学大纲审定会和主编人会议,确定了教材编写的指导思想、原则和要求。按照以培养目标和就业为导向,以素质教育和能力培养为根本的编写指导思想,科学性、先进性、系统性和适用性的编写原则,组织包括郑州大学在内的五十余所学校的学术水平高、教学经验丰富的一线教师,编写了本、专科系列教材。

教材教学改革是一个不断推陈出新、反复锤炼的过程,希望这些教材的出版对土建教育教学改革和提高教育教学质量起到积极的推动作用,也希望使用教材的师生多提意见和建议,以便及时修订、不断完善。

前　言（第三版）

Foreword

本书讲解了弹性力学、有限元法的基本理论及通用有限元程序 ANSYS 在有限元分析中的应用。弹性力学是固体力学的一个分支，弹性力学主要研究弹性体受到外力作用、边界约束或是由于温度变化等原因而产生的应力、应变和位移。牛顿力学把物体抽象为质点和刚体，研究力和运动之间的关系。牛顿力学在物体的运动速度远小于光速的现实世界里已被证实是正确的。在此基础上，力学学家开始研究它在各种可变形的连续介质中的应用，而弹性体是最为理想的连续介质，弹性力学是把牛顿力学由刚体应用到连续体的一个桥梁。

有限元法是 20 世纪 60 年代随电子计算机的广泛应用而发展起来的一种数值方法，具有很强的通用性和灵活性，研究的内容广泛。其分析思路是：将整个结构看作是由有限个力学小单元相互连接而形成的集合体，每个单元的力学特性组合在一起便可提供整体结构的力学特性。随着电子计算机的飞速发展，有限元分析得到了飞速的发展，形成了比较完善的专家系统，逐步实现了有限元分析的智能化。几十年来，有限元单元法已在各个工程领域得到了广泛应用，相应的大型软件已成为现代工程设计中一个重要的不可缺少的计算工具。特别是近年来，由于计算机辅助设计在工程设计中日益广泛的应用，有限元程序包已成为常用计算方法库中不可缺少的重要内容之一，并且与优化设计技术结合，形成了大规模的集成系统。工程设计人员使用这些系统，可以高效且正确、合理地确定最佳设计方案。

大型通用有限元程序 ANSYS 是一个功能十分强大的有限元分析程序，ANSYS 软件已广泛用于核工业、铁道、石油化工、航空航天、机械制造、能源、汽车交通、国防军工、电子、土木工程、生物医学、水利、日用家电等一般工业及科学研究。该软件可以进行结构高度非线性分析、电磁分析、计算流体力学分析、设计优化、接触分析、自适应网格划分，并可利用 ANSYS 参数设计语言扩展宏命令功能。软件主要包括三个模块：前处理模块、分析计算模块和后处理模块。前处理模块提供了一个强大的实体建模及网格划分工具；分析计算模块包括结构分析（可进行线性分析、非线性分析和高度非线性分析）、流体动力学分析、电磁场分析、声场分析、压电分析以及多物理场的耦合分析，可模拟多种物理介质的相互作用，具有灵敏度分析及优化分析能力；后处理模块可将计算结果以彩色等值线、梯度、矢量、粒子流迹、立体切片、透明及半透明(可看到结构内部)等图形方式显示出来,也可将计算结果以图表、曲线形式显示或输出。软件提供了100种以上的单元类型,用来模拟工程中的各种结构和材料。ANSYS软件是第一个通过ISO 9001质量认证的大型分析设计类软件,是美国机械工程师协会(ASME)、美国核安全局(NNSA)及近20种专业技术协会认证的标准分析软件。在国内第一个通过了中国压力容器标准化技术委员会认证并在国务院17个部委推广使用。

本书由南阳理工学院陈孝珍(第1~4章)、张学军(第9、10章)、张扬(第7、8章)、陈峰(第5、6章)共同编写,最后由陈孝珍统稿。

限于作者水平有限,书中如有不当和疏漏之处,敬请读者批评指正。

编　者

2022年3月

目录 CONTENTS

第1章 绪 论

1.1 弹性力学方法概述

弹性力学是固体力学的一个分支,主要研究弹性体受到外力作用、边界约束或是由于温度变化等原因而产生的应力、应变和位移。牛顿力学把物体抽象为质点和刚体,研究力和运动之间的关系,牛顿力学在物体的运动速度远小于光速的现实世界里已被证实是正确的。在此基础上,力学学家开始研究它在各种可变形的连续介质中的应用,而弹性体是最为理想的连续介质,因此弹性力学是把牛顿力学的应用由刚体转变为弹性体的一个桥梁。在弹性力学的研究中,保留了刚体力学的研究方法,以牛顿三大定律为基础,研究对象为连续的弹性体。

对刚体的静力学方面的研究主要研究了刚体的平衡条件,对运动几何学方面的研究则研究了刚体位移,即刚体的平动位移和转动位移。同样的,对弹性体的研究也必须研究静力学方面和运动几何学方面的问题,除此之外还必须研究物理方面的问题——应力-应变关系。

弹性力学的静力学方面同样是研究物体的平衡。对于弹性体,仅仅讨论外力平衡条件是不够的,满足外力平衡条件只是平衡的必要条件,而不是充分条件。因此当物体所受外力达到平衡时还不能保证弹性体内部处处平衡,弹性体内部的平衡是弹性力学研究的主要的平衡关系。为此我们假想弹性体是由内部无限个无限小的微六面体和边界上无限个微四面体所组成的集合体。在变形完成之后,把每一个微元看作刚体并研究它们的平衡即可建立弹性力学的平衡微分方程式,在小变形情况下,由于求解的应力个数大于方程数,所以弹性力学问题总是超静定的,为求解必须补充几何方程和物理方程。

弹性力学的运动几何学研究弹性体内任意一点的位移,除了刚体位移外,还有弹性体因变形而引起的位移(变形位移),这是弹性力学要研究的主要位移。由于弹性体的变形是连续的,因此位移的变化也是连续的,研究弹性体的应力-应变关系、微元间的变形协调关系就可以得出弹性体的几何微分方程或变形协调方程,研究边界位移和外加约束的协调关系就可以建立位移边界条件。

弹性力学的物理方程研究弹性体的应力-应变关系。弹性体的应力-应变关系可

表示为

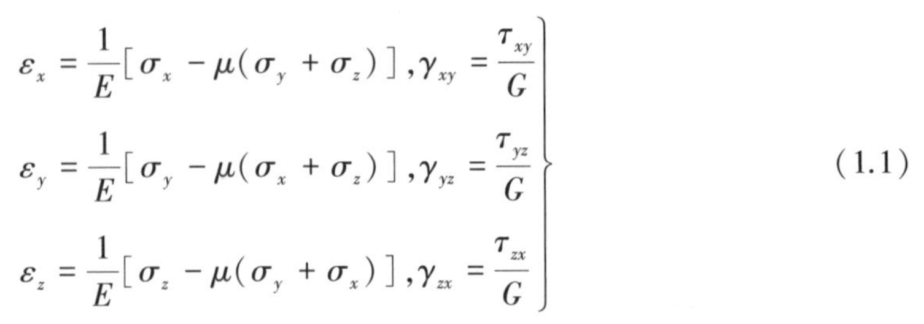

$$\left.\begin{aligned}\varepsilon_x&=\frac{1}{E}[\sigma_x-\mu(\sigma_y+\sigma_z)],\gamma_{xy}=\frac{\tau_{xy}}{G}\\\varepsilon_y&=\frac{1}{E}[\sigma_y-\mu(\sigma_x+\sigma_z)],\gamma_{yz}=\frac{\tau_{yz}}{G}\\\varepsilon_z&=\frac{1}{E}[\sigma_z-\mu(\sigma_y+\sigma_x)],\gamma_{zx}=\frac{\tau_{zx}}{G}\end{aligned}\right\}\tag{1.1}$$

弹性常数 E、G、μ 的关系表示为

$$G=\frac{E}{2(1+\mu)}\tag{1.2}$$

弹性力学的主要内容就是通过弹性体的静力平衡关系、几何关系及物理关系的研究建立弹性体在外力作用下的数学模型，得到一组高阶偏微分方程和边界条件，并对各类问题进行求解。根据方程中所保留的未知量，求解方法可分为力法（以应力作为基本的未知量）、位移法（以位移作为基本的未知量）和混合法（同时以应力和位移作为基本未知量）。

由于物体的几何形状、结构形式和外部荷载的复杂性，对许多问题还不能用解析法进行求解。目前对于一些简单问题运用“逆解法”和“半逆解法”得到了闭合形式的解析解，这种方法是通过假设问题的全部或部分解，然后检查该解是否满足问题的全部边界条件。弹性力学要求在弹性体内部逐点满足平衡条件和连续性条件，在边界上满足应力边界条件和位移边界条件。

弹性力学所研究的对象是理想弹性体，其应力与应变之间的关系为线性关系，即符合胡克定律。所谓理想弹性体，是指符合下述前四个假定的物体：

（1）连续性假定　假定物体整个体积都被组成该物体的介质所填满，不存在任何空隙。尽管物体都是由微小粒子组成的，不符合这一假定，但只要粒子的尺寸以及相邻粒子之间的距离都比物体的尺寸小得多，则连续性假定就不会引起显著的误差。有了这一假定，物体内的一些物理量（如应力、应变等等）才能连续，因而才能用连续函数来表示它们的变化规律。

（2）完全弹性假定　假定物体满足胡克定律，应力与应变间的比例常数称为弹性常数，弹性常数不随应力或应变的大小和符号而变，即应力、应变成线性关系。由材料力学已知：脆性材料在应力未超过比例极限以前，可以认为是近似的完全弹性体；而塑性材料在应力未达到屈服极限以前，也可以认为是近似的完全弹性体。这个假定，使得物体在任意瞬时的应变将完全取决于该瞬时物体所受到的外力或温度变化等因素，而与加载的历史和加载顺序无关。

（3）均匀性假定　假定整个物体是由同一材料组成的，这样，整个物体的各个部分才具有相同的弹性，因而物体的弹性常数才不会随位置坐标而变，才可以取出该物体的任意一小部分来加以分析，然后把分析所得的结果应用于整个物体。如果物体是由多种材料组成的，只要每一种材料的颗粒远远小于物体而且在物体内是均匀分布的，那么整个物体也就可以假定为均匀的。

(4)各向同性假定　假定物体的弹性在各方向都是相同的,即物体的弹性常数不随方向而变化。由木材、竹材等制成的构件,就不能当作各向同性体来研究。至于钢材构件,虽然其内部含有各向异性的晶体,但由于晶体非常微小,并且是随机排列的,所以从统计平均意义上讲,钢材构件的弹性基本上是各向同性的。

上述假定,都是为了研究问题的方便,根据研究对象的性质,结合求解问题的范围而作出的基本假定,这样便可以略去一些暂不考虑的因素,使得问题的求解成为可能。

(5)小变形假定　在弹性力学中,所研究的问题主要是理想弹性体的线性问题。为了保证研究的问题限定在线性范围,还需要作出小位移和小变形的假定。这就是说,要假定物体受力以后,物体所有各点的位移都远远小于物体原来的尺寸,并且其应变和转角都远小于1。所以,在建立变形体的平衡方程时,可以用物体变形以前的尺寸来代替变形后的尺寸,而不致引起显著的误差,并且,在考察物体的变形及位移时,对于转角和应变的二次幂或其乘积都可以略去不计。对于工程实际中的问题,如果不能满足这一假定,一般需要采用其他理论进行分析求解(如大变形理论等)。

1.2　有限元法概述

有限元法是20世纪60年代随电子计算机的广泛应用而发展起来的一种数值方法,具有很强的通用性和灵活性。早在20世纪40年代初,Courant等人就提出了有限元法的基本思想,但一直没有引起人们的足够重视。直到20世纪50年代中期,才开始有人利用这种思想对航空工程中的飞机结构进行矩阵分析。其分析思路是:将整个结构看作是由有限个力学小单元相互连接而形成的集合体,每个单元的力学特性组合在一起便可提供整体结构的力学特性。这种处理问题的思路在1960年被广泛用于求解弹性力学的平面应力问题,并开始使用“有限单元法”(通常简称“有限元法”)这一术语。之后,随着电子计算机的飞速发展,有限元法如虎添翼,经过数十年的发展,目前国内外已有许多大型通用的有限元分析程序可供使用,如ANSYS、ADINA、ABAQUS、SAP5、Super SAP、MSC Nastran等。现在许多大型有限元分析软件都已配备了功能很强的前后置处理程序,并将人工智能技术引入有限元分析软件,形成了比较完善的专家系统,逐步实现了有限元分析的智能化。

图1.1所示为一个支架的应力分析的单元划分图,可分析图中所示的一个平面截面内的位移分布。作为近似解,可以先求出图中各四边形顶点的位移。这里的四边形就是单元,其顶点就是结点。从物理角度理解,可把一个连续的支架截面单元之间在结点处以铰链相链接,由单元组合而成的结构近似代替原连续结构,在一定的约束条件下,在给定的荷载作用下,就可以求出各结点的位移,进而求出应力。从数学角度理解,把这个求解区域剖分成许多待定的四边形子域,子域内的位移可用相应各结点的位移合理插值来表示。图1.2为支架的变形图。

在一定条件下,由单元集合成的组合结构能近似于真实结构,因此分区域插值求解也就能趋近于真实解。这种求解方法及其所满足的条件,就是有限元法所要研究的内容。有限元法可适应于任何复杂的几何区域,便于处理不同的边界条件,这一点比常用的差分法更为优越。在满足一定条件下，单元越小，结点越多，有限元数值解的精度也就越高。

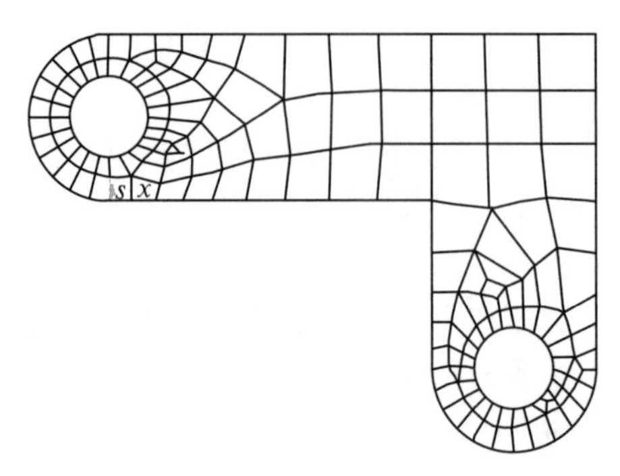

图 1.1 单元划分

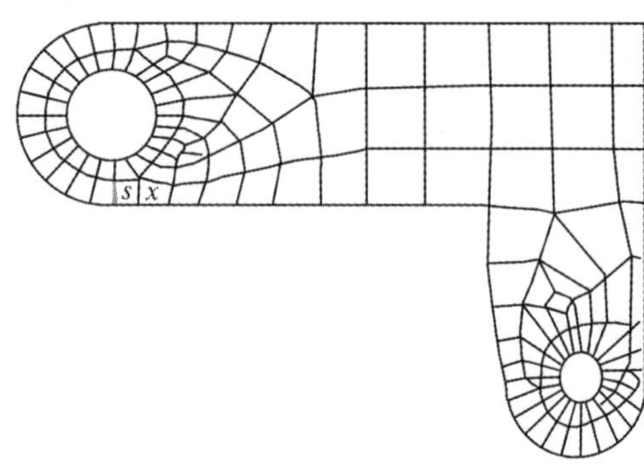

图 1.2 变形图

有限元法是把要分析的连续体假想地分割成有限个单元所组成的组合体，这一过程简称为离散化。离散化的组合体与真实弹性体的区别在于：组合体中单元与单元之间的连接除了结点之外再无任何关联。但是这种连接要满足变形协调条件，既不能出现裂缝，也不允许发生重叠。显然，单元之间只能通过结点来传递内力。通过结点来传递的内力称为结点力，作用在结点上的荷载称为结点荷载。当连续体受到外力作用发生变形时，组成它的各个单元也将发生变形，因而各个结点要产生不同程度的位移，这种位移称为结点位移。

在有限元中，常以结点位移作为基本未知量，并对每个单元根据分块近似的思想，假设一个简单的函数近似地表示单元内位移的分布规律，然后利用力学理论中的变分原理或其他方法，建立结点力与结点位移之间的力学特性关系，得到一组以结点位移为未知量的代数方程，从而求解结点的位移分量，最后利用插值函数确定单元集合体上的位移场函数。显然，如果单元满足问题收敛性要求，那么随着缩小单元的尺寸，增加求解区域内单元的数目，解的近似程度将不断改进，近似解最终将收敛于精确解。

几十年来，有限元法已在各个工程领域得到了广泛应用，相应的大型软件已成为现代工程设计中不可缺少的计算工具。特别是近年来，由于计算机辅助设计在工程设计中日益广泛的应用，有限元程序包已成为常用计算方法库中不可缺少的重要内容之一，并且与优化设计技术结合，形成了大规模的集成系统。工程设计人员使用这些系统，就可以高效且正确、合理地确定最佳设计方案。

习题

1.弹性力学的基本假定有哪些？

2.什么是理想弹性体？

3.一般的混凝土构件和钢筋混凝土构件能否作为理想弹性体？

习题答案

第 2 章　弹性力学基本理论及平面问题的直角坐标求解

2.1　弹性力学的基本概念

弹性力学中经常用到的基本概念有外力、应力、形变(应变)和位移,而外力又分为体力和面力。

2.1.1　外力

2.1.1.1　体力

体力是分布在物体体积内的力,如常见的重力、惯性力。如图 2.1 所示,P 点在体积 ΔV 上作用有 ΔF 的体力,则体力的集度为

$$f = \lim_{\Delta V \to 0} \frac{\Delta F}{\Delta V} \tag{2.1}$$

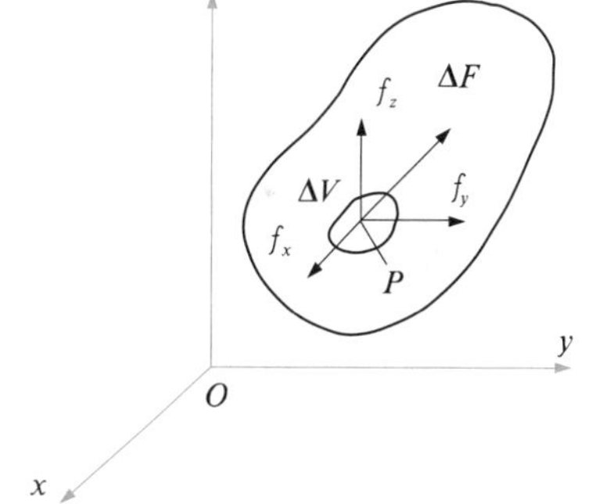

图 2.1　体力

由于 ΔV 是标量,所以 $\boldsymbol{f}$ 的矢量方向就是 ΔF 的极限方向。$\boldsymbol{f}$ 在三个坐标轴上的分量 f_x、f_y、f_z 称为物体在 P 点的体力分量,沿坐标轴正方向为正,沿坐标轴负方向为负,其量纲为 $\mathrm{L^{-2}MT^{-2}}$。

2.1.1.2　面力

面力是指分布在物体表面的力,如流体的压力和接触力。如图 2.2 所示,P 点在面积 ΔS 上作用有 ΔF 的面力,则面力的集度为

$$\bar{f} = \lim_{\Delta S \to 0} \frac{\Delta F}{\Delta S} \tag{2.2}$$

图 2.2　面力

由于 ΔS 是标量,所以 $\bar{\boldsymbol{f}}$ 的矢量方向就是 ΔF 的极限方向。$\bar{\boldsymbol{f}}$ 在三个坐标轴上的分量 $\bar{f}_x$、$\bar{f}_y$、$\bar{f}_z$ 称为物体在 P 点的面力分量,沿坐标轴正方向为正,沿坐标轴负方向为负,其量纲为 $\mathrm{L^{-1}MT^{-2}}$。

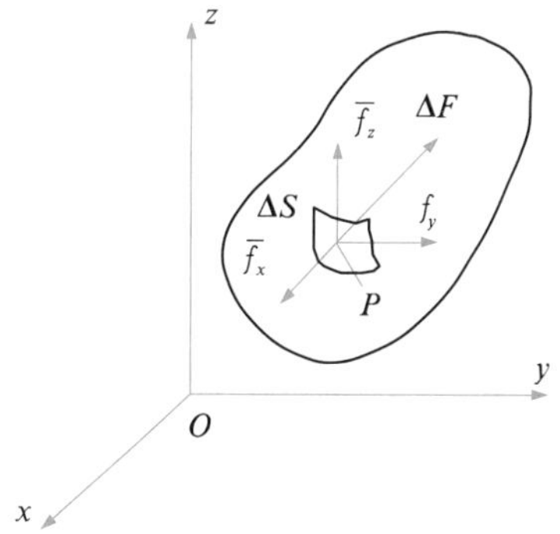

2.1.2　应力

物体在受到外力后,物体内部将产生内力,即物体内部不同部分间的相互作用力。用过 P 点的任意一个截面将物体截开分为两部分Ⅰ和Ⅱ,如图2.3所示。设作用于 ΔA 上的内力为 ΔF,则内力的集度即为应力 p:

$$p = \lim_{\Delta A \to 0} \frac{\Delta F}{\Delta A} \tag{2.3}$$

这个极限矢量 $\boldsymbol{p}$ 即为物体在 P 点的应力,由于 ΔA 是标量,所以 $\boldsymbol{p}$ 的矢量方向就是 ΔF 的极限方向。与物体的形变和材料强度直接相关的是应力 $\boldsymbol{p}$ 在法向和切向的分量,也就是正应力 $\boldsymbol{\sigma}$ 和切应力 $\boldsymbol{\tau}$,如图2.3所示。其量纲为 $\mathrm{L^{-1}MT^{-2}}$。

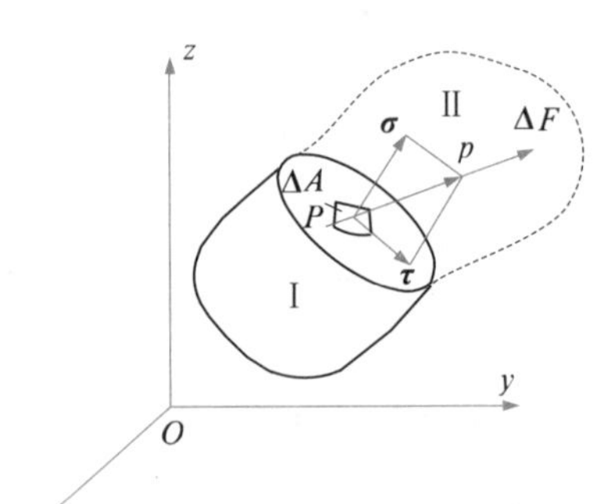

图2.3　应力

为了研究 P 点的应力状态,由材料力学可知,须在 P 点沿 x、y、z 三个方向取一个边长分别为 $\mathrm{d}x$、$\mathrm{d}y$、$\mathrm{d}z$ 的微六面体,当六面体无穷小时,微六面体的应力就表示 P 点的应力,应力分量如图2.4所示。共有9个应力分量:σ_x、σ_y、σ_z、τ_{xy}、τ_{yx}、τ_{yz}、τ_{zy}、τ_{zx}、τ_{xz}。由材料力学中的剪应力互等定理可知:$\tau_{xy}=\tau_{yx}$,$\tau_{xz}=\tau_{zx}$,$\tau_{yz}=\tau_{zy}$。故一点的应力状态完全由 σ_x、σ_y、σ_z、τ_{xy}、τ_{yz}、τ_{zx} 这6个独立的应力分量确定。

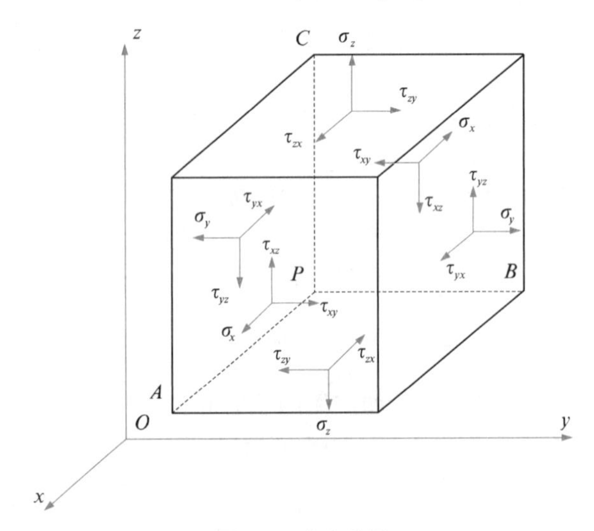

图2.4　应力分量

正面的外法线沿坐标轴正向;负面的外法线沿坐标轴负向。正面上的应力分量沿坐标轴正向为正,沿坐标轴负向为负;负面上的应力分量沿坐标轴负向为正,沿坐标轴正向为负。

2.1.3　形变(应变)

应变是指物体在受力后发生变形的相对量,总的可以归结为长度的改变和角度的改

变。如图 2.4 所示,沿坐标轴 x、y、z 三个方向的微线段 PA、PB 和 PC,物体在发生变形后这三个线段的长度和夹角都会发生变化。各线段单位长度的变形量,称为线应变 ε(也称为正应变),沿 x 轴的线应变表示为 ε_x,依此类推,线应变以伸长为正,缩短为负;各线段间夹角的改变量称为剪应变(又称切应变)γ,γ_{yz}表示 y、z 两个方向的线段的夹角改变量,依此类推,切应变以夹角增大为负,减小为正。一点的应变状态完全由 ε_x、ε_y、ε_z、γ_{xy}、γ_{yz}、γ_{zx}这 6 个形变分量确定。

2.1.4　位移

位移是指物体内任一点位置的移动。物体内一点 P 的位移可用沿 x、y、z 三个方向的位移分量 u、v、w 表示。位移分量沿坐标轴正方向为正,沿坐标轴负方向为负。

2.2　两类平面问题

严格地说,实际的弹性结构都是空间结构,并处于空间的受力状态,属于空间问题。然而,对于某些特定的问题,根据结构和受力情况可以简化为平面问题来处理。平面问题一般可以分为两类,一类是平面应变问题,另一类是平面应力问题。

2.2.1　平面应变问题

设有很长的柱形体,它的横截面不沿长度发生变化,在柱面上受有平行于横截面且不沿长度变化的面力或约束,并且体力也平行于横截面且不沿长度变化,如图 2.5 所示。

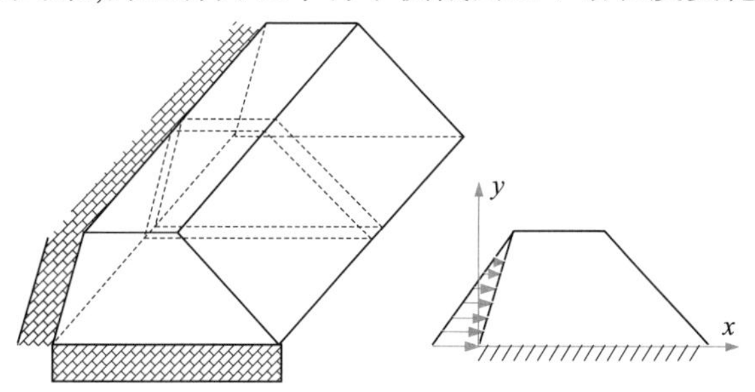

图 2.5　平面应变

平面应变问题有如下特点:

(1)z 向尺寸远大于 x、y 向尺寸,且与 z 轴垂直的各个横截面尺寸都相同。

(2)由于受有平行于横截面(x、y 平面)且不沿 z 向变化的外荷载,沿 z 向不受荷载,约束条件沿 z 向也不变,即所有内在因素和外来作用都不沿长度变化。由于在此情况下,所有的应力分量、应变分量、位移分量都不沿轴线 z 发生变化,只是 x、y 的函数,则有

$$w = 0,\quad \varepsilon_z = 0,\quad \gamma_{yz} = \gamma_{zx} = 0$$

应力分量是坐标 x、y 的函数,除 σ_x、σ_y、τ_{xy}外,还有 σ_z,由物理方程可得

$$\sigma_z = \mu(\sigma_x + \sigma_y)$$

例如受内压的圆柱管道和长水平巷道等。

2.2.2 平面应力问题

设有很薄的等厚薄板，只在板边上受有平行于板面且不沿厚度变化的面力或约束，同时体力也平行于板面且不沿厚度变化，如图 2.6 所示。

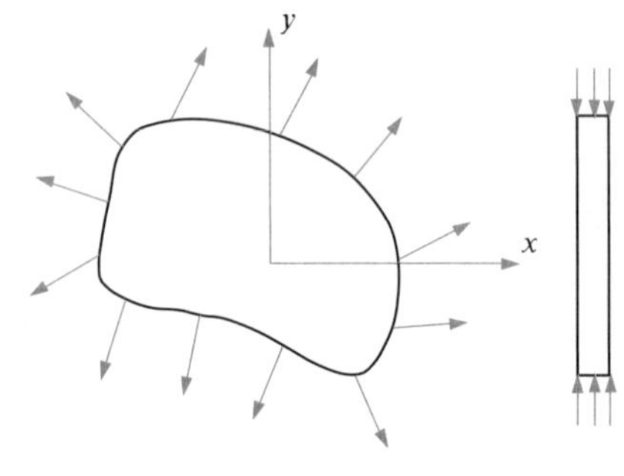

图 2.6 平面应力

平面应力问题有如下特点：

(1) 长、宽尺寸远大于厚度。

(2) 由于沿板边受有平行板面的面力，且沿厚度均布，体力平行于板面且不沿厚度变化，在平板的前后表面上无外力作用，因此

$$\sigma_z = \tau_{zx} = \tau_{zy} = 0$$

σ_x、σ_y、τ_{xy}是坐标 x、y 的函数，应变分量除 ε_x、ε_y、γ_{xy} 之外还有 ε_z，可由广义胡克定律求解，即

$$\varepsilon_z = \frac{-\mu}{1-\mu}(\varepsilon_x + \varepsilon_y)$$

2.3 弹性力学平面问题的直角坐标解答

2.3.1 平面问题基本方程

2.3.1.1 平衡微分方程

在弹性体内任一点 P 取一微正六面体面，沿 x 向、y 向微线段长度分别为 $\mathrm{d}x$、$\mathrm{d}y$，沿 z 方向取单位长度，X、Y 为作用于弹性体上沿 x、y 方向上的均匀分布体力，如图 2.7 所示。

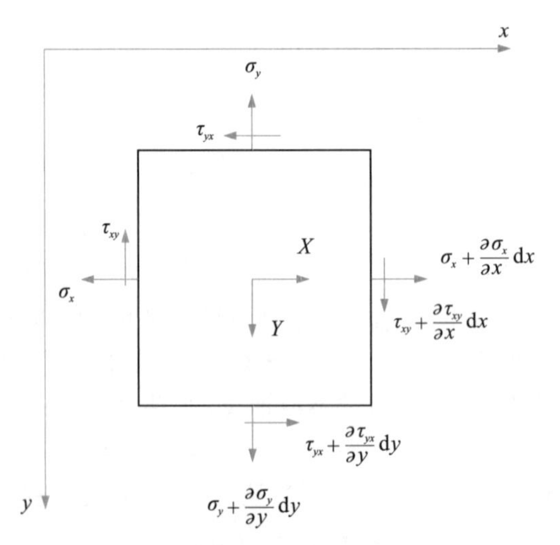

图 2.7 平面问题

根据静力平衡关系，以 x 轴为投影轴列投影平衡方程 $\sum X = 0$，得

$$(\sigma_x+\frac{\partial\sigma_x}{\partial x}\mathrm{d}x)\mathrm{d}y\times1-\sigma_x\mathrm{d}y\times1+(\tau_{yx}+\frac{\partial\tau_{yx}}{\partial y}\mathrm{d}y)\mathrm{d}x\times1-\tau_{yx}\mathrm{d}x\times1+X\mathrm{d}x\mathrm{d}y\times1=0$$

化简后得

$$\frac{\partial\sigma_x}{\partial x}+\frac{\partial\tau_{yx}}{\partial y}+X=0$$

同理以 y 轴为投影轴列投影平衡方程 $\sum Y=0$ 得

$$\frac{\partial\sigma_y}{\partial y}+\frac{\partial\tau_{xy}}{\partial x}+Y=0$$

则平面问题的平衡微分方程表示为

$$\left.\begin{aligned}\frac{\partial\sigma_x}{\partial x}+\frac{\partial\tau_{yx}}{\partial y}+X=0\\ \frac{\partial\tau_{xy}}{\partial x}+\frac{\partial\sigma_y}{\partial y}+Y=0\end{aligned}\right\}\tag{2.4}$$

由式(2.4)可以看出,2 个平衡微分方程中共包含 3 个未知量 σ_x、σ_y 和 τ_{xy},因此必须考虑几何条件和物理条件才能求解。

2.3.1.2 几何方程

在弹性体内任一点沿 x 向、y 向分别取微线段 $\mathrm{d}x$、$\mathrm{d}y$,如图 2.8 所示。微体变形后,P、A、B 三点分别移动到 P'、A'、B',u、v 分别表示 P 点沿 x 方向和 y 方向的位移分量;A 点的位移分量为 $u+\frac{\partial u}{\partial x}\mathrm{d}x$ 和 $v+\frac{\partial v}{\partial x}\mathrm{d}x$,同理 B 点的位移分量为 $u+\frac{\partial u}{\partial y}\mathrm{d}y$ 和 $v+\frac{\partial v}{\partial y}\mathrm{d}y$。则沿 x 方向的应变分量表示为

$$\varepsilon_x=\frac{u+\frac{\partial u}{\partial x}\mathrm{d}x-u}{\mathrm{d}x}=\frac{\partial u}{\partial x}$$

同理沿 y 方向的应变分量表示为

$$\varepsilon_y=\frac{v+\frac{\partial v}{\partial y}\mathrm{d}y-v}{\mathrm{d}y}=\frac{\partial v}{\partial y}$$

由图 2.8,剪应变 γ 可由下式计算:

$$\gamma=\alpha+\beta\approx\frac{v+\frac{\partial v}{\partial x}\mathrm{d}x-v}{\mathrm{d}x}+\frac{u+\frac{\partial u}{\partial y}\mathrm{d}y-u}{\mathrm{d}y}$$

$$=\frac{\partial u}{\partial y}+\frac{\partial v}{\partial x}$$

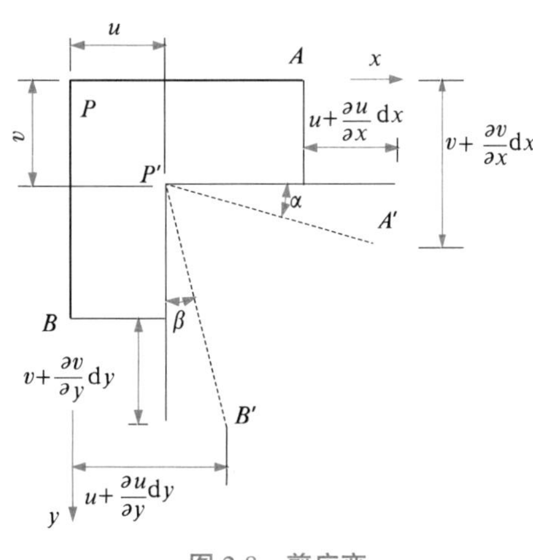

图 2.8 剪应变

则平面问题的几何方程表示为

$$\left.\begin{aligned}\varepsilon_x &= \frac{\partial u}{\partial x}\\ \varepsilon_y &= \frac{\partial v}{\partial y}\\ \gamma &= \frac{\partial u}{\partial y}+\frac{\partial v}{\partial x}\end{aligned}\right\} \tag{2.5}$$

2.3.1.3 物理方程

(1)平面应变问题　对于平面应变问题,由于 $\gamma_{yz}=\gamma_{zy}=0$,故有 $\tau_{zx}=\tau_{yz}=0$;由于 $\varepsilon_z=0$,故有 $\sigma_z=\mu(\sigma_x+\sigma_y)$。由材料力学的广义胡克定律得到平面应变问题的物理方程为

$$\left.\begin{aligned}\varepsilon_x &= \frac{1-\mu^2}{E}\left(\sigma_x-\frac{\mu}{1-\mu}\sigma_y\right)\\ \varepsilon_y &= \frac{1-\mu^2}{E}\left(\sigma_y-\frac{\mu}{1-\mu}\sigma_x\right)\\ \gamma_{xy} &= \frac{2(1+\mu)}{E}\tau_{xy}\end{aligned}\right\} \tag{2.6}$$

或

$$\left.\begin{aligned}\sigma_x &= \frac{E}{(1+\mu)(1-2\mu)}[(1-\mu)\varepsilon_x+\mu\varepsilon_y]\\ \sigma_y &= \frac{E}{(1+\mu)(1-2\mu)}[\mu\varepsilon_x+(1-\mu)\varepsilon_y]\\ \tau_{xy} &= \frac{E}{2(1+\mu)}\gamma_{xy}\end{aligned}\right\} \tag{2.7}$$

(2)平面应力问题　对于平面应力问题,在平板的前后表面上各点的 $\sigma_z=\tau_{zy}=\tau_{zx}=0$,但在板的内部有这些应力,由于板厚 t 很小,故这些应力也很小,可略去不计。由于 $\tau_{zy}=\tau_{zx}=0$,故有 $\gamma_{yz}=\gamma_{zx}=0$;由于 $\sigma_z=0$,故有 $\varepsilon_z=-\dfrac{\mu}{E}(\sigma_x+\sigma_y)$。

注意:平面应力问题 $\sigma_z=0$,但 $\varepsilon_z\neq 0$,这恰与平面应变问题相反。

由材料力学的广义胡克定律得到平面应力问题的物理方程为

$$\left.\begin{aligned}\varepsilon_x &= \frac{1}{E}(\sigma_x-\mu\sigma_y)\\ \varepsilon_y &= \frac{1}{E}(\sigma_y-\mu\sigma_x)\\ \gamma_{xy} &= \frac{2(1+\mu)}{E}\tau_{xy}\end{aligned}\right\} \tag{2.8}$$

或

$$\left.\begin{aligned}\sigma_x&=\frac{E}{1-\mu^2}(\varepsilon_x-\mu\varepsilon_y)\\\sigma_y&=\frac{E}{1-\mu^2}(\varepsilon_y-\mu\varepsilon_x)\\\tau_{xy}&=\frac{E}{2(1+\mu)}\gamma_{xy}\end{aligned}\right\}\tag{2.9}$$

可以看出,平面应力问题与平面应变问题的物理方程是不一样的,然而如果将平面应力问题的物理方程式(2.8)、式(2.9)中的弹性模量E和泊松比μ分别换为$\frac{E}{1-\mu^2}$和$\frac{\mu}{1-\mu}$,就可以得到平面应变问题的物理方程式(2.6)、式(2.7)。

2.3.2　边界条件

边界条件表示物体在边界线上位移与约束或应力与面力的关系式,边界条件可分为位移边界条件、应力边界条件和混合边界条件。

2.3.2.1　位移边界条件

若在边界s上给定了约束的位移分量$\overline{u}(s)$、$\overline{v}(s)$和$\overline{w}(s)$,则在此边界上的每一个点的位移函数u、v和w应该满足

$$(u)_s=\overline{u}(s),\quad (v)_s=\overline{v}(s),\quad (w)_s=\overline{w}(s)\tag{2.10}$$

若位移完全固定,则位移边界条件可表示为

$$(u)_s=0,\quad (v)_s=0,\quad (w)_s=0$$

对于平面问题,位移边界条件表示为

$$(u)_s=\overline{u}(s),\quad (v)_s=\overline{v}(s)\tag{2.11}$$

若位移完全固定,则位移边界条件可表示为

$$(u)_s=0,\quad (v)_s=0$$

2.3.2.2　应力边界条件

在应力边界问题中,在边界上所受的面力是已知的,根据面力分量和边界上的应力分量间的关系,可以把面力已知的边界条件转换成边界上应力的关系式,即应力边界条件。

在边界上三棱柱微体,如图2.9所示,令

$$\cos(n,x)=l,\quad \cos(n,y)=m$$

由平衡方程可知

$$\sum X=0\qquad \overline{X}\cdot \mathrm{d}s\cdot t-\sigma_x\cdot \mathrm{d}y\cdot t-\tau_{yx}\cdot \mathrm{d}x\cdot t=0$$

$$\sum Y=0\qquad \overline{Y}\cdot \mathrm{d}s\cdot t-\sigma_y\cdot \mathrm{d}x\cdot t-\tau_{xy}\cdot \mathrm{d}y\cdot t=0$$

由于$\mathrm{d}x=m\mathrm{d}s$、$\mathrm{d}y=l\mathrm{d}s$,因此可以得出平面问题的应力边界条件,即

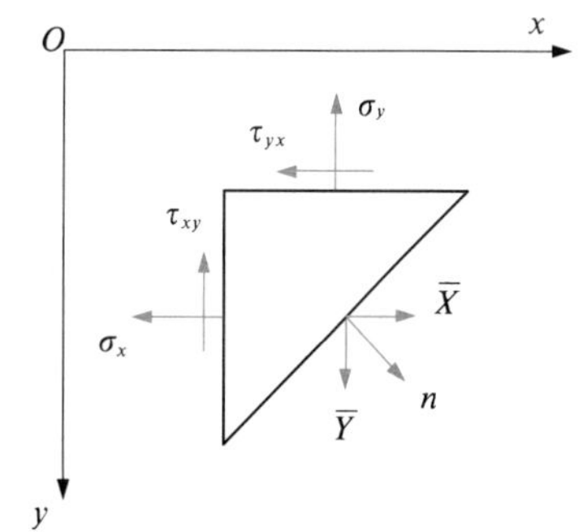

图2.9　应力边界

$$
\left.\begin{aligned}
(l\sigma_x+m\tau_{xy})_s=\overline{X}\\
(m\sigma_y+l\tau_{xy})_s=\overline{Y}
\end{aligned}\right\} \tag{2.12}
$$

2.3.2.3 混合边界条件

在平面问题的混合边界条件中，物体的一部分边界的位移是已知的，如式(2.11) 所示；一部分边界的面力是已知的，具有应力边界条件，如式(2.12) 所示。

2.3.3 圣维南原理

求解弹性力学问题时，不仅要使应力分量、应变分量、位移分量在求解域内完全满足基本方程，而且在边界上要满足给定的边界条件。但工程实际中物体所受的外荷载比较复杂，很难完全满足边界条件。当我们所关心的不是荷载作用部分的局部应力时，圣维南原理可以帮助我们简化边界条件。

圣维南原理第一种叙述：如果把物体的一小部分边界上的面力，变换为分布不同但静力等效的面力（即主矢量相同，对同一点的主矩也相同），那么面力作用附近区域处的应力分布将有显著改变，但远处所受的影响可以不计。

应用圣维南原理必须注意：面力的静力等效应该是在局部边界上的静力等效；所谓的附近区域是指小边界附近区域，圣维南原理指出，在此范围内应力将发生明显变化，而在此范围外对应力的影响可忽略不计。也就是说在小边界上进行面力的静力等效，只改变附近区域的应力分布，而对此外的大部分区域的应力分布的影响可以忽略不计。

例如，设有柱形构件，在两端截面形心受大小相等、方向相反的拉力 $\boldsymbol{F}$ 作用，如图 2.10(a) 所示。如果把一端或两端的拉力变换为静力等效的力，如图 2.10(b) 或图 2.10(c) 所示，则只有在力作用的附近区域的应力有显著的变化，如图中虚线所示，而对其他部分的应力分布的影响可以忽略不计。如果再将两端的拉力变换为均匀分布的拉力，荷载集度为$\dfrac{F}{A}$(A 为截面面积)，如图 2.10(d) 所示，仍然只对力作用的附近两端区域的应力有显著的影响。对于上述 4 种情况，离两端较远处的应力分布无明显差别。

当物体上一小部分边界上的位移边界条件不能满足时，也可以用圣维南原理得到有用 的解答。如图 2.10(e) 中的固定端上的位移边界条件为$(u)_s=0$、$(v)_s=0$，把图 2.10(d) 所示情况的解答简单应用于这一情况，则图 2.10(e) 的位移边界条件是不能满足的，但图2.10(e) 所示情况在右端的面力与图 2.10(d) 所示情况在右端的面力是等效的，因此将图2.10(d) 所示情况的解答简单应用于图 2.10(e) 所示情况时仍然只在靠近右端处有明显差异，而在远离两端处的误差可以忽略不计。

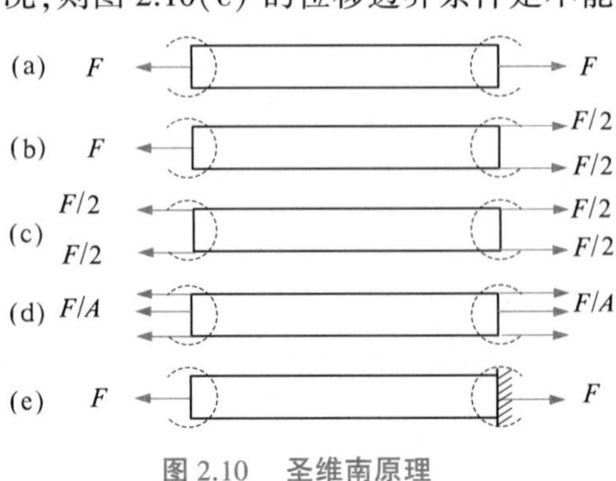

图 2.10 圣维南原理

圣维南原理第二种叙述：如果物体一小部分边界上的面力是一个平衡力系（主矢量及主矩都等于零），那么这个面力就只会使得近处产生显著的应力，远处的应力可以不计。要注意圣维南原理离不开“静力等效”条件。

下面讨论在局部边界上如何应用圣维南原理。如图 2.11 所示厚度为 h 的梁，在 $x=\pm l$ 的边界上作用有一般分布的面力 $\overline{f}_x(y)$、$\overline{f}_y(y)$。根据应力边界条件应力分量在边界上满足：

$$(\sigma_x)_{x=\pm l}=\pm\overline{f}_x(y),\quad (\tau_{xy})_{x=\pm l}=\pm\overline{f}_y(y) \tag{2.13}$$

上式要求在两端边界上的 y 值不同的各点应力分量与面力分量必须处处相等。这种严格的边界条件是很难满足的，但当 $l \gg h$ 时，$x=\pm l$ 只是梁的很小一部分边界，这时可以应用圣维南原理用静力等效条件代替式(2.13) 的边界条件：即在局部边界上使应力的主矢和主矩分别等于相应面力的主矢和主矩，即在 $x=\pm l$ 的次要边界上满足

$$\left.\begin{aligned}\int_{-h/2}^{h/2}(\sigma_x)_{x=\pm l}\mathrm{d}y &= \pm\int_{-h/2}^{h/2}\overline{f}_x(y)\mathrm{d}y\\ \int_{-h/2}^{h/2}(\sigma_x)_{x=\pm l}y\mathrm{d}y &= \pm\int_{-h/2}^{h/2}\overline{f}_x(y)y\mathrm{d}y\\ \int_{-h/2}^{h/2}(\tau_{xy})_{x=\pm l}\mathrm{d}y &= \pm\int_{-h/2}^{h/2}\overline{f}_y(y)\mathrm{d}y\end{aligned}\right\} \tag{2.14}$$

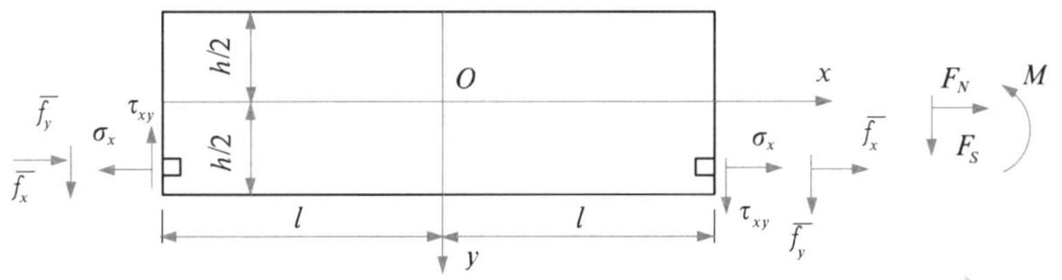

图 2.11　局部边界

如果给出的不是面力分布，而是给出单位宽度上面力的主矢和主矩，如图 2.11 所示的 F_N、F_S 及 M，则在 $x=l$ 的小边界上边界条件表示为

$$\left.\begin{aligned}\int_{-h/2}^{h/2}(\sigma_x)_{x=l}\mathrm{d}y &= F_N\\ \int_{-h/2}^{h/2}(\sigma_x)_{x=l}y\mathrm{d}y &= M\\ \int_{-h/2}^{h/2}(\tau_{xy})_{x=l}\mathrm{d}y &= F_S\end{aligned}\right\} \tag{2.15}$$

严格边界条件式(2.13) 与边界条件式(2.14)、式(2.15) 相比，前者是精确的边界条件，而后者是近似的积分条件；前者有两个方程，而后者有三个条件；前者不易满足，后者易于满足。因此在求解弹性力学问题时，常常在局部边界上用三个积分条件代替严格边界条件，使问题大为简化，而求解得到的应力只在局部边界区域有显著的影响。

圣维南原理提出至今已有一百多年，虽然还没有确切的数学表示和严格的理论证明，但无数的实际计算和实验测量都证实了它的正确性。

2.3.4 按位移求解平面问题

按位移求解时,是以位移作为基本未知量,由只包含位移分量的平衡微分方程、边界条件求出位移分量,然后由几何方程求出应变分量,再根据物理方程求出应力分量。下面推导按位移求解平面问题的微分方程和边界条件。

将几何方程式(2.5) 代入式(2.9),即可得到用位移分量表示的应力分量:

$$\left.\begin{aligned}\sigma_x&=\frac{E}{1-\mu^2}\left(\frac{\partial u}{\partial x}+\mu\frac{\partial v}{\partial y}\right)\\\sigma_y&=\frac{E}{1-\mu^2}\left(\frac{\partial v}{\partial y}+\mu\frac{\partial u}{\partial x}\right)\\\tau_{xy}&=\frac{E}{2(1+\mu)}\left(\frac{\partial u}{\partial y}+\frac{\partial v}{\partial x}\right)\end{aligned}\right\}\tag{2.16}$$

将式(2.16) 代入平面问题的平衡微分方程式(2.4),即可得到按位移求解平面应力问题的基本微分方程,即

$$\left.\begin{aligned}\frac{E}{1-\mu^2}\left(\frac{\partial^2 u}{\partial x^2}+\frac{1-\mu}{2}\frac{\partial^2 u}{\partial y^2}+\frac{1+\mu}{2}\frac{\partial^2 v}{\partial x\partial y}\right)+X=0\\\frac{E}{1-\mu^2}\left(\frac{\partial^2 v}{\partial y^2}+\frac{1-\mu}{2}\frac{\partial^2 v}{\partial x^2}+\frac{1+\mu}{2}\frac{\partial^2 u}{\partial x\partial y}\right)+Y=0\end{aligned}\right\}\tag{2.17}$$

将式(2.16) 代入应力边界条件式(2.12),即可得到平面应力问题用位移表示的应力边界条件:

$$\left.\begin{aligned}\frac{E}{1-\mu^2}\left[l\left(\frac{\partial u}{\partial x}+\mu\frac{\partial v}{\partial y}\right)+m\frac{1-\mu}{2}\left(\frac{\partial u}{\partial y}+\frac{\partial v}{\partial x}\right)\right]_s=\overline{X}\\\frac{E}{1-\mu^2}\left[m\left(\frac{\partial v}{\partial y}+\mu\frac{\partial u}{\partial x}\right)+l\frac{1-\mu}{2}\left(\frac{\partial u}{\partial y}+\frac{\partial v}{\partial x}\right)\right]_s=\overline{Y}\end{aligned}\right\}\tag{2.18}$$

对于平面应变问题,将上式中的 E 换为$\dfrac{E}{1-\mu^2}$,μ 换为$\dfrac{\mu}{1-\mu}$ 即可。

位移边界条件见式(2.11)。

2.3.5 按应力求解平面问题　相容性方程

按应力求解时,以应力作为基本未知量,由只包含应力分量的平衡微分方程、相容性方程、边界条件求出应力分量,由物理方程求出应变分量。再根据几何方程求出位移分量。因位移边界条件式(2.11) 一般无法改为用应力表示,因此位移边界问题和混合边界问题一般不能按应力求解。

将几何方程式(2.5) 中的第一式对 y 求二阶导数,第二式对 x 求二阶导数,叠加后消去位移分量 u 和 v,得到平面问题的应变协调方程,即

$$\frac{\partial^2\varepsilon_x}{\partial y^2}+\frac{\partial^2\varepsilon_y}{\partial x^2}=\frac{\partial^2\gamma_{xy}}{\partial x\partial y}\tag{2.19}$$

对于平面应力问题,将物理方程式(2.8) 代入应变协调方程式(2.19),得

$$\frac{\partial^2\sigma_x}{\partial x^2}+\frac{\partial^2\sigma_y}{\partial y^2}-\mu\left(\frac{\partial^2\sigma_x}{\partial x^2}+\frac{\partial^2\sigma_y}{\partial y^2}\right)=2(1+\mu)\frac{\partial^2\tau_{xy}}{\partial x\partial y} \tag{2.20}$$

将平衡微分方程式(2.4)改写为

$$\left.\begin{aligned}\frac{\partial\tau_{yx}}{\partial y}&=-\frac{\partial\sigma_x}{\partial x}-X\\ \frac{\partial\tau_{xy}}{\partial x}&=-\frac{\partial\sigma_y}{\partial y}-Y\end{aligned}\right\}$$

将两式分别对 x、y 求导,然后相加,并应用 $\tau_{xy}=\tau_{yx}$,得

$$2\frac{\partial^2\tau_{xy}}{\partial x\partial y}=-\frac{\partial^2\sigma_x}{\partial x^2}-\frac{\partial^2\sigma_y}{\partial y^2}-\frac{\partial X}{\partial x}-\frac{\partial Y}{\partial y}$$

将上式代入式(2.20)简化,得到平面应力问题的应力协调方程,即平面应力问题用应力表示的相容性方程:

$$\left(\frac{\partial^2}{\partial x^2}+\frac{\partial^2}{\partial y^2}\right)(\sigma_x+\sigma_y)=-(1+\mu)\left(\frac{\partial X}{\partial x}+\frac{\partial Y}{\partial y}\right) \tag{2.21}$$

对于平面应变问题,只需将式(2.21)中的 μ 换为 $\frac{\mu}{1-\mu}$ 即可得到平面应变问题的应力协调方程:

$$\left(\frac{\partial^2}{\partial^2 y}+\frac{\partial^2}{\partial^2 x}\right)(\sigma_x+\sigma_y)=-\frac{1}{1-\mu}\left(\frac{\partial X}{\partial x}+\frac{\partial Y}{\partial y}\right) \tag{2.22}$$

由上述讨论可知,按应力求解平面问题时,应力分量 σ_x、σ_y 及 τ_{xy} 必须满足:

(1) 平衡微分方程式(2.4);

(2) 相容性方程式(2.21)或应力协调方程式(2.22);

(3) 在边界上满足应力边界条件式(2.12)。

2.3.6　常体力情况下的简化　应力函数

由于体力是常量,不随坐标 x、y 变化,因此在用应力表示的相容性方程式(2.21)、应力协调方程式(2.22)中的方程右边为零,则平面应力问题和平面应变问题用应力表示的相容性方程简化为

$$\left(\frac{\partial^2}{\partial y^2}+\frac{\partial^2}{\partial x^2}\right)(\sigma_x+\sigma_y)=0 \tag{2.23}$$

用拉普拉斯算子 ∇^2 代表 $\frac{\partial^2}{\partial y^2}+\frac{\partial^2}{\partial x^2}$,则式(2.23)简写为

$$\nabla^2(\sigma_x+\sigma_y)=0 \tag{2.24}$$

由平衡微分方程式(2.4)、应力边界条件式(2.12)和式(2.23)可以看出,在常体力情况下,在单连体的应力边界问题中,如果两个弹性体具有相同的边界形状,并受到同样分布的外力,则不论弹性体的材料是否相同,是平面应力问题还是平面应变问题,应力分量 σ_x、σ_y、τ_{xy} 的分布规律是相同的。因此在常体力情况下,求解应力边值问题时,应力分量 σ_x、σ_y、τ_{xy} 满足平衡微分方程式(2.4)和相容性方程式(2.23)。由于平衡微分方程是

一个非齐次微分方程,它的解包含两部分,即它的任意一个特解和下列微分方程的通解:

$$\left.\begin{aligned}\frac{\partial\sigma_x}{\partial x}+\frac{\partial\tau_{yx}}{\partial y}=0\\ \frac{\partial\tau_{xy}}{\partial x}+\frac{\partial\sigma_y}{\partial y}=0\end{aligned}\right\}\tag{2.25}$$

平衡微分方程式(2.4) 的特解可以取为

$$\sigma_x=-Xx,\quad \sigma_y=-Yy,\quad \tau_{xy}=0$$

或取为

$$\sigma_x=0,\quad \sigma_y=0,\quad \tau_{xy}=-Xy-Yx$$

将方程式(2.25) 中第一式改写为

$$\frac{\partial\sigma_x}{\partial x}=\frac{\partial(-\tau_{yx})}{\partial y}\tag{2.26}$$

根据微分理论,必然存在一个函数 $A(x,y)$,使得

$$\sigma_x=\frac{\partial A}{\partial y},\quad \tau_{xy}=-\frac{\partial A}{\partial x}\tag{2.27}$$

容易看出式(2.27) 满足式(2.26),同理将方程式(2.25) 中第二式改写为

$$\frac{\partial\sigma_y}{\partial y}=-\frac{\partial\tau_{xy}}{\partial x}\tag{2.28}$$

根据微分理论,必然存在一个函数 $B(x,y)$,使得

$$\sigma_y=\frac{\partial B}{\partial x},\quad \tau_{xy}=-\frac{\partial B}{\partial y}\tag{2.29}$$

由式(2.27) 和式(2.29) 可知

$$\frac{\partial A}{\partial x}=\frac{\partial B}{\partial y}$$

因而必然存在一个函数 $\phi(x,y)$,使得

$$A=\frac{\partial\phi}{\partial y},\quad B=\frac{\partial\phi}{\partial x}\tag{2.30}$$

将式(2.30) 代入式(2.27) 和式(2.29) 可得

$$\sigma_x=\frac{\partial^2\phi}{\partial y^2},\quad \sigma_y=\frac{\partial^2\phi}{\partial x^2},\quad \tau_{xy}=-\frac{\partial^2\phi}{\partial x\partial y}\tag{2.31}$$

将通解式(2.31) 与任一个特解叠加即可得到平衡微分方程式(2.4) 的全解:

$$\sigma_x=\frac{\partial^2\phi}{\partial y^2}-Xx,\quad \sigma_y=\frac{\partial^2\phi}{\partial x^2}-Yy,\quad \tau_{xy}=-\frac{\partial^2\phi}{\partial x\partial y}\tag{2.32}$$

ϕ 称为平面问题的应力函数,又称为 Airy 应力函数,显然式(2.32) 满足平衡微分方程,待求的未知量由三个应力分量转化为求解应力函数 ϕ,应力函数除满足平衡方程外还应满足相容性方程式(2.23),将式(2.32) 代入式(2.23),得

$$\left(\frac{\partial^2}{\partial y^2}+\frac{\partial^2}{\partial x^2}\right)\left(\frac{\partial^2\phi}{\partial y^2}-Xx+\frac{\partial^2\phi}{\partial x^2}-Yy\right)=0$$

由于是常体力问题，故上式可简化为

$$\left(\frac{\partial^2}{\partial y^2}+\frac{\partial^2}{\partial x^2}\right)\left(\frac{\partial^2 \phi}{\partial y^2}+\frac{\partial^2 \phi}{\partial x^2}\right)=0 \tag{2.33}$$

或

$$\frac{\partial^4 \phi}{\partial y^4}+2\frac{\partial^4 \phi}{\partial x^2 \partial y^2}+\frac{\partial^4 \phi}{\partial x^4}=0$$

可简写为

$$\nabla^4 \phi=0$$

因此在常体力情况下，按应力求解平面问题可归纳为求解一个应力函数 ϕ，在区域内满足相容性方程式(2.33)，在边界上满足应力边界条件，在多连体中还应该满足位移单值条件。由式(2.33)求解出应力函数 ϕ，然后由式(2.32)求解出应力分量，再由物理方程和几何方程即可求解应变分量和位移分量。

由于相容性方程式(2.33)的通解不能表示为有限项数的形式，故求解具体问题时通常采用逆解法或半逆解法得到应力函数 ϕ。

2.4　用直角坐标法求解平面问题实例

2.4.1　矩形截面梁的纯弯曲

矩形截面的纯弯曲问题是材料力学研究弯曲的一个非常重要的例子，与材料力学不同的是这里讨论的是深梁，即高跨比较大的梁。

设梁的宽度为 1，高度为 h，两端每单位宽度作用了大小相等、方向相反的力偶矩 M，不计体力。坐标原点在梁的左端的截面中心，如图 2.12 所示。

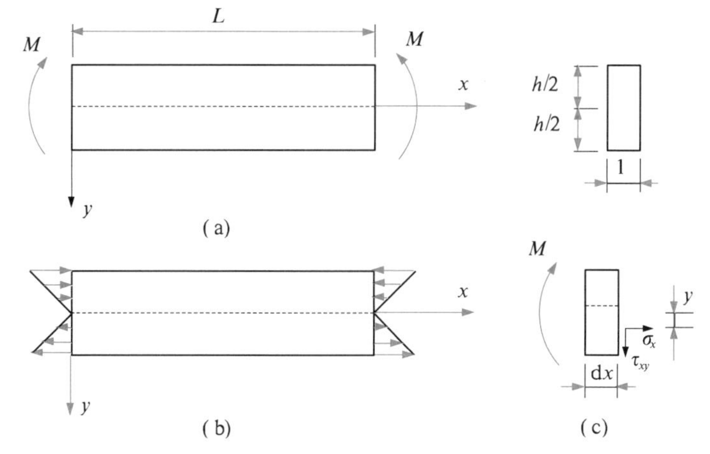

图 2.12　纯弯曲矩形截面梁

由前面讨论的应力函数所能解决的问题中可知，不计体力时，应力函数可设为

$$\phi=Ay^3 \tag{a}$$

则相应的应力分量为

$$\sigma_x=6Ay,\quad \sigma_y=0,\quad \tau_{xy}=\tau_{yx}=0 \tag{b}$$

现在考察式(b) 的应力分量在 A 为何值时能够满足应力边界条件。先考察$y=\pm\frac{h}{2}$的主边界,在这两个主边界上都没有面力,因此

$$(\sigma_y)_{y=\pm\frac{h}{2}}=0,\quad (\tau_{yx})_{y=\pm\frac{h}{2}}=0 \tag{c}$$

由式(b) 可知,应力函数在上下边界满足应力边界条件。

再考察左右两端 $x=0$、$x=L$ 的次要边界。在左右两端都没有铅直面力,因此要求

$$(\tau_{xy})_{x=0}=0,\quad (\tau_{xy})_{x=L}=0 \tag{d}$$

由式(b) 可知应力函数满足该应力边界条件。

此外在 $x=0$、$x=L$ 相对较小的边界可用圣维南原理将应力边界条件用主矢和主矩代替。即左端和右端边界面上的合成的 σ_x 主矢量为零而主矩为 M,即

$$\int_{-\frac{h}{2}}^{\frac{h}{2}}(\sigma_x)_{x=0,x=L}\mathrm{d}y=0,\quad \int_{-\frac{h}{2}}^{\frac{h}{2}}(\sigma_x)_{x=0,x=L}y\mathrm{d}y=M \tag{e}$$

将式(b) 的 σ_x 代入式(e),可看出前一式总能满足,而要满足式(e) 中的后一式则要求

$$A=\frac{2M}{h^3}$$

代入式(b),得

$$\sigma_x=\frac{12M}{h^3}y,\quad \sigma_y=0,\quad \tau_{xy}=\tau_{yx}=0 \tag{2.34}$$

注意到梁截面的惯性矩为 $I=\frac{h^3}{12}$,则上式可改写为

$$\sigma_x=\frac{M}{I}y,\quad \sigma_y=0,\quad \tau_{xy}=\tau_{yx}=0 \tag{2.35}$$

这就是梁受纯弯曲时的应力分量,与材料力学中的纯弯曲正应力计算公式完全一样。应当指出,梁两端面力必须按图 2.12(b) 呈线性分布,式(2.35) 的解答才是完全精确的,而梁两端面力按其他方式分布时,式(2.35) 的解答是有误差的,但根据圣维南原理,只在梁两端的附近区域有显著的误差,而两端的较远处,误差可以不计。

2.4.2 简支梁受均布荷载

设有一个矩形截面简支梁,宽度为 1 个单位宽度,高度为 h,长度为 $2l$,作用有均布荷载 q,不计体力。坐标原点在梁的跨中截面中心,如图 2.13 所示。

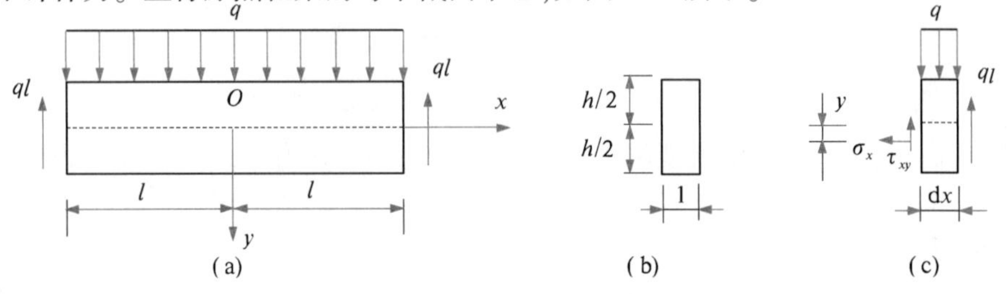

图 2.13 受均布荷载的简支梁

本问题用半逆解法求解。由材料力学可知弯曲正应力 σ_x 主要是由弯矩引起的,挤压应力 σ_y 主要是由直接荷载 q 引起的,而剪应力 τ_{xy} 主要是由剪力引起的,由于 q 不随 x 变化,因此可假设 σ_y 只是 y 的函数,即

$$\sigma_y = f(y)$$

不计体力时 $\sigma_y = \dfrac{\partial^2\phi}{\partial x^2}$,因此有

$$\frac{\partial^2\phi}{\partial x^2} = f(y)$$

对 x 积分得

$$\frac{\partial\phi}{\partial x} = xf(y) + f_1(y) \tag{a}$$

$$\phi = \frac{x^2}{2}f(y) + xf_1(y) + f_2(y) \tag{b}$$

式中 $f(y)$、$f_1(y)$、$f_2(y)$ 为待定的 y 的函数。

将式(b) 代入相容性方程式(2.33) 得

$$\frac{1}{2}\frac{d^4f(y)}{dy^4}x^2 + \frac{d^4f_1(y)}{dy^4}x + \frac{d^4f_2(y)}{dy^4} + 2\frac{d^2f(y)}{dy^2} = 0$$

由于相容性方程要求全梁内的 x 均满足上式,因此它的系数和自由项均为零,即

$$\frac{d^4f(y)}{dy^4} = 0,\quad \frac{d^4f_1(y)}{dy^4} = 0,\quad \frac{d^4f_2(y)}{dy^4} + 2\frac{d^2f(y)}{dy^2} = 0 \tag{c}$$

由前两式可得

$$f(y) = Ay^3 + By^2 + Cy + D,\quad f_1(y) = Ey^3 + Fy^2 + Gy \tag{d}$$

由式(c) 中的第三式得

$$\frac{d^4f_2(y)}{dy^4} = -2\frac{d^2f(y)}{dy^2} = -12Ay - 4B \tag{e}$$

则

$$f_2(y) = -\frac{A}{10}y^5 - \frac{B}{6}y^4 + Hy^3 + Ky^2 \tag{f}$$

略去不影响应力分量的常数项和一次项,将式(d)、式(f) 代入式(b) 可得

$$\phi = \frac{x^2}{2}(Ay^3 + By^2 + Cy + D) + x(Ey^3 + Fy^2 + Gy) - \frac{A}{10}y^5 - \frac{B}{6}y^4 + Hy^3 + Ky^2 \tag{g}$$

将式(g) 代入式(2.35) 可得应力分量

$$\sigma_x = \frac{x^2}{2}(6Ay + 2B) + x(6Ey + 2F) - 2Ay^3 - 2By^2 + 6Hy + 2K \tag{h}$$

$$\sigma_y = Ay^3 + By^2 + Cy + D \tag{i}$$

$$\tau_{xy} = -x(3Ay^2 + 2By + C) - (3Ey^2 + 2Fy + G) \tag{j}$$

这些应力分量是满足平衡方程和相容性条件的,下面根据边界条件求解各常数。yz 面是梁和荷载的对称面,根据对称性可知,应力分布对称于 yz 面。则 σ_x、σ_y 应是 x 的偶函数,

而 τ_{xy} 应是 x 的奇函数,由式(h)、式(j) 可知

$$E=F=G=0 \tag{k}$$

由于上下边界占全部边界的绝大多数,因而上下边界为主要边界,在主要边界上应完全满足应力边界条件,而在左右边界的次要边界若不能完全满足边界条件可引用圣维南原理。则上下主要边界的边界条件为

$$(\sigma_y)_{y=\frac{h}{2}}=0,\quad (\sigma_y)_{y=-\frac{h}{2}}=-q,\quad (\tau_{xy})_{y=\pm\frac{h}{2}}=0 \tag{l}$$

将式(k)、式(l) 代入式(h)、式(i)、式(j),则有

$$\frac{h^3}{8}A+\frac{h^2}{4}B+\frac{h}{2}C+D=0$$

$$-\frac{h^3}{8}A+\frac{h^2}{4}B-\frac{h}{2}C+D=-q$$

$$-x\left(\frac{3}{4}h^2A+hB+C\right)=0 \quad 即 \quad \frac{3}{4}h^2A+hB+C=0$$

$$-x\left(\frac{3}{4}h^2A-hB+C\right)=0 \quad 即 \quad \frac{3}{4}h^2A-hB+C=0$$

求解可得

$$A=-\frac{2q}{h^3},\quad B=0,\quad C=\frac{3q}{2h},\quad D=-\frac{q}{2}$$

则应力分量表示为

$$\sigma_x=-\frac{6q}{h^3}x^2y+\frac{4q}{h^3}y^3+6Hy+2K \tag{m}$$

$$\sigma_y=-\frac{2q}{h^3}y^3+\frac{3q}{2h}y-\frac{q}{2} \tag{n}$$

$$\tau_{xy}=\frac{6q}{h^3}xy^2-\frac{3q}{2h}x \tag{o}$$

在梁的右端的次要边界上没有面力,即 $x=l$ 时,$\sigma_x=0$。由式(m) 可知,这是不可能满足的。因此运用多项式求解,只能要求 σ_x 在该边界上的主矢量和主矩等于零。根据圣维南原理

$$\int_{-\frac{h}{2}}^{\frac{h}{2}}(\sigma_x)_{x=l}\mathrm{d}y=0,\quad \int_{-\frac{h}{2}}^{\frac{h}{2}}(\sigma_x)_{x=l}y\mathrm{d}y=0 \tag{p}$$

将式(m) 代入式(p) 中的第一式得

$$\int_{-\frac{h}{2}}^{\frac{h}{2}}\left(-\frac{6ql^2}{h^3}y+\frac{4q}{h^3}y^3+6Hy+2K\right)y\mathrm{d}y=0 \quad 即 \quad K=0$$

将式(m) 代入式(p) 中的第二式得

$$\int_{-\frac{h}{2}}^{\frac{h}{2}}\left(-\frac{6ql^2}{h^3}y+\frac{4q}{h^3}y^3+6Hy\right)y\mathrm{d}y=0 \quad 即 \quad H=\frac{ql^2}{h^3}-\frac{q}{10h}$$

同时梁右边界上的剪应力的合力与反力 ql 相等,即

$$\int_{-\frac{h}{2}}^{\frac{h}{2}} (\tau_{xy})_{x=l} \mathrm{d}y = -ql$$

将式(o)代入得

$$\int_{-\frac{h}{2}}^{\frac{h}{2}} \left(\frac{6ql}{h^3}y^2 - \frac{3ql}{2h}\right) \mathrm{d}y = -ql$$

该式自然满足。则简支梁受均布荷载的应力分量为

$$\left.\begin{aligned} \sigma_x &= \frac{6q}{h^3}(l^2 - x^2)y + q\frac{y}{h}\left(\frac{4y^2}{h^2} - \frac{3}{5}\right) \\ \sigma_y &= -\frac{q}{2}\left(1 + \frac{y}{h}\right)\left(1 - \frac{2y}{h}\right)^2 \\ \tau_{xy} &= -\frac{6q}{h^3}x\left(\frac{h^2}{4} - y\right) \end{aligned}\right\} \tag{q}$$

梁截面的宽度取为一个单位宽度,则惯性矩为$\frac{1}{12}h^3$,静矩为$S = \frac{h^2}{8} - \frac{y^2}{2}$,梁任意一截面上的弯矩与剪力分别为

$$M = ql(l - x) + \frac{q}{2}(l - x)^2 = \frac{q}{2}(l^2 - x^2)$$

$$V = -ql + q(l - x) = -qx$$

则式(q) 写成

$$\left.\begin{aligned} \sigma_x &= \frac{M}{I}y + q\frac{y}{h}\left(\frac{4y^2}{h^2} - \frac{3}{5}\right) \\ \sigma_y &= -\frac{q}{2}\left(1 + \frac{y}{h}\right)\left(1 - \frac{2y}{h}\right)^2 \\ \tau_{xy} &= -\frac{VS}{bI} \end{aligned}\right\} \tag{2.36}$$

下面比较一下弹性力学解答与材料力学解答。在弯曲正应力的计算式中,第一项是主要项,与材料力学的解答相同;第二项为弹性力学的修正项。对于通常的浅梁修正项可以忽略不计,但对于深梁则必须考虑修正项。当$2l/h = 10$时,修正项占第一项的0.3%;当$2l/h = 4$时,修正项占第一项的1.7%;当$2l/h = 2$时,修正项占第一项的6.7%。因此对于跨度与深度比大于4的梁,材料力学的解已经足够精确了。

挤压应力σ_y是梁各层纤维间的挤压作用,最大值发生在梁顶,在材料力学中一般不考虑该应力。

切应力τ_{xy}与材料力学中的计算公式完全相同。

弹性力学解答与材料力学解答的差别在于解法不同,弹性力学严格考虑区域内的平衡微分方程、几何方程、物理方程以及边界条件进行求解,而材料力学解答是没有严格考虑上述条件而得到的近似解。例如材料力学中引用了平截面假设来简化几何关系,同时也忽略了挤压应力的影响。一般来说,材料力学的解法在解决杆状构件的问题时具有足够的精度,而对于非杆状构件的问题不能用材料力学解法求解,只能用弹性力学的解法进行求解。

2.4.3 受自重和静水压力作用的楔形体

设有楔形体,承受自重和静水压力作用,如图 2.14 所示。

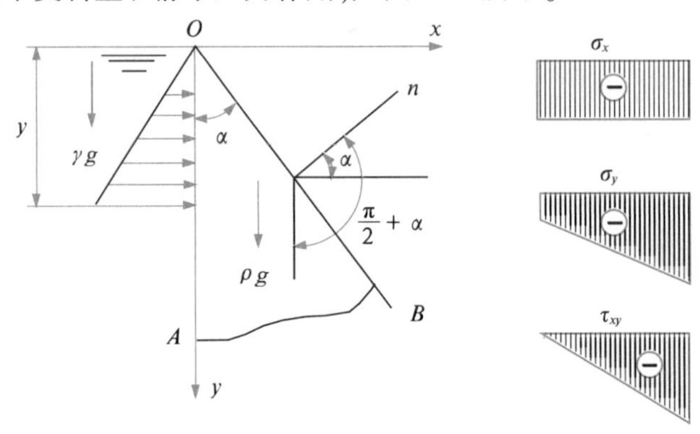

图 2.14 受自重和静水压力作用楔形体

采用半逆解法求解,楔形体内任一点的应力由两部分组成,一部分由自重引起,应力与自重 ρg 成正比;另一部分由液体压力 γg 引起,应力与 γg 成正比。因此楔形体的应力与自重 ρg、液体压力 γg 及坐标 x、y 有关,应力的量纲为 $\mathrm{L^{-1}MT^{-2}}$,ρg、γg 的量纲为 $\mathrm{L^{-2}MT^{-2}}$,则用多项式解答时,应力分量的表达式只能是 $A\rho gx$、$B\rho gy$、$C\gamma gx$、$D\gamma gy$,根据应力函数与应力的导数关系,应力函数的形式可设为

$$\phi = ax^3 + bx^2y + cxy^2 + \mathrm{d}y^3$$

则应力分量可表达为

$$\left.\begin{aligned} \sigma_x &= \frac{\partial^2\phi}{\partial y^2} - Xx = 2cx + 6\mathrm{d}y \\ \sigma_y &= \frac{\partial^2\phi}{\partial x^2} - Yy = 6ax + 2by - \rho gy \\ \tau_{xy} &= -\frac{\partial^2\phi}{\partial x\partial y} = -2bx - 2cy \end{aligned}\right\} \tag{a}$$

这些应力分量自然满足平衡微分方程和相容性方程,下面根据边界条件确定积分常数。

在左边界 $x = 0$ 处,应力应满足

$$(\sigma_x)_{x=0} = -\gamma gy, \quad (\tau_{xy})_{x=0} = 0$$

代入式(a) 有

$$d = -\frac{\gamma g}{6}, \quad c = 0$$

则式(a) 写为

$$\left.\begin{aligned} \sigma_x &= \frac{\partial^2\phi}{\partial y^2} - Xx = -\gamma gy \\ \sigma_y &= \frac{\partial^2\phi}{\partial x^2} - Yy = 6ax + 2by - \rho gy \\ \tau_{xy} &= -\frac{\partial^2\phi}{\partial x\partial y} = -2bx \end{aligned}\right\} \tag{b}$$

根据应力边界条件式(2.25),在右边界 $x = y\tan\alpha$ 上无任何面力,即 $\overline{X} = \overline{Y} = 0$,则

$$l(\sigma_x)_{x=y\tan\alpha} + m(\tau_{xy})_{x=y\tan\alpha} = 0$$
$$m(\sigma_y)_{x=y\tan\alpha} + l(\tau_{xy})_{x=y\tan\alpha} = 0$$

将式(b)代入,得

$$\left.\begin{aligned} &l(-\gamma gy) + m(-2by\tan\alpha) = 0 \\ &m(6ay\tan\alpha + 2by - \rho gy) + l(-2by\tan\alpha) = 0 \end{aligned}\right\} \tag{c}$$

其中 $l = \cos\alpha, m = -\sin\alpha$,代入式(c),可得

$$b = \frac{\gamma g}{2}\cot^2\alpha,\quad a = \frac{\rho g}{6}\cot\alpha - \frac{\gamma g}{3}\cot^3\alpha$$

则受自重的静水压力作用的楔形体内的应力分量为

$$\left.\begin{aligned} &\sigma_x = -\gamma gy \\ &\sigma_y = (\rho g\cot\alpha - 2\gamma g\cot^3\alpha)x + (\gamma g\cot^2\alpha - \rho g)y \\ &\tau_{xy} = \tau_{yx} = -\gamma gx\cot^2\alpha \end{aligned}\right\} \tag{2.37}$$

上述解答被认为是三角形重力坝的应力解答,但作了一定的简化:假定了楔形体下端是无限延伸的,是可以自由变形的,而实际上坝身的高度是有限的,是不能自由变形的;假定了坝体为三角形,而实际上坝顶总是有一定宽度的。

本章小结

1.平面问题的平衡微分方程(直角坐标):

$$\left.\begin{aligned} &\frac{\partial\sigma_x}{\partial x} + \frac{\partial\tau_{yx}}{\partial y} + X = 0 \\ &\frac{\partial\tau_{xy}}{\partial x} + \frac{\partial\sigma_y}{\partial y} + Y = 0 \end{aligned}\right\}$$

2.平面问题的几何方程(直角坐标):

$$\left.\begin{aligned} &\varepsilon_x = \frac{\partial u}{\partial x} \\ &\varepsilon_y = \frac{\partial v}{\partial y} \\ &\gamma_{xy} = \frac{\partial v}{\partial x} + \frac{\partial u}{\partial y} \end{aligned}\right\}$$

3.平面问题的物理方程(直角坐标):

$$\left.\begin{aligned} &\varepsilon_x = \frac{1}{E}(\sigma_x - \mu\sigma_y) \\ &\varepsilon_y = \frac{1}{E}(\sigma_y - \mu\sigma_x) \\ &\gamma_{xy} = \frac{2(1+\mu)}{E}\tau_{xy} \end{aligned}\right\} \quad \text{(平面应力问题)}$$

$$\left.\begin{aligned}\varepsilon_x &= \frac{1-\mu^2}{E}\left(\sigma_x - \frac{\mu}{1-\mu}\sigma_y\right)\\ \varepsilon_y &= \frac{1-\mu^2}{E}\left(\sigma_y - \frac{\mu}{1-\mu}\sigma_x\right)\\ \gamma_{xy} &= \frac{2(1+\mu)}{E}\tau_{xy}\end{aligned}\right\}\quad\text{(平面应变问题)}$$

4.平面应力问题的相容性方程(直角坐标)：

$$\left(\frac{\partial^2}{\partial x^2}+\frac{\partial^2}{\partial y^2}\right)(\sigma_x+\sigma_y) = -(1+\mu)\left(\frac{\partial X}{\partial x}+\frac{\partial Y}{\partial y}\right)$$

5.边界条件：

$$(u)_s = \bar{u}(s),(v)_s = \bar{v}(s)$$

$$\left.\begin{aligned}(l\sigma_x + m\tau_{xy})_s &= \bar{X}\\ (m\sigma_y + l\tau_{xy})_s &= \bar{Y}\end{aligned}\right\}$$

习题

1.如果某一问题中，只存在平面应力分量 σ_x、σ_y 和 τ_{xy}，且不沿 z 方向发生变化，仅为 x、y 的函数，其他应力分量均为零，试思考此问题是否是平面应力问题。

2.如果某一问题中，只存在平面应变分量 ε_x、ε_y 和 γ_{xy}，且不沿 z 方向发生变化，仅为 x、y 的函数，其他应变分量均为零，试思考此问题是否是平面应变问题。

3.试写出下图所示问题的全部边界条件。在其端部边界上应用圣维南原理列出三个积分的应力边界条件。

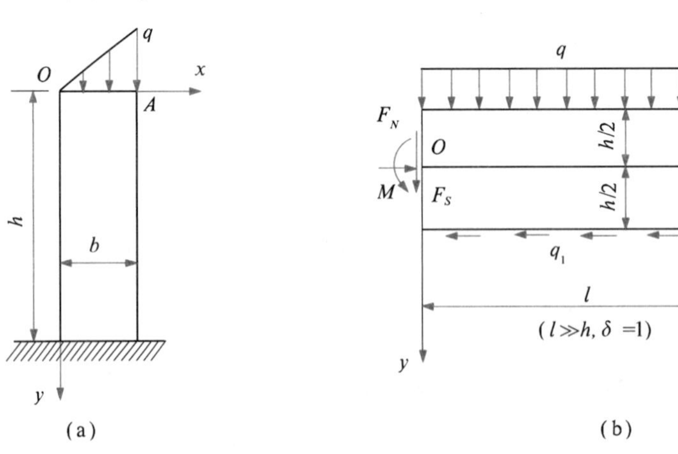

习题第 3 题图

4.在导出平面问题的三套方程时，分别应用了哪些基本假设？这些方程的适用条件是什么？

5.检验平面问题的位移分量是否为正确解的条件是什么?

6.检验平面问题的应力分量是否为正确解的条件是什么?

7.如图所示三角形重力坝,设水的比重为 γ_1,坝的比重为 γ,应力为

$$\sigma_x = ax + by,\quad \sigma_y = cx + dy$$

$$\tau_{xy} = -\mathrm{d}x - ay - \gamma x,\quad \tau_{zx} = \tau_{yz} = \sigma_z = 0$$

求常数 a、b、c、d,使上述应力在边界上满足给定的边界条件。

8.图示很长的柱体放置在绝对刚性和光滑的基础上,承受均布荷载 q 的作用,试求其应力分量和位移分量。

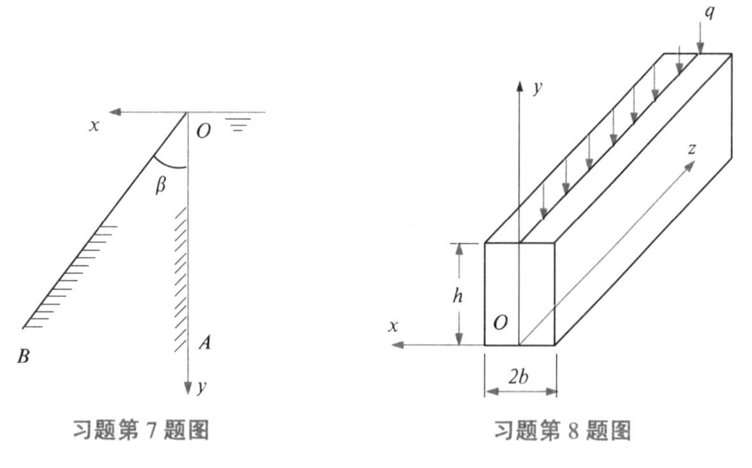

习题第 7 题图　　习题第 8 题图

9.试求出图示纯弯曲梁的应力分量和位移分量(不计体力),并求挠度方程。

10.不计体力,矩形薄板受力如图所示,试求其应力分量。

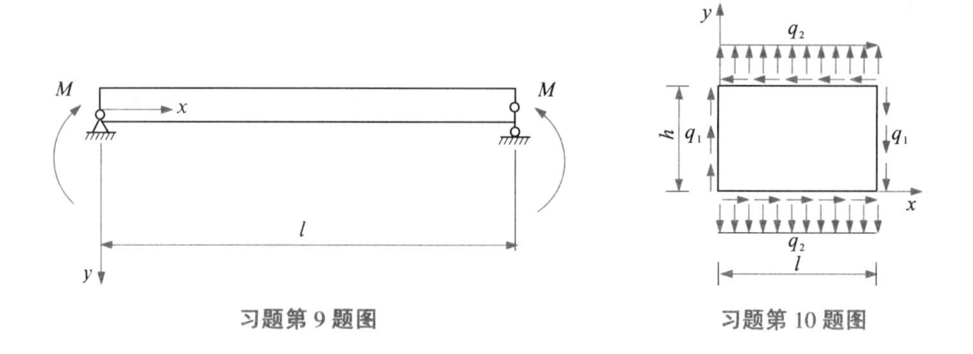

习题第 9 题图　　习题第 10 题图

第 3 章　弹性力学平面问题的极坐标求解

对于圆盘、圆环、楔形体进行应力分析时采用极坐标法较为方便，下面讨论极坐标求解的基本方程。

3.1　极坐标求解的基本方程

3.1.1　平衡微分方程

在弹性体内任一点 P 取一微正六面体，沿径向长度为 $d\rho$、环向角度为 $d\varphi$，沿 z 方向取单位长度，f_ρ、f_φ 为作用于弹性体上沿径向、环向上的均匀分布体力，如图 3.1 所示。

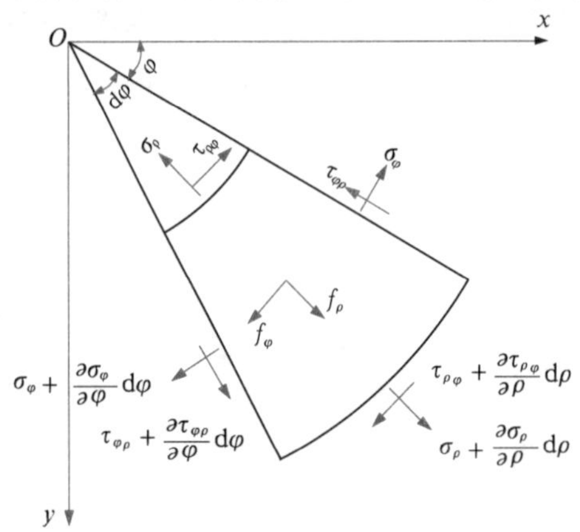

图 3.1　极坐标下的微体的应力

将微体所受各力投影到微体中心的径向轴上，由沿径向的平衡可得

$$\left(\sigma_\rho + \frac{\partial \sigma_\rho}{\partial \rho} d\rho\right)(\rho + d\rho) d\varphi \times 1 - \sigma_\rho \rho d\varphi \times 1 - \left(\sigma_\varphi + \frac{\partial \sigma_\varphi}{\partial \varphi} d\varphi\right) d\rho \sin \frac{d\varphi}{2} \times 1 -$$

$$\sigma_\varphi d\rho \sin \frac{d\varphi}{2} \times 1 + \left(\tau_{\varphi\rho} + \frac{\partial \tau_{\varphi\rho}}{\partial \varphi} d\varphi\right) d\rho \cos \frac{d\varphi}{2} \times 1 - \tau_{\varphi\rho} d\rho \cos \frac{d\varphi}{2} \times 1 + f_\rho \rho d\rho d\varphi \times 1 = 0$$

由于 $d\varphi$ 是一个微量，因此 $\sin \frac{d\varphi}{2} \approx \frac{d\varphi}{2}$，$\cos \frac{d\varphi}{2} \approx 1$，略去三阶小量，方程除以 $\rho d\rho d\varphi$ 得

$$\frac{\partial \sigma_\rho}{\partial \rho} + \frac{1}{\rho}\frac{\partial \tau_{\varphi\rho}}{\partial \varphi} + \frac{\sigma_\rho - \sigma_\varphi}{\rho} + f_\rho = 0$$

将微体所受各力投影到微体中心的切向轴上，由沿切向的平衡可得

$$\frac{1}{\rho}\frac{\partial \sigma_\varphi}{\partial \varphi} + \frac{\partial \tau_{\rho\varphi}}{\partial \rho} + \frac{2\tau_{\rho\varphi}}{\rho} + f_\varphi = 0$$

则极坐标的平衡微分方程为

$$\left.\begin{aligned} &\frac{\partial \sigma_\rho}{\partial \rho} + \frac{1}{\rho}\frac{\partial \tau_{\varphi\rho}}{\partial \varphi} + \frac{\sigma_\rho - \sigma_\varphi}{\rho} + f_\rho = 0 \\ &\frac{1}{\rho}\frac{\partial \sigma_\varphi}{\partial \varphi} + \frac{\partial \tau_{\rho\varphi}}{\partial \rho} + \frac{2\tau_{\rho\varphi}}{\rho} + f_\varphi = 0 \end{aligned}\right\} \tag{3.1}$$

3.1.2　几何方程

通过任意一点沿径向、环向各取微线段 $PA = \mathrm{d}\rho$、$PB = \rho\mathrm{d}\varphi$，微线段发生形变后的变形如图 3.2 所示。

则径向上的线应变为

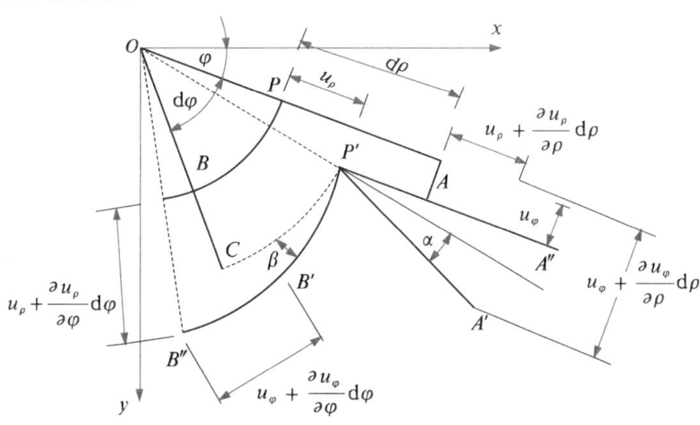

图 3.2　极坐标下微体的变形

$$\varepsilon_\rho = \frac{P'A' - PA}{PA} = \frac{u_\rho + \frac{\partial u_\rho}{\partial \rho}\mathrm{d}\rho - u_\rho}{\mathrm{d}\rho} = \frac{\partial u_\rho}{\partial \rho}$$

则环向上的线应变为

$$\begin{aligned} \varepsilon_\varphi &= \frac{P'B'' - PB}{PB} \approx \frac{P'C + B'B'' - PB - \mu_\varphi}{\rho\mathrm{d}\varphi} \\ &= \frac{(\rho + u_\rho)\mathrm{d}\varphi + \left(u_\varphi + \frac{\partial u_\varphi}{\partial \varphi}\mathrm{d}\varphi\right) - \rho\mathrm{d}\varphi - u_\varphi}{\rho\mathrm{d}\varphi} \\ &= \frac{u_\rho}{\rho} + \frac{1}{\rho}\frac{\partial u_\varphi}{\partial \varphi} \end{aligned}$$

切应变为

$$\gamma_{\rho\varphi} = \alpha + \beta$$

其中

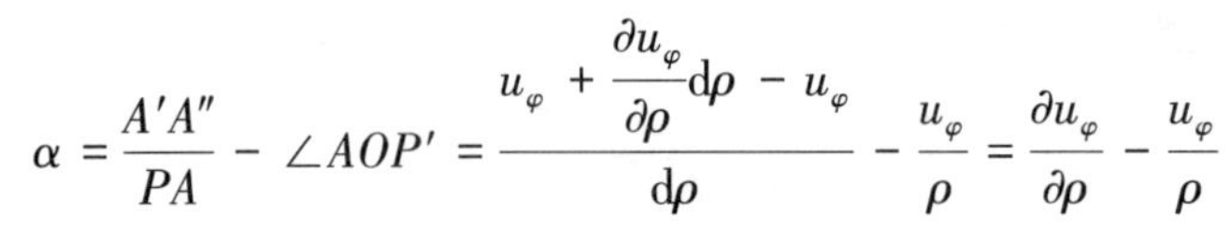

$$\alpha = \frac{A'A''}{PA} - \angle AOP' = \frac{u_\varphi + \frac{\partial u_\varphi}{\partial \rho}\mathrm{d}\rho - u_\varphi}{\mathrm{d}\rho} - \frac{u_\varphi}{\rho} = \frac{\partial u_\varphi}{\partial \rho} - \frac{u_\varphi}{\rho}$$

产生环向变形前 PB 垂直于 PA，在产生环向变形后，$P'B'$ 仍垂直于 $P'A''$，所以

$$\beta = \frac{\left(u_\rho + \frac{\partial u_\rho}{\partial \varphi}\mathrm{d}\varphi\right) - u_\rho}{\rho \mathrm{d}\varphi} = \frac{1}{\rho}\frac{\partial u_\rho}{\partial \varphi}$$

故

$$\gamma_{\rho\varphi} = \alpha + \beta = \frac{\partial u_\varphi}{\partial \rho} - \frac{u_\varphi}{\rho} + \frac{1}{\rho}\frac{\partial u_\rho}{\partial \varphi}$$

则极坐标中的几何方程表示为

$$\left.\begin{aligned} \varepsilon_\rho &= \frac{\partial u_\rho}{\partial \rho} \\ \varepsilon_\varphi &= \frac{u_\rho}{\rho} + \frac{1}{\rho}\frac{\partial u_\varphi}{\partial \varphi} \\ \gamma_{\rho\varphi} &= \frac{\partial u_\varphi}{\partial \rho} - \frac{u_\varphi}{\rho} + \frac{1}{\rho}\frac{\partial u_\rho}{\partial \varphi} \end{aligned}\right\} \tag{3.2}$$

3.1.3 物理方程

由广义胡克定律可知，在极坐标中的物理方程只需将直角坐标中的物理方程中的下标 x、y 换成 ρ、φ 即可，平面应力问题的物理方程可表示为

$$\left.\begin{aligned} \varepsilon_\rho &= \frac{1}{E}(\sigma_\rho - \mu\sigma_\varphi) \\ \varepsilon_\varphi &= \frac{1}{E}(\sigma_\varphi - \mu\sigma_\rho) \\ \gamma_{\rho\varphi} &= \frac{2(1+\mu)}{E}\tau_{\rho\varphi} \end{aligned}\right\} \tag{3.3}$$

将平面应变问题的物理方程中的 E 换为 $\frac{E}{1-\mu^2}$，μ 换为 $\frac{\mu}{1-\mu}$，即可得到平面应变问题的物理方程为

$$\left.\begin{aligned} \varepsilon_\rho &= \frac{1-\mu^2}{E}\left(\sigma_\rho - \frac{\mu}{1-\mu}\sigma_\varphi\right) \\ \varepsilon_\varphi &= \frac{1-\mu^2}{E}\left(\sigma_\varphi - \frac{\mu}{1-\mu}\sigma_\rho\right) \\ \gamma_{\rho\varphi} &= \frac{2(1+\mu)}{E}\tau_{\rho\varphi} \end{aligned}\right\} \tag{3.4}$$

3.1.4　应力分量

极坐标与直角坐标的关系表示为

$$\rho^2 = x^2 + y^2, \quad \varphi = \arctan \frac{y}{x}, \quad x = \rho\cos\varphi, \quad y = \rho\sin\varphi$$

根据直角坐标中应力与应力函数的关系推导可得

$$\left.\begin{aligned}
\sigma_x &= \frac{\partial^2 \phi}{\partial y^2} = \frac{\partial}{\partial y}\left(\frac{\partial \phi}{\partial y}\right) = \frac{\partial}{\partial y}\left(\frac{\partial \phi}{\partial \rho}\frac{\partial \rho}{\partial y} + \frac{\partial \phi}{\partial \varphi}\frac{\partial \varphi}{\partial y}\right) \\
&= \sin^2\varphi \frac{\partial^2 \phi}{\partial \rho^2} + \cos^2\varphi\left(\frac{1}{\rho}\frac{\partial \phi}{\partial \rho} + \frac{1}{\rho^2}\frac{\partial^2 \phi}{\partial \varphi^2}\right) + \sin 2\varphi\left[\frac{\partial}{\partial \rho}\left(\frac{1}{\rho}\frac{\partial \phi}{\partial \varphi}\right)\right] \\
\sigma_y &= \frac{\partial^2 \phi}{\partial x^2} = \frac{\partial}{\partial x}\left(\frac{\partial \phi}{\partial x}\right) = \frac{\partial}{\partial x}\left(\frac{\partial \phi}{\partial \rho}\frac{\partial \rho}{\partial x} + \frac{\partial \phi}{\partial \varphi}\frac{\partial \varphi}{\partial x}\right) \\
&= \cos^2\varphi \frac{\partial^2 \phi}{\partial \rho^2} + \sin^2\varphi\left(\frac{1}{\rho}\frac{\partial \phi}{\partial \rho} + \frac{1}{\rho^2}\frac{\partial^2 \phi}{\partial \varphi^2}\right) - \sin 2\varphi\left[\frac{\partial}{\partial \rho}\left(\frac{1}{\rho}\frac{\partial \phi}{\partial \varphi}\right)\right] \\
\tau_{xy} &= -\frac{\partial^2 \phi}{\partial x \partial y} = -\cos\varphi\sin\varphi\left[\frac{\partial^2 \phi}{\partial \rho^2} - \left(\frac{1}{\rho}\frac{\partial \phi}{\partial \rho} + \frac{1}{\rho^2}\frac{\partial^2 \phi}{\partial \varphi^2}\right)\right] - (\cos^2\varphi - \sin^2\varphi)\left[\frac{\partial}{\partial \rho}\left(\frac{1}{\rho}\frac{\partial \phi}{\partial \varphi}\right)\right]
\end{aligned}\right\} \tag{3.5}$$

由图3.1可知，$\sigma_\rho = (\sigma_x)_{\varphi=0}$，$\sigma_\varphi = (\sigma_y)_{\varphi=0}$，$\tau_{\rho\varphi} = (\tau_{xy})_{\varphi=0}$，则极坐标中应力分量用应力函数表示为

$$\left.\begin{aligned}
\sigma_\rho &= (\sigma_x)_{\varphi=0} = \left(\frac{\partial^2 \phi}{\partial y^2}\right)_{\varphi=0} = \frac{1}{\rho}\frac{\partial \phi}{\partial \rho} + \frac{1}{\rho^2}\frac{\partial^2 \phi}{\partial \varphi^2} \\
\sigma_\varphi &= (\sigma_y)_{\varphi=0} = \frac{\partial^2 \phi}{\partial \rho^2} \\
\tau_{\rho\varphi} &= (\tau_{xy})_{\varphi=0} = \left(-\frac{\partial^2 \phi}{\partial x \partial y}\right)_{\varphi=0} = -\frac{\partial}{\partial \rho}\left(\frac{1}{\rho}\frac{\partial \phi}{\partial \varphi}\right)
\end{aligned}\right\} \tag{3.6}$$

容易证明，当体力分量为零时，方程式(3.6) 表示的应力分量满足平衡微分方程式(3.1)。

3.1.5　相容性方程

由式(3.5) 可知

$$\frac{\partial^2 \phi}{\partial x^2} + \frac{\partial^2 \phi}{\partial y^2} = \frac{\partial^2 \phi}{\partial \rho^2} + \frac{1}{\rho}\frac{\partial \phi}{\partial \rho} + \frac{1}{\rho^2}\frac{\partial^2 \phi}{\partial \varphi^2}$$

代入直角坐标中的相容性方程式(2.21)，极坐标中的相容性方程可表示为

$$\left(\frac{\partial^2}{\partial \rho^2} + \frac{1}{\rho}\frac{\partial}{\partial \rho} + \frac{1}{\rho^2}\frac{\partial^2}{\partial \varphi^2}\right)^2 \phi = 0 \tag{3.7}$$

因此在不计体力时，在极坐标中应力求解平面问题可以归结为求解应力函数 $\phi(\rho,\varphi)$，应力函数应在区域内满足相容性方程式(3.7)，在边界上满足应力边界条件，多连体中应满足位移单值条件。

3.2 应力分量的坐标变换式

本节建立平面问题弹性体内任一点 P 的直角坐标中的应力分量 σ_x、σ_y、τ_{xy} 与极坐标中的应力分量 σ_ρ、σ_φ、$\tau_{\rho\varphi}$ 之间的关系式,即应力分量的坐标变换式。

首先,用 σ_x、σ_y、τ_{xy} 表示 σ_ρ、σ_φ、$\tau_{\rho\varphi}$。在弹性体中取出一个包含 x 面、y 面和 ρ 面且厚度为 1 的微三棱柱 A,各面上的应力如图 3.3 所示。设 bc 边的长度为 ds,则 ab 边的长度为 $ds\cos\varphi$,ac 边的长度为 $ds\sin\varphi$。

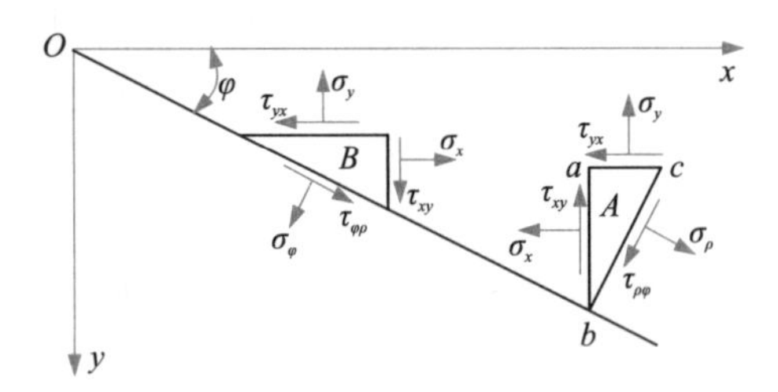

图 3.3 微三棱柱的应力

根据微三棱柱 A 的平衡条件 $\sum F_\rho = 0$,可得

$\sigma_\rho ds \times 1 - \sigma_x ds\cos\varphi \times 1 \times \cos\varphi - \sigma_y ds\sin\varphi \times 1 \times \sin\varphi - \tau_{xy} ds\cos\varphi \times 1 \times \sin\varphi - \tau_{yx} ds\sin\varphi \times 1 \times \cos\varphi = 0$

化简得

$$\sigma_\rho = \sigma_x \cos^2\varphi + \sigma_y \sin^2\varphi + 2\tau_{xy}\sin\varphi\cos\varphi$$

由微三棱柱 A 的平衡条件 $\sum F_\varphi = 0$,可得

$$\tau_{\rho\varphi} = (\sigma_y - \sigma_x)\sin\varphi\cos\varphi + \tau_{xy}(\cos^2\varphi - \sin^2\varphi)$$

类似地,取出一个包含 x 面、y 面和 φ 面且厚度为 1 的微三棱柱 B,如图 3.3 所示,根据其平衡条件 $\sum F_\varphi = 0$,可得

$$\sigma_\varphi = \sigma_x \sin^2\varphi + \sigma_y \cos^2\varphi - 2\tau_{xy}\sin\varphi\cos\varphi$$

综上可得应力分量由直角坐标向极坐标的变换式:

$$\begin{cases}\sigma_\rho = \sigma_x\cos^2\varphi + \sigma_y\sin^2\varphi + 2\tau_{xy}\sin\varphi\cos\varphi \\ \sigma_\varphi = \sigma_x\sin^2\varphi + \sigma_y\cos^2\varphi - 2\tau_{xy}\sin\varphi\cos\varphi \\ \tau_{\rho\varphi} = (\sigma_y - \sigma_x)\sin\varphi\cos\varphi + \tau_{xy}(\cos^2\varphi - \sin^2\varphi)\end{cases} \tag{3.8}$$

下面推导用 σ_ρ、σ_φ、$\tau_{\rho\varphi}$ 表示 σ_x、σ_y、τ_{xy}。在弹性体中取出一个包含 ρ 面、φ 面和 x 面且单位厚度为 1 的微三棱柱 C,如图 3.4 所示。根据它的平衡条件 $\sum F_x = 0$、$\sum F_y = 0$,可得

$$\sigma_x = \sigma_\rho \cos^2\varphi + \sigma_\varphi \sin^2\varphi - 2\tau_{\rho\varphi}\sin\varphi\cos\varphi$$

$$\tau_{xy} = (\sigma_\rho - \sigma_\varphi)\sin\varphi\cos\varphi + \tau_{\rho\varphi}(\cos^2\varphi - \sin^2\varphi)$$

在弹性体中取出一个包含 ρ 面、φ 面和 y 面且单位厚度为 1 的微三棱柱 D,如图 3.4 所

示,根据其平衡条件 $\sum F_y = 0$,可得

$$\sigma_y = \sigma_\rho \sin^2\varphi + \sigma_\varphi \cos^2\varphi + 2\tau_{\rho\varphi}\sin\varphi\cos\varphi$$

综上可得应力分量由极坐标向直角坐标的变换式:

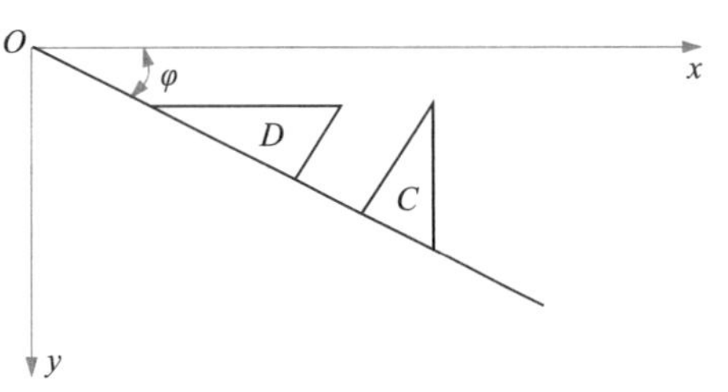

图 3.4　微三棱柱的应力

$$\begin{cases}\sigma_x = \sigma_\rho\cos^2\varphi + \sigma_\varphi\sin^2\varphi - 2\tau_{\rho\varphi}\sin\varphi\cos\varphi \\ \sigma_y = \sigma_\rho\sin^2\varphi + \sigma_\varphi\cos^2\varphi + 2\tau_{\rho\varphi}\sin\varphi\cos\varphi \\ \tau_{xy} = (\sigma_\rho - \sigma_\varphi)\sin\varphi\cos\varphi + \tau_{\rho\varphi}(\cos^2\varphi - \sin^2\varphi)\end{cases} \tag{3.9}$$

3.3　轴对称平面问题

轴对称问题是指物体的形状或物理量是绕一轴对称的,通过对称轴的面都是对称面。若应力是绕 z 轴对称的,则应力分量与应变分量与转角 φ 无关,只是 ρ 的函数,则由式(3.6)可知轴对称问题的应力分量为

$$\left.\begin{aligned}\sigma_\rho &= \frac{1}{\rho}\frac{\mathrm{d}\phi}{\mathrm{d}\rho} \\ \sigma_\varphi &= \frac{\mathrm{d}^2\phi}{\mathrm{d}\rho^2} \\ \tau_{\rho\varphi} &= 0\end{aligned}\right\} \tag{3.10}$$

则相容性方程式(3.7)为

$$\left(\frac{\mathrm{d}^2}{\mathrm{d}\rho^2} + \frac{1}{\rho}\frac{\mathrm{d}}{\mathrm{d}\rho}\right)\left(\frac{\mathrm{d}^2}{\mathrm{d}\rho^2} + \frac{1}{\rho}\frac{\mathrm{d}}{\mathrm{d}\rho}\right)\phi(\rho) = 0 \tag{3.11}$$

轴对称的拉普拉斯算子写为

$$\nabla^2 = \frac{\mathrm{d}^2}{\mathrm{d}\rho^2} + \frac{1}{\rho}\frac{\mathrm{d}}{\mathrm{d}\rho} = \frac{1}{\rho}\frac{\mathrm{d}}{\mathrm{d}\rho}\left(\rho\frac{\mathrm{d}}{\mathrm{d}\rho}\right)$$

代入式(3.11)中有

$$\frac{1}{\rho}\frac{\mathrm{d}}{\mathrm{d}\rho}\left\{\rho\frac{\mathrm{d}}{\mathrm{d}\rho}\left[\frac{1}{\rho}\frac{\mathrm{d}}{\mathrm{d}\rho}\left(\rho\frac{\mathrm{d}\phi}{\mathrm{d}\rho}\right)\right]\right\} = 0$$

由上式则可得到轴对称问题应力函数的通解为

$$\phi = A\ln\rho + B\rho^2\ln\rho + C\rho^2 + D \tag{3.12}$$

则轴对称问题应力分量的表达式为

$$\left.\begin{aligned}\sigma_\rho &= \frac{A}{\rho^2} + B(1 + 2\ln\rho) + 2C \\ \sigma_\varphi &= -\frac{A}{\rho^2} + B(3 + 2\ln\rho) + 2C \\ \tau_{\rho\varphi} &= 0\end{aligned}\right\} \tag{3.13}$$

下面讨论应变分量和位移分量。对于平面应力问题,由物理方程式(3.3)可得应变

分量

$$
\left.\begin{aligned}
\varepsilon_\rho &= \frac{1}{E}\left[(1+\mu)\frac{A}{\rho^2}+(1-3\mu)B+2(1-\mu)B\ln\rho+2(1-\mu)C\right]\\
\varepsilon_\varphi &= \frac{1}{E}\left[-(1+\mu)\frac{A}{\rho^2}+(3-\mu)B+2(1-\mu)B\ln\rho+2(1-\mu)C\right]\\
\gamma_{\rho\varphi} &= 0
\end{aligned}\right\}\tag{3.14}
$$

由几何方程式(3.2)得位移分量

$$
\left.\begin{aligned}
u_\rho &= \frac{1}{E}\Big[-(1+\mu)\frac{A}{\rho}+2(1-\mu)B\rho(\ln\rho-1)+(1-3\mu)B\rho+\\
&\quad 2(1-\mu)C\rho\Big]+I\cos\varphi+K\sin\varphi\\
u_\varphi &= \frac{4B\rho\varphi}{E}+H\rho-I\sin\varphi+K\cos\varphi
\end{aligned}\right\}\tag{3.15}
$$

式中,A、B、C、D、H、I、K 都是待定系数,对于具体问题可通过应力边界条件和位移边界条件确定。

对于平面应变问题,只需将应变分量和位移分量中的 E 换成$\dfrac{E}{1-\mu^2}$,μ 换成$\dfrac{\mu}{1-\mu}$。

3.4 用极坐标法求解平面问题实例

3.4.1 圆环或圆筒受均布压力

设有圆环或圆筒,内径为 r,外径为 R,受均布内压力 q_1 和外压力 q_2 作用,如图 3.5 所示。

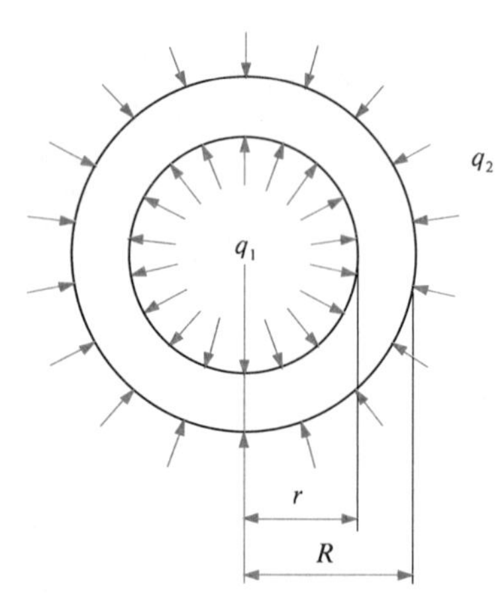

图 3.5 受均布压力的圆环或圆筒

内、外边界的应力边界条件表达为

$$
(\tau_{\rho\varphi})_{\rho=r}=0,\quad (\tau_{\rho\varphi})_{\rho=R}=0
$$

$$
(\sigma_\rho)_{\rho=r}=-q_1,\quad (\sigma_\rho)_{\rho=R}=-q_2
$$

由式(3.13)可知前两式自然满足,而后两式要求

$$
\left.\begin{aligned}
(\sigma_\rho)_{\rho=r} &= \frac{A}{r^2}+B(1+2\ln r)+2C=-q_1\\
(\sigma_\rho)_{\rho=R} &= \frac{A}{R^2}+B(1+2\ln R)+2C=-q_2
\end{aligned}\right\}\tag{a}
$$

上式中共有三个待定常数,因此还须引入位移单值条件。

对于同一个 ρ 值,在 $\varphi=\varphi_1$ 和 $\varphi=2\pi+\varphi_1$ 的环向位移应该是相同的,因此由式(3.15)可得 $B=0$,代入式(a)可求得常数 A、C,即

$$
A=\frac{r^2R^2}{R^2-r^2}(q_2-q_1),\quad 2C=\frac{q_1r^2-q_2R^2}{R^2-r^2}
$$

将上式代入式(3.13),则可得到圆筒受均布压力作用的(Lame)解答:

$$\begin{cases}\sigma_\rho = \dfrac{r^2R^2}{R^2 - r^2}\dfrac{q_2 - q_1}{\rho^2} + \dfrac{q_1r^2 - q_2R^2}{R^2 - r^2}\\ \sigma_\varphi = -\dfrac{r^2R^2}{R^2 - r^2}\dfrac{q_2 - q_1}{\rho^2} + \dfrac{q_1r^2 - q_2R^2}{R^2 - r^2}\end{cases} \tag{3.16}$$

下面考虑内压、外压单独作用时的应力分布情况。

如果只有内压 q_1 作用，则外压力 $q_2 = 0$，则式(3.16) 简化为

$$\sigma_\rho = -\frac{r^2R^2}{\rho^2(R^2 - r^2)}q_1 + \frac{q_1r^2}{R^2 - r^2},\quad \sigma_\varphi = \frac{r^2R^2}{\rho^2(R^2 - r^2)}q_1 + \frac{q_1r^2}{R^2 - r^2}$$

可以看出：只有内压 q_1 作用时，σ_ρ 总是压应力，σ_φ 总是拉应力。当圆筒的外径 $R \to \infty$ 时，得到具有圆孔的无限大薄板或具有圆形孔道的无限大弹性体的应力解，即

$$\sigma_\rho = -\frac{r^2}{\rho^2}q_1,\quad \sigma_\varphi = \frac{r^2}{\rho^2}q_1$$

在 $\rho \gg r$ 时，应力趋近于零，从而验证了圣维南原理。

如果只有外压 q_2 作用，则内压力 $q_1 = 0$，则式(3.16) 简化为

$$\sigma_\rho = \frac{r^2R^2}{\rho^2(R^2 - r^2)}q_2 - \frac{q_2R^2}{R^2 - r^2},\quad \sigma_\varphi = -\frac{r^2R^2}{\rho^2(R^2 - r^2)}q_2 - \frac{q_2R^2}{R^2 - r^2}$$

显然只有外压 q_2 作用时，σ_ρ、σ_φ 都总是压应力。

3.4.2　压力隧洞问题

设有圆筒，内径为 r，外径为 R，埋在无限大弹性体中，受有均布压力 q，如图 3.6 所示压力隧洞。假定两弹性体在接触面上保持完全接触。设圆筒和无限大弹性体的弹性常数分别是 E_1、μ_1 和 E_2、μ_2。

两弹性体之间的接触状态包括完全接触、光滑接触、摩擦滑移接触和局部脱离接触。完全接触是指两弹性体在接触面上既不互相脱离也不相对滑动；光滑接触是指接触面光滑，两弹性体在接触面上虽不互相脱离但有相对滑动；摩擦滑移接触是指接触面不光滑，两弹性体在接触面上虽不互相脱离但有相对滑动；局部脱离接触是指两弹性体在局部接触面上互相脱离。

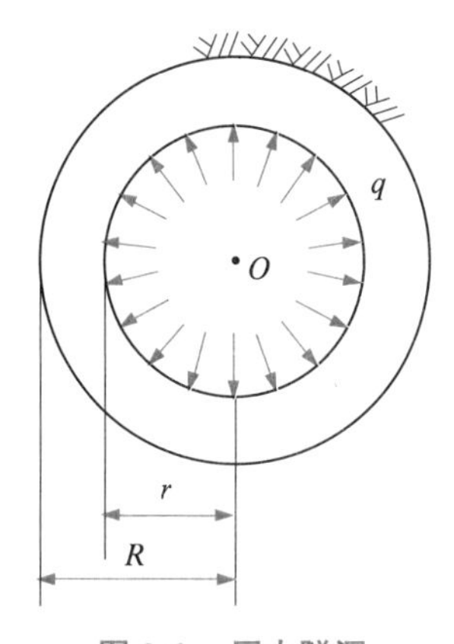

图 3.6　压力隧洞

此问题是平面应变问题。由于无限大弹性体可以看成是内径为 R、外径为无限大的圆筒，故圆筒和无限大弹性体的应力分布都是轴对称的，可应用轴对称平面问题的一般性解答。由多连体中的位移单值条件，可得式(3.15) 中 $B = 0$。

圆筒的应力分量和位移分量分别为

$$\left.\begin{aligned}\sigma_{\rho1}&=\frac{A_1}{\rho^2}+2C_1\\ \sigma_{\varphi1}&=-\frac{A_1}{\rho^2}+2C_1\\ \tau_{\rho\varphi1}&=0\end{aligned}\right\}\tag{a}$$

$$\left.\begin{aligned}u_{\rho1}&=\frac{1+\mu_1}{E_1}\left[-\frac{A_1}{\rho}+2(1-2\mu_1)C_1\rho\right]+I_1\cos\varphi+K_1\sin\varphi\\ u_{\varphi1}&=H_1\rho-I_1\sin\varphi+K_1\cos\varphi\end{aligned}\right\}\tag{b}$$

无限大弹性体的应力分量和位移分量分别为

$$\left.\begin{aligned}\sigma_{\rho2}&=\frac{A_2}{\rho^2}+2C_2\\ \sigma_{\varphi2}&=-\frac{A_2}{\rho^2}+2C_2\\ \tau_{\rho\varphi2}&=0\end{aligned}\right\}\tag{c}$$

$$\left.\begin{aligned}u_{\rho2}&=\frac{1+\mu_2}{E_2}\left[-\frac{A_2}{\rho}+2(1-2\mu_2)C_2\rho\right]+I_2\cos\varphi+K_2\sin\varphi\\ u_{\varphi2}&=H_2\rho-I_2\sin\varphi+K_2\cos\varphi\end{aligned}\right\}\tag{d}$$

圆筒的内边界的应力边界条件表达为

$$\left.\begin{aligned}(\sigma_{\rho1})_{\rho=r}&=-q_1\\ (\tau_{\rho\varphi1})_{\rho=r}&=0\end{aligned}\right\}$$

由式(a) 可知第二式自然满足,而第一式要求

$$(\sigma_{\rho1})_{\rho=r}=\frac{A_1}{r^2}+2C_1=-q\tag{e}$$

由圣维南原理可知,在远离圆筒处的应力为零,即

$$\left.\begin{aligned}(\sigma_{\rho2})_{\rho\to\infty}&=0\\ (\sigma_{\varphi2})_{\rho\to\infty}&=0\\ (\tau_{\rho\varphi2})_{\rho\to\infty}&=0\end{aligned}\right\}$$

由式(c) 可知第三式自然满足,而前两式要求

$$\left.\begin{aligned}(\sigma_{\rho2})_{\rho\to\infty}&=2C_2=0\\ (\sigma_{\varphi2})_{\rho\to\infty}&=2C_2=0\end{aligned}\right\}\tag{f}$$

由式(f) 可得

$$C_2=0$$

由于圆筒与无限大弹性体完全接触,则两弹性体在接触面上的应力分量和位移分量

分别相等。接触条件可以表示为

$$\left.\begin{aligned}(\sigma_{\rho 1})_{\rho=R}&=(\sigma_{\rho 2})_{\rho=R}\\(\tau_{\rho\varphi 1})_{\rho=R}&=(\tau_{\rho\varphi 2})_{\rho=R}\\(u_{\rho 1})_{\rho=R}&=(u_{\rho 2})_{\rho=R}\\(u_{\varphi 1})_{\rho=R}&=(u_{\varphi 2})_{\rho=R}\end{aligned}\right\}$$

由式(a) 和式(c) 可知第二式自然满足,而其余三式要求

$$\frac{A_1}{R^2}+2C_1=\frac{A_2}{R^2} \tag{g}$$

$$\begin{aligned}&\frac{1+\mu_1}{E_1}\left[-\frac{A_1}{R}+2(1-2\mu_1)C_1R\right]+I_1\cos\varphi+K_1\sin\varphi=\\&\frac{1+\mu_2}{E_2}\left(-\frac{A_2}{R}\right)+I_2\cos\varphi+K_2\sin\varphi\end{aligned} \tag{h}$$

$$H_1\rho-I_1\sin\varphi+K_1\cos\varphi=H_2\rho-I_2\sin\varphi+K_2\cos\varphi \tag{i}$$

由于式(h) 和式(i) 在接触面任意一点均成立,可得 $I_1=I_2$、$K_1=K_2$、$H_1=H_2$。则式(h) 简化为

$$\frac{1+\mu_1}{E_1}\left[-\frac{A_1}{R}+2(1-2\mu_1)C_1R\right]=\frac{1+\mu_2}{E_2}\left(-\frac{A_2}{R}\right) \tag{j}$$

联立求解式(e)、式(g) 和式(j),得到待定常数 A_1、C_1 和 A_2 的值。最后再将 A_1、C_1 和 A_2、C_2 的值回代到式(a) 和式(c) 中,即求得圆筒和无限大弹性体的应力分量。

圆筒的应力分量为

$$\left.\begin{aligned}\sigma_{\rho 1}&=-q\frac{[1+(1-2\mu_1)n]\dfrac{R^2}{\rho^2}-(1-n)}{[1+(1-2\mu_1)n]\dfrac{R^2}{r^2}-(1-n)}\\\sigma_{\varphi 1}&=q\frac{[1+(1-2\mu_1)n]\dfrac{R^2}{\rho^2}+(1-n)}{[1+(1-2\mu_1)n]\dfrac{R^2}{r^2}-(1-n)}\\\tau_{\rho\varphi 1}&=0\end{aligned}\right\} \tag{3.17}$$

无限大弹性体的应力分量为

$$
\left.\begin{aligned}
\sigma_{\rho 2} &= -q\frac{2(1-\mu_1)n\dfrac{R^2}{\rho^2}}{[1+(1-2\mu_1)n]\dfrac{R^2}{r^2}-(1-n)} \\
\sigma_{\varphi 2} &= q\frac{2(1-\mu_1)n\dfrac{R^2}{\rho^2}}{[1+(1-2\mu_1)n]\dfrac{R^2}{r^2}-(1-n)} \\
\tau_{\rho\varphi 2} &= 0
\end{aligned}\right\} \tag{3.18}
$$

其中，$n=\dfrac{E_2(1+\mu_1)}{E_1(1+\mu_2)}$。

3.4.3 板中圆孔产生的应力集中问题

在工程结构中常常根据需要设置一些孔口，这些小孔将引起小孔附近区域的应力远大于无孔时的应力，这种现象称为应力集中。如果孔口很小，根据圣维南原理，在远离孔口时应力集中现象逐步消失。现在考察一矩形薄板，在离边界较远处有一半径为 r 的小圆孔，在两个相互垂直的方向上作用有均布拉力 q，以圆孔中心为坐标原点，坐标系如图3.7(a) 所示。

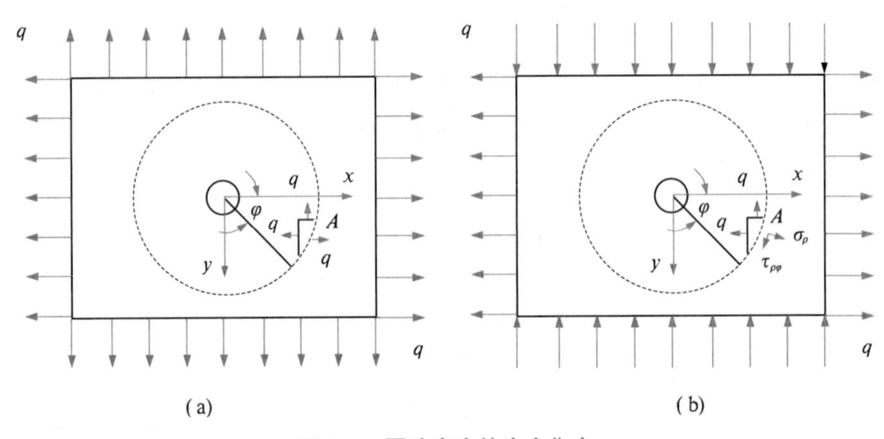

图 3.7　圆孔产生的应力集中

由于这里主要考虑孔口附近的应力，因此采用极坐标求解。首先将边界变换为圆边界，以远大于 r 的某一长度 R 为半径，以坐标原点为圆心，作一个大圆，如图 3.7 中虚线所示。根据圣维南原理，在大圆边界 A 点处的应力与无孔时应力相同，即在 A 点 $\sigma_x=q$，$\sigma_y=q$，$\tau_{xy}=0$。由应力分量的坐标交换式(3.8) 可得

$$(\sigma_\rho)_{\rho=R}=q,\quad \tau_{\rho\varphi}=0$$

则原来的无限大板的孔口问题就转化为在外边界上作用均布拉力 q 的内径为 r、外径为 R 的圆筒问题。则由式(3.16)，令 $q_1=0$、$-q_2=q$，得到该问题的应力为

$$\sigma_\rho=-\frac{r^2R^2}{\rho^2(R^2-r^2)}q+\frac{qR^2}{R^2-r^2},\quad \sigma_\varphi=\frac{r^2R^2}{\rho^2(R^2-r^2)}q+\frac{qR^2}{R^2-r^2},\quad \tau_{\rho\varphi}=\tau_{\varphi\rho}=0$$

由于 $R \gg r$，则令 $\frac{r}{R}=0$，则两个方向上受均匀拉力作用的应力解为

$$\sigma_\rho=q\left(1-\frac{r^2}{\rho^2}\right),\quad \sigma_\varphi=q\left(1+\frac{r^2}{\rho^2}\right),\quad \tau_{\rho\varphi}=\tau_{\varphi\rho}=0 \tag{3.19}$$

下面考察一矩形薄板，在离边界较远处有一半径为 r 的小圆孔，两个相互垂直的方向上作用有均布拉力 q 和均布压力 q，以圆孔中心为坐标原点，坐标系如图 3.7(b) 所示。进行与上述相同的分析，在大圆上的点 A 处应力与无孔时的应力相同，即 $\sigma_x=q,\sigma_y=-q,\tau_{xy}=0$。由应力分量的坐标变换式(3.8) 可得

$$(\sigma_\rho)_{\rho=R}=q\cos2\varphi \tag{a}$$

$$(\tau_{\rho\varphi})_{\rho=R}=-q\sin2\varphi \tag{b}$$

这就是外边界上的边界条件，在内边界上的边界条件为

$$(\sigma_\rho)_{\rho=r}=0,\quad (\tau_{\rho\varphi})_{\rho=r}=0 \tag{c}$$

由边界条件式(a)、式(b) 可假设 σ_ρ 为 ρ 的某一函数乘以 $\cos2\varphi$，而切应力 $\tau_{\rho\varphi}$ 为 ρ 的某一函数乘以 $\sin2\varphi$，则令应力函数为

$$\phi(\rho,\varphi)=f(\rho)\cos2\varphi \tag{d}$$

则应力分量为

$$\sigma_r=\frac{1}{\rho}\frac{\partial\phi}{\partial\rho}+\frac{1}{\rho^2}\frac{\partial^2\phi}{\partial\varphi^2},\quad \tau_{\rho\varphi}=-\frac{\partial}{\partial\rho}\left(\frac{1}{\rho}\frac{\partial\phi}{\partial\varphi}\right) \tag{e}$$

将式(d) 代入极坐标的相容性方程式(3.7) 有

$$\cos2\varphi\left(\frac{d^2}{d\rho^2}+\frac{1}{\rho}\frac{d}{d\rho}-\frac{4}{\rho^2}\right)\left(\frac{d^2f}{d\rho^2}+\frac{1}{\rho}\frac{df}{d\rho}-\frac{4f}{\rho^2}\right)=0$$

求解该常微分方程得应力函数为

$$f(\rho)=A\rho^4+B\rho^2+C+\frac{D}{\rho^2} \tag{f}$$

式中，A、B、C、D 为待定常数，代入式(d)，得应力函数

$$\phi(\rho,\varphi)=\left(A\rho^4+B\rho^2+C+\frac{D}{\rho^2}\right)\cos2\varphi \tag{g}$$

则应力分量

$$\left.\begin{aligned}\sigma_\rho&=-\cos2\varphi\left(2B+\frac{4C}{\rho^2}+\frac{6D}{\rho^4}\right)\\ \sigma_\varphi&=\cos2\varphi\left(12A\rho^2+2B+\frac{6D}{\rho^4}\right)\\ \tau_{\rho\varphi}&=\sin2\varphi\left(6A\rho^2+2B-\frac{2C}{\rho^2}-\frac{6D}{\rho^4}\right)\end{aligned}\right\} \tag{h}$$

将上式代入边界条件式(a)、式(b)、式(c) 有

$$\left.\begin{aligned}2B+\frac{4C}{R^2}+\frac{6D}{R^4}&=-q\\6AR^2+2B-\frac{2C}{R^2}-\frac{6D}{R^4}&=-q\\2B+\frac{4C}{r^2}+\frac{6D}{r^4}&=0\\6Ar^2+2B-\frac{2C}{r^2}-\frac{6D}{r^4}&=0\end{aligned}\right\}$$

求解 A、B、C、D,并令$\frac{r}{R}\to 0$ 得

$$A=0,\quad B=-\frac{q}{2},\quad C=qr^2,\quad D=-\frac{qr^4}{2}$$

代入式(h),得图 3.7(b) 所示薄板的应力分量为

$$\left.\begin{aligned}\sigma_\rho&=q\cos 2\varphi\left(1-\frac{r^2}{\rho^2}\right)\left(1-3\frac{r^2}{\rho^2}\right)\\\sigma_\varphi&=-q\cos 2\varphi\left(1+3\frac{r^4}{\rho^4}\right)\\\tau_{\rho\varphi}=\tau_{\varphi\rho}&=-q\sin 2\varphi\left(1-\frac{r^2}{\rho^2}\right)\left(1+3\frac{r^2}{\rho^2}\right)\end{aligned}\right\}\tag{3.20}$$

如果矩形薄板左右受均布拉力 q_1 作用,上下受均布拉力 q_2 作用,如图 3.8(a) 所示。可以将荷载分为两部分:图 3.8(b) 所示两个方向上受均布拉力$\frac{q_1+q_2}{2}$和图 3.8(c) 所示左右方向上受均布拉力$\frac{q_1-q_2}{2}$、上下方向上受均布压力$\frac{q_1-q_2}{2}$作用。对于第一部分荷载作用的应力分量,由式(3.19) 计算,令 $q=\frac{q_1+q_2}{2}$ 即可;对于第二部分荷载作用的应力分量,由式(3.20) 计算,令 $q=\frac{q_1-q_2}{2}$ 即可 。将两部分应力分量叠加即得到图 3.8(a) 所示荷载作用下的应力分量。

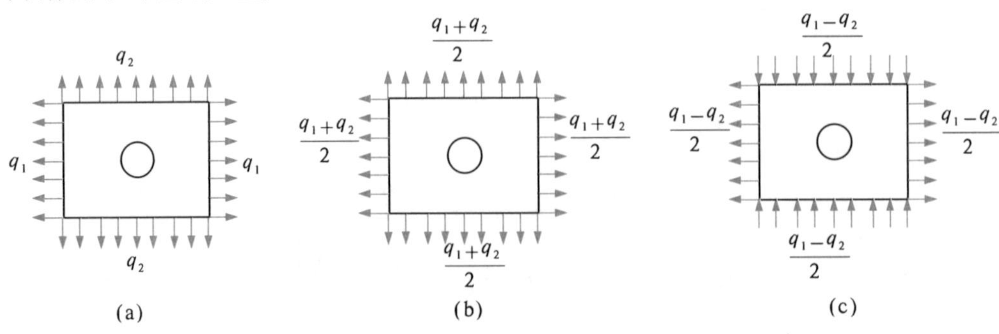

图 3.8 不同荷载作用的圆孔

当仅左右两边受均布拉力 q 作用时，只需将式(3.19)、式(3.20)中 $q \to \frac{q}{2}$ 叠加即可得到基尔斯(Kirsch.G)解答：

$$\left.\begin{aligned}\sigma_{\rho} &= \frac{q}{2}\cos 2\varphi\left(1-\frac{r^2}{\rho^2}\right)\left(1-3\frac{r^2}{\rho^2}\right)+\frac{q}{2}\left(1-\frac{r^2}{\rho^2}\right)\\ \sigma_{\varphi} &= -\frac{q}{2}\cos 2\varphi\left(1+3\frac{r^4}{\rho^4}\right)+\frac{q}{2}\left(1+\frac{r^2}{\rho^2}\right)\\ \tau_{\rho\varphi} = \tau_{\varphi\rho} &= -\frac{q}{2}\sin 2\varphi\left(1-\frac{r^2}{\rho^2}\right)\left(1+3\frac{r^2}{\rho^2}\right)\end{aligned}\right\} \tag{3.21}$$

应力分布图如图 3.9 所示。

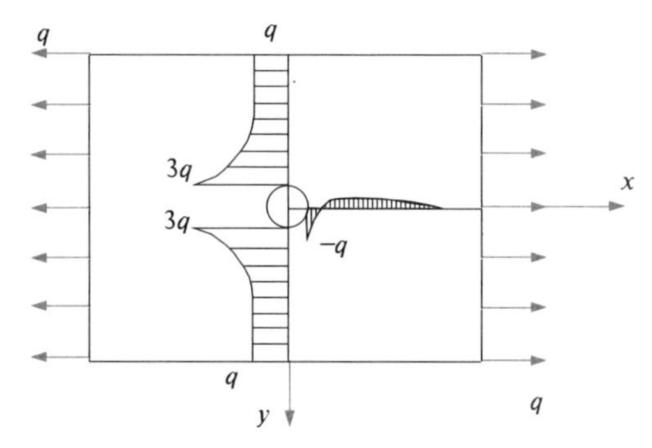

图 3.9　应力分布图

当 $\rho = r$ 时，环向应力为 $\sigma_{\varphi} = q(1-2\cos 2\varphi)$，在内边界上环向应力的值见表 3.1。

表 3.1　内边界上环向应力

φ	0°	30°	45°	60°	90°
σ_{φ}	$-q$	0	q	$2q$	$3q$

当 $\varphi = 90°$ 时，沿 y 轴各点的环向应力为

$$\sigma_{\varphi} = q\left(1+\frac{1}{2}\frac{r^2}{\rho^2}+\frac{3}{2}\frac{r^4}{\rho^4}\right)$$

沿 y 轴各点的环向应力的值见表 3.2。

当 $\varphi = 0°$ 时，沿 x 轴各点的环向应力为

$$\sigma_{\varphi} = -\frac{q}{2}\frac{r^2}{\rho^2}\left(\frac{3r^2}{\rho^2}-1\right)$$

沿 x 轴各点的环向应力的值见表 3.3。

表 3.2　沿 y 轴各点的环向应力

ρ	r	$2r$	$3r$	$4r$
σ_{φ}	$3q$	$1.22q$	$1.07q$	$1.04q$

表 3.3　沿 x 轴各点的环向应力

ρ	r	$\sqrt{3}r$
σ_{φ}	$-q$	0

3.4.4 楔形体顶端受集中力作用

设有一楔形体,其顶角为 2α,楔顶单位厚度上作用分布力 P,与 x 轴的夹角为 β,如图 3.10 所示。取单位厚度楔形体,则 P 为一个单位厚度上的均匀作用力。

楔形体内任意一点的应力分量 σ_ρ 应该是 α、β、φ、ρ 和 P 的函数,可表达为函数关系,即

$$\sigma_\rho=\sigma_\rho(\alpha,\beta,\varphi,P,\rho),$$
$$\sigma_\varphi=\sigma_\varphi(\alpha,\beta,\varphi,P,\rho),$$
$$\tau_{\rho\varphi}=\tau_{\rho\varphi}(\alpha,\beta,\varphi,P,\rho)$$

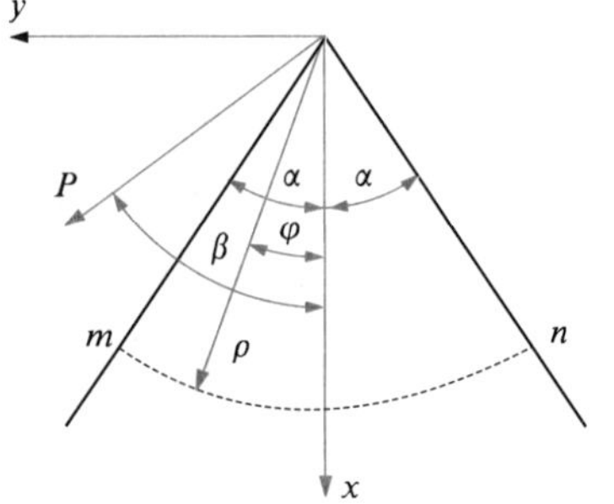

图 3.10 顶端受集中力作用的楔形体

根据量纲分析可知应力分量的量纲与 $\dfrac{P}{\rho}$ 相同,由应力分量与应力函数的导数关系可知应力分量比应力函数就 ρ 而言要低二次,由半逆解法可设应力函数的形式为

$$\phi(\rho,\varphi)=\rho f(\varphi) \tag{a}$$

上式满足相容性方程 $\nabla^4\phi=0$,代入即得

$$\frac{\mathrm{d}^4 f(\varphi)}{\mathrm{d}\varphi^4}+2\frac{\mathrm{d}^2 f(\varphi)}{\mathrm{d}\varphi^2}+f(\varphi)=0$$

解上述方程得

$$f(\varphi)=A\cos\varphi+B\sin\varphi+C\varphi\cos\varphi+D\varphi\sin\varphi$$

A、B、C、D 为积分常数,则应力函数式(a) 转化为

$$\phi(\rho,\varphi)=\rho(A\cos\varphi+B\sin\varphi+C\varphi\cos\varphi+D\varphi\sin\varphi) \tag{b}$$

由于 $\rho\cos\varphi=x$、$\rho\sin\varphi=y$ 为线性项,对应力没有影响,可以删去,则应力函数简化为

$$\phi(\rho,\varphi)=C\rho\varphi\cos\varphi+D\rho\varphi\sin\varphi \tag{c}$$

则相应的应力分量为

$$\left.\begin{aligned}
\sigma_\rho&=\frac{1}{\rho}\frac{\partial\phi}{\partial\rho}+\frac{1}{\rho^2}\frac{\partial^2\phi}{\partial\varphi^2}=-\frac{2C\sin\varphi}{\rho}+\frac{2D\cos\varphi}{\rho}\\
\sigma_\varphi&=\frac{\partial^2\phi}{\partial\rho^2}=0\\
\tau_{\rho\varphi}&=\tau_{\varphi\rho}=-\frac{\partial}{\partial\rho}\left(\frac{1}{\rho}\frac{\partial\phi}{\partial\varphi}\right)=0
\end{aligned}\right\} \tag{d}$$

边界条件为

$$(\sigma_\varphi)_{\varphi=\pm\alpha,\rho\neq 0}=0,\ (\tau_{\varphi\rho})_{\varphi=\pm\alpha,\rho\neq 0}=0 \tag{e}$$

容易看出式(d) 中的应力分量满足式(e)。为确定常数 C、D,下面考虑任一圆柱面 mn 以上部分的平衡:

$$\sum X=0,\quad \int_{-\alpha}^{\alpha}\sigma_\rho\rho\cos\varphi\mathrm{d}\varphi=-P\cos\beta$$

$$\sum Y=0,\quad \int_{-\alpha}^{\alpha}\sigma_\rho\rho\sin\varphi\mathrm{d}\varphi=-P\sin\beta$$

将式(d) 中的 σ_ρ 代入上式求得:

$$C=\frac{P\sin\beta}{2\alpha-\sin2\alpha},\quad D=-\frac{P\cos\beta}{2\alpha+\sin2\alpha}\tag{f}$$

则应力分量为

$$\left.\begin{aligned}&\sigma_\rho=-\frac{2P\sin\beta}{2\alpha-\sin2\alpha}\frac{\sin\varphi}{\rho}-\frac{2P\cos\beta}{2\alpha+\sin2\alpha}\frac{\cos\varphi}{\rho}\\&\sigma_\varphi=0\\&\tau_{\rho\varphi}=\tau_{\varphi\rho}=0\end{aligned}\right\}\tag{3.22}$$

当楔顶受竖向集中力时,即 $\beta=0$ 时的应力分量为

$$\begin{cases}\sigma_\rho=-\dfrac{2P}{2\alpha+\sin2\alpha}\dfrac{\cos\varphi}{\rho}\\\sigma_\varphi=0\\\tau_{\rho\varphi}=\tau_{\varphi\rho}=0\end{cases}$$

当楔顶受横向集中力时,即 $\beta=\dfrac{\pi}{2}$ 时的应力分量为

$$\begin{cases}\sigma_\rho=-\dfrac{2P}{2\alpha-\sin2\alpha}\dfrac{\sin\varphi}{\rho}\\\sigma_\varphi=0\\\tau_{\rho\varphi}=\tau_{\varphi\rho}=0\end{cases}$$

3.4.5　半无限平面边界上受集中力作用

建筑物地基土体作为弹性体考虑时,地表面受带状荷载作用的问题可以简化为弹性半无限体受集中荷载作用的问题。设有半平面体,在其直边界上受有与边界法线夹角为 β 的集中力。取单位厚度考虑,令单位厚度上所受力为 F,如图 3.11 所示。

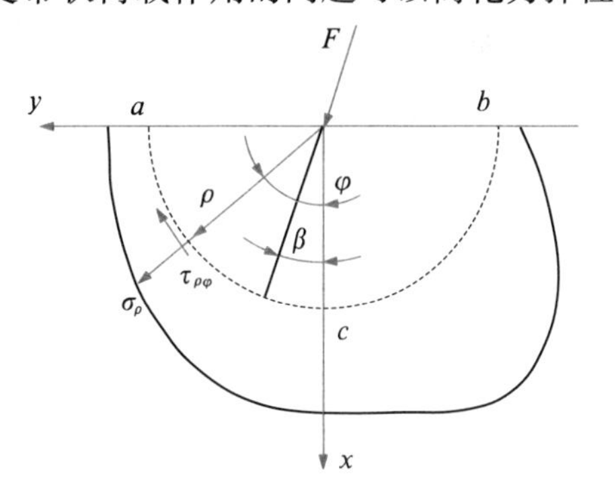

图 3.11　边界上受集中力作用的半无限平面

本问题采用半逆解法。半无限平面体内任意一点的应力分量应该是 β、φ、ρ 和 F 的函数。根据量纲分析可知应力分量的量纲与 $\dfrac{F}{\rho}$ 相同,由应力分量与应力函数的导数关系可知应力分量比应力函数就 ρ 而言要低二次,由半逆解法可设应力函数的形式为

$$\phi(\rho,\varphi)=\rho f(\varphi)\tag{a}$$

上式应满足相容性方程 $\nabla^4\phi=0$,代入即得

$$\frac{\mathrm{d}^4f(\varphi)}{\mathrm{d}\varphi^4}+2\frac{\mathrm{d}^2f(\varphi)}{\mathrm{d}\varphi^2}+f(\varphi)=0$$

则应力函数为

$$\phi(\rho,\varphi)=\rho(A\cos\varphi+B\sin\varphi+C\varphi\cos\varphi+D\varphi\sin\varphi) \tag{b}$$

由于$\rho\cos\varphi=x$、$\rho\sin\varphi=y$为线性项,对应力没有影响,可以删去,则应力函数简化为

$$\phi(\rho,\varphi)=C\rho\varphi\cos\varphi+D\rho\varphi\sin\varphi \tag{c}$$

则相应的应力分量为

$$\left.\begin{aligned}
\sigma_\rho&=\frac{1}{\rho}\frac{\partial\phi}{\partial\rho}+\frac{1}{\rho^2}\frac{\partial^2\phi}{\partial\varphi^2}=-\frac{2C\sin\varphi}{\rho}+\frac{2D\cos\varphi}{\rho}\\
\sigma_\varphi&=\frac{\partial^2\phi}{\partial\rho^2}=0\\
\tau_{\rho\varphi}&=\tau_{\varphi\rho}=-\frac{\partial}{\partial\rho}\left(\frac{1}{\rho}\frac{\partial\phi}{\partial\varphi}\right)=0
\end{aligned}\right\} \tag{d}$$

由图3.11可知,边界条件为

$$(\sigma_\varphi)_{\varphi=\pm\frac{\pi}{2},\rho\neq0}=0,\ (\tau_{\rho\varphi})_{\varphi=\pm\frac{\pi}{2},\rho\neq0}=0 \tag{e}$$

容易看出应力分量满足式(e)。为确定常数C、D,下面考虑任一圆柱面$Oabc$脱离体的平衡:

$$\left.\begin{aligned}
&\sum X=0,\quad \int_{-\frac{\pi}{2}}^{\frac{\pi}{2}}(\sigma_\rho\rho\cos\varphi d\varphi-\tau_{\rho\varphi}\rho\sin\varphi d\varphi)=-F\cos\beta\\
&\sum Y=0,\quad \int_{-\frac{\pi}{2}}^{\frac{\pi}{2}}(\sigma_\rho\rho\sin\varphi d\varphi+\tau_{\rho\varphi}\rho\cos\varphi d\varphi)=-F\sin\beta\\
&\sum M_O=0,\quad \int_{-\frac{\pi}{2}}^{\frac{\pi}{2}}\tau_{\rho\varphi}\rho^2 d\varphi=0
\end{aligned}\right\} \tag{f}$$

将式(d)中的应力分量代入上式求得

$$C=\frac{F\sin\beta}{\pi},\quad D=-\frac{F\cos\beta}{\pi} \tag{g}$$

则应力分量最后表达式为

$$\left.\begin{aligned}
\sigma_\rho&=-\frac{2F(\sin\beta\sin\varphi+\cos\beta\cos\varphi)}{\pi\rho}\\
\sigma_\varphi&=0\\
\tau_{\rho\varphi}&=\tau_{\varphi\rho}=0
\end{aligned}\right\} \tag{3.23}$$

由式(3.23)可以看出当$\rho\to0$时,$\sigma_\rho\to\infty$。而事实上当σ_ρ超过材料的比例极限时,弹性力学的基本方程就不再适用了。根据圣维南原理,离力作用点稍远处,应力分布规律如式(3.23)所示。

当作用力F垂直于边界时,即$\beta=0$时应力分布为

$$\left.\begin{aligned}
\sigma_\rho&=-\frac{2F\cos\varphi}{\pi\rho}\\
\sigma_\varphi&=0\\
\tau_{\rho\varphi}&=\tau_{\varphi\rho}=0
\end{aligned}\right\} \tag{3.24}$$

当作用力F与边界相切时,即$\beta=\dfrac{\pi}{2}$时,应力分布为

$$
\left.\begin{aligned}
\sigma_{\rho} &= -\frac{2F\sin\varphi}{\pi\rho} \\
\sigma_{\varphi} &= 0 \\
\tau_{\rho\varphi} &= \tau_{\varphi\rho} = 0
\end{aligned}\right\} \tag{3.25}
$$

现在求解位移,假定该问题为平面应力问题。由物理方程式(3.3) 得形变分量

$$
\left.\begin{aligned}
\varepsilon_{\rho} &= -\frac{2F}{\pi E}\frac{\cos\varphi}{\rho} \\
\varepsilon_{\varphi} &= \frac{2\mu F}{\pi E}\frac{\cos\varphi}{\rho} \\
\gamma_{\rho\varphi} &= 0
\end{aligned}\right\}
$$

将形变分量代入几何方程式(3.2) 得

$$
\frac{\partial u_{\rho}}{\partial\rho} = -\frac{2F}{\pi E}\frac{\cos\varphi}{\rho}
$$

$$
\frac{u_{\rho}}{\rho} + \frac{1}{\rho}\frac{\partial u_{\varphi}}{\partial\varphi} = \frac{2\mu F}{\pi E}\frac{\cos\varphi}{\rho}
$$

$$
\frac{1}{\rho}\frac{\partial u_{\rho}}{\partial\varphi} + \frac{\partial u_{\varphi}}{\partial\rho} - \frac{u_{\varphi}}{\rho} = 0
$$

由上可得位移分量

$$
\left.\begin{aligned}
u_{\rho} &= -\frac{2F}{\pi E}\cos\varphi\ln\rho - \frac{(1-\mu)F}{\pi F}\varphi\sin\varphi + I\cos\varphi + K\sin\varphi \\
u_{\varphi} &= \frac{2F}{\pi E}\sin\varphi\ln\rho + \frac{(1+\mu)F}{\pi E}\sin\varphi - \frac{(1-\mu)F}{\pi E}\varphi\cos\varphi + H\rho - I\sin\varphi + K\cos\varphi
\end{aligned}\right\} \tag{h}
$$

式中,H、I、K 为待定常数。

由对称性条件可知

$$
(u_{\varphi})_{\varphi=0} = 0
$$

将式(h) 代入上式,得 $H = K = 0$。则位移分量为

$$
\left.\begin{aligned}
u_{\rho} &= -\frac{2F}{\pi E}\cos\varphi\ln\rho - \frac{(1-\mu)F}{\pi E}\varphi\sin\varphi + I\cos\varphi \\
u_{\varphi} &= \frac{2F}{\pi E}\sin\varphi\ln\rho + \frac{(1+\mu)F}{\pi E}\sin\varphi - \frac{(1-\mu)F}{\pi E}\varphi\cos\varphi - I\sin\varphi
\end{aligned}\right\} \tag{i}
$$

如果半平面体不受铅直方向的约束,则常数 I 不能确定,因为常数 I 表示沿垂直方向上的刚体位移。如果半平面体在铅直方向受到约束,则可根据约束条件确定常数 I。

如图 3.12 所示,为求边界上任意一点 $M\left(\rho,\frac{\pi}{2}\right)$ 的铅直位移,即沉陷,由式(i) 中的第二式得

$$
-(u_{\varphi})_{\varphi=\frac{\pi}{2}} = -\frac{2F}{\pi E}\ln\rho - \frac{(1+\mu)F}{\pi E} + I \tag{j}
$$

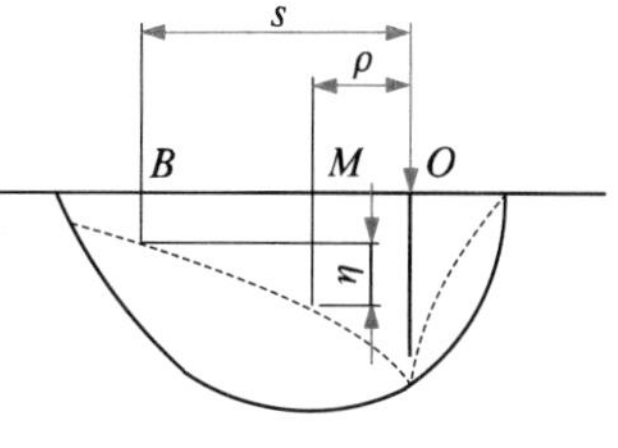

图 3.12　半平面体铅直位移

则边界上任意一点 $M\left(\rho,\dfrac{\pi}{2}\right)$ 相对于基点 $B\left(s,\dfrac{\pi}{2}\right)$ 的相对位移为

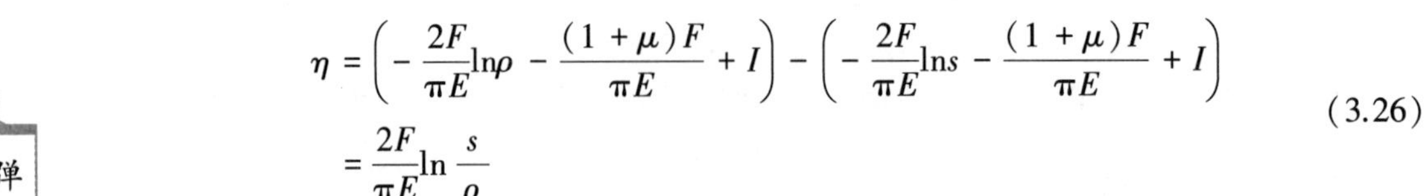

$$
\begin{aligned}
\eta &= \left(-\frac{2F}{\pi E}\ln\rho-\frac{(1+\mu)F}{\pi E}+I\right)-\left(-\frac{2F}{\pi E}\ln s-\frac{(1+\mu)F}{\pi E}+I\right)\\
&=\frac{2F}{\pi E}\ln\frac{s}{\rho}
\end{aligned}
\tag{3.26}
$$

对于平面应变问题的半平面体，只需将相应的形变分量和位移分量中的 E 换为 $\dfrac{E}{1-\mu^2}$，将 μ 换成 $\dfrac{\mu}{1-\mu}$ 即可。

本节中的解答是由拉芒提出的，因此也称为拉芒解。

本章小结

1.平面问题的平衡微分方程（极坐标）：

$$
\left.\begin{aligned}
&\frac{\partial\sigma_\rho}{\partial_\rho}+\frac{1}{\rho}\frac{\partial\tau_{\varphi\rho}}{\partial_\varphi}+\frac{\sigma_\rho-\sigma_\varphi}{\rho}+f_\rho=0\\
&\frac{1}{\rho}\frac{\partial\sigma_\varphi}{\partial\varphi}+\frac{\partial\tau_{\rho\varphi}}{\partial\rho}+\frac{2\tau_{\rho\varphi}}{\rho}+f_\varphi=0
\end{aligned}\right\}
$$

2.平面问题的几何方程（极坐标）：

$$
\left.\begin{aligned}
\varepsilon_\rho&=\frac{\partial u_\rho}{\partial\rho}\\
\varepsilon_\varphi&=\frac{1}{\rho}\frac{\partial u_\varphi}{\partial\varphi}+\frac{u_\rho}{\rho}\\
\gamma_{\rho\varphi}&=\frac{1}{\rho}\frac{\partial u_\rho}{\partial\varphi}+\frac{\partial u_\varphi}{\partial\rho}-\frac{u_\varphi}{\rho}
\end{aligned}\right\}
$$

3.平面问题的物理方程（极坐标）：

$$
\left.\begin{aligned}
\varepsilon_\rho&=\frac{1}{E}(\sigma_\rho-\mu\sigma_\varphi)\\
\varepsilon_\varphi&=\frac{1}{E}(\sigma_\varphi-\mu\sigma_\rho)\\
\gamma_{\rho\varphi}&=\frac{2(1+\mu)}{E}\tau_{\rho\varphi}
\end{aligned}\right\}\quad\text{（平面应力问题）}
$$

$$
\left.\begin{aligned}
\varepsilon_\rho&=\frac{1-\mu^2}{E}\left(\sigma_\rho-\frac{\mu}{1-\mu}\sigma_\varphi\right)\\
\varepsilon_\varphi&=\frac{1-\mu^2}{E}\left(\sigma_\varphi-\frac{\mu}{1-\mu}\sigma_\rho\right)\\
\gamma_{\rho\varphi}&=\frac{2(1+\mu)}{E}\tau_{\rho\varphi}
\end{aligned}\right\}\quad\text{（平面应变问题）}
$$

4.平面问题相容性方程(极坐标)：

$$\left(\frac{\partial^2}{\partial\rho^2}+\frac{1}{\rho}\frac{\partial}{\partial\rho}+\frac{1}{\rho^2}\frac{\partial^2}{\partial\varphi^2}\right)^2\phi=0$$

5.应力分量的坐标变换式：

$$\left.\begin{aligned}\sigma_\rho&=\sigma_x\cos^2\varphi+\sigma_y\sin^2\varphi+2\tau_{xy}\sin\varphi\cos\varphi\\\sigma_\varphi&=\sigma_x\sin^2\varphi+\sigma_y\cos^2\varphi-2\tau_{xy}\sin\varphi\cos\varphi\\\tau_{\rho\varphi}&=(\sigma_y-\sigma_x)\sin\varphi\cos\varphi+\tau_{xy}(\cos^2\varphi-\sin^2\varphi)\end{aligned}\right\}$$

$$\left.\begin{aligned}\sigma_x&=\sigma_\rho\cos^2\varphi+\sigma_\varphi\sin^2\varphi-2\tau_{\rho\varphi}\sin\varphi\cos\varphi\\\sigma_y&=\sigma_\rho\sin^2\varphi+\sigma_\varphi\cos^2\varphi+2\tau_{\rho\varphi}\sin\varphi\cos\varphi\\\tau_{xy}&=(\sigma_\rho-\sigma_\varphi)\sin\varphi\cos\varphi+\tau_{\rho\varphi}(\cos^2\varphi-\sin^2\varphi)\end{aligned}\right\}$$

6.轴对称问题的应力通解：

$$\left.\begin{aligned}\sigma_\rho&=\frac{A}{\rho^2}+B(1+2\ln\rho)+2C\\\sigma_\varphi&=-\frac{A}{\rho^2}+B(3+2\ln\rho)+2C\\\tau_{\rho\varphi}&=0\end{aligned}\right\}$$

习题

1. 不计体力，在轴对称问题中，试导出按位移求解的基本方程，并证明 $u_\rho=A\rho+\dfrac{B}{\rho}$，$u_\varphi=0$ 可以满足此基本方程。

2.试导出轴对称问题中，按应力求解时的相容性方程。

3.图示的半平面体表面上受有均布水平力 q，不计体力，试用应力函数 $\phi=\rho^2(B\sin2\varphi+C\varphi)$，求解应力分量。

4.图示楔形体在两侧面上受有均布剪力 q，不计体力，试求其应力分量。

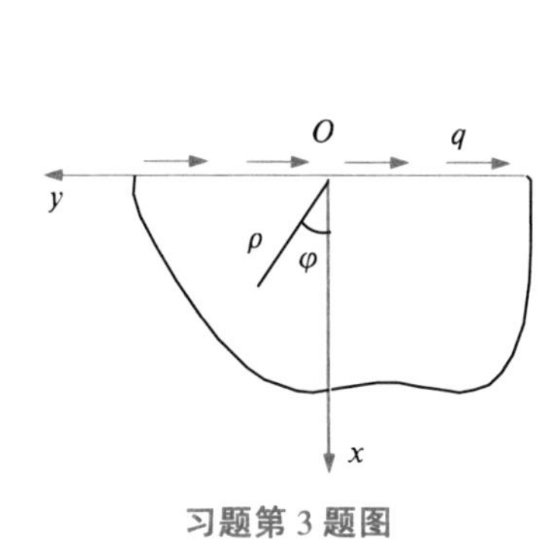

习题第 3 题图

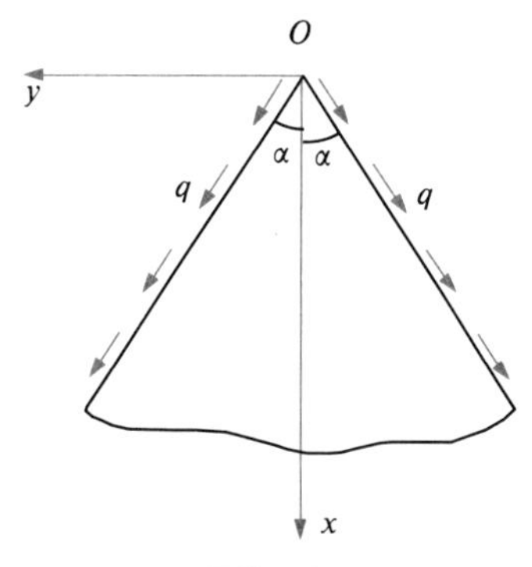

习题第 4 题图

5.设在厚壁圆筒外面套以绝对刚性的外管，厚壁圆筒承受内压力 q 的作用，试求厚壁圆筒的应力。(厚壁圆筒内径、外径分别为 r、R)

6.设有内径为 r、外径为 R 的圆筒承受内压力 q，试求内径、外径的改变，并求圆筒厚度的改变。

7.设半平面体在边界上受有集中力偶作用，单位宽度上的力偶矩为 M，如图所示，不计体力，试求应力分量。

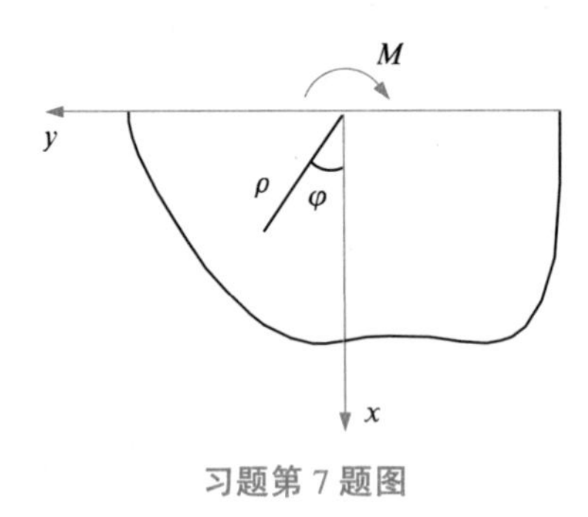

习题第 7 题图

习题答案

第 4 章　弹性力学空间问题的求解

前面讨论了平面问题的求解,本章将讨论空间问题的求解。所谓的空间问题是指在给定的三维坐标中,问题所有的几何量、物理量均为三个坐标(x,y,z)的函数。

4.1 空间问题的基本方程

4.1.1 直角坐标中空间问题的基本方程

4.1.1.1 平衡微分方程

对于空间问题,在弹性体内任一点 P 取一微正六面体,沿 x 向、y 向和 z 向微线段长度分别为 dx、dy 和 dz,X 、Y 和 Z 为作用于弹性体上沿 x 向、y 向和 z 向上的体力分量,如图 4.1 所示。

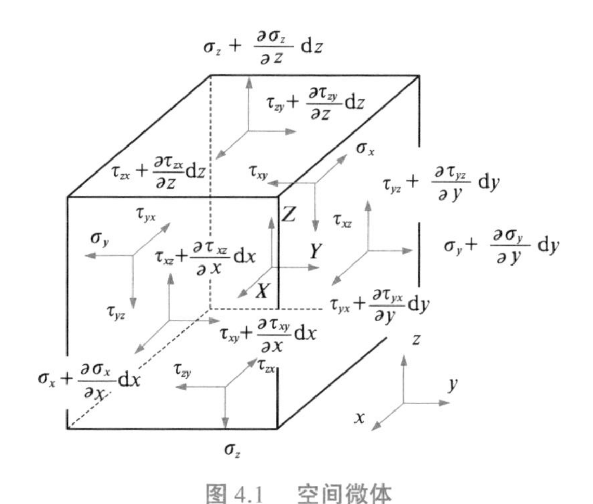

图 4.1　空间微体

根据静力平衡关系,以 x 轴为投影轴列投影平衡方程 $\sum X = 0$,得

$$\left(\sigma_x + \frac{\partial\sigma_x}{\partial x}dx\right)dydz - \sigma_x dydz + \left(\tau_{yx} + \frac{\partial\tau_{yx}}{\partial y}dy\right)dxdz - \tau_{yx}dxdz +$$

$$\left(\tau_{zx} + \frac{\partial\tau_{zx}}{\partial z}dz\right)dxdy - \tau_{zx}dxdy + Xdxdydz = 0$$

则得

$$\frac{\partial \sigma_x}{\partial x} + \frac{\partial \tau_{yx}}{\partial y} + \frac{\partial \tau_{zx}}{\partial z} + X = 0$$

同理根据平衡方程 $\sum Y = 0$ 和 $\sum Z = 0$，可得

$$\frac{\partial \tau_{xy}}{\partial x} + \frac{\partial \sigma_y}{\partial y} + \frac{\partial \tau_{zy}}{\partial z} + Y = 0$$

$$\frac{\partial \tau_{xz}}{\partial x} + \frac{\partial \tau_{yz}}{\partial y} + \frac{\partial \sigma_z}{\partial z} + Z = 0$$

则空间问题的平衡微分方程为

$$\left.\begin{aligned} \frac{\partial \sigma_x}{\partial x} + \frac{\partial \tau_{yx}}{\partial y} + \frac{\partial \tau_{zx}}{\partial z} + X = 0 \\ \frac{\partial \tau_{xy}}{\partial x} + \frac{\partial \sigma_y}{\partial y} + \frac{\partial \tau_{zy}}{\partial z} + Y = 0 \\ \frac{\partial \tau_{xz}}{\partial x} + \frac{\partial \tau_{yz}}{\partial y} + \frac{\partial \sigma_z}{\partial z} + Z = 0 \end{aligned}\right\} \tag{4.1}$$

4.1.1.2　**几何方程**

空间问题的几何方程表示为

$$\left.\begin{aligned} \varepsilon_x = \frac{\partial u}{\partial x}, \gamma_{xy} = \frac{\partial u}{\partial y} + \frac{\partial v}{\partial x} \\ \varepsilon_y = \frac{\partial v}{\partial y}, \gamma_{yz} = \frac{\partial v}{\partial z} + \frac{\partial w}{\partial y} \\ \varepsilon_z = \frac{\partial w}{\partial z}, \gamma_{xz} = \frac{\partial u}{\partial z} + \frac{\partial w}{\partial x} \end{aligned}\right\} \tag{4.2}$$

4.1.1.3　**物理方程**

根据广义胡克定律可知空间问题的物理方程为

$$\left.\begin{aligned} \varepsilon_x = \frac{1}{E}[\sigma_x - \mu(\sigma_y + \sigma_z)], \gamma_{xy} = \frac{\tau_{xy}}{G} \\ \varepsilon_y = \frac{1}{E}[\sigma_y - \mu(\sigma_x + \sigma_z)], \gamma_{yz} = \frac{\tau_{yz}}{G} \\ \varepsilon_z = \frac{1}{E}[\sigma_z - \mu(\sigma_x + \sigma_y)], \gamma_{xz} = \frac{\tau_{xz}}{G} \end{aligned}\right\} \tag{4.3}$$

4.1.1.4　**边界条件**

设物体的边界用 S 表示，位移边界用 S_u 表示，应力边界条件用 S_σ 表示。

(1) 位移边界条件　在物体的部分或全部边界上给定位移，即

$$u_i = \bar{u}_i (\text{在边界 } S_u \text{ 上}) \tag{4.4}$$

(2) 应力边界条件　平衡微分方程表示物体内部相邻点应力与体力间的平衡关系，如果微体在边界上，则可得到微体平衡的应力边界条件。微体如图 4.2 所示，X、Y 和 Z 为

作用于弹性体上沿 x、y 和 z 方向上的均匀分布体力，f 为边界上平均应力。边界面与各坐标面的方向余弦分别为 l、m、n，若 $\mathrm{d}S$ 为边界面的面积，则微体各坐标面的面积为 $l\mathrm{d}S$、$m\mathrm{d}S$、$n\mathrm{d}S$。

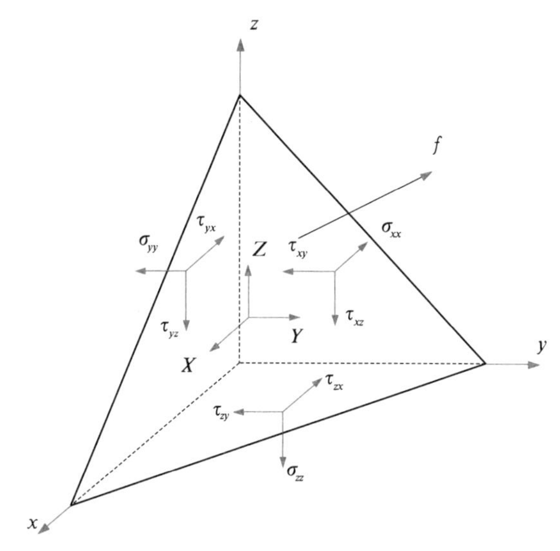

图 4.2　边界上的微体

四面体上作用的各力构成一个平衡力系，以 x 轴为投影轴列投影平衡方程 $\sum X = 0$，则

$$\overline{X}\mathrm{d}V - \sigma_{xx}l\mathrm{d}S - \tau_{xz}n\mathrm{d}S - \tau_{xy}m\mathrm{d}S + f_x\mathrm{d}S = 0$$

由于 $\mathrm{d}V$ 是比 $\mathrm{d}S$ 高一阶的微量，因此可略去，同时约去 $\mathrm{d}S$，则上式可简化为

$$l\sigma_{xx} + m\tau_{xy} + n\tau_{xz} = \overline{X}$$

同理根据平衡方程 $\sum Y = 0$ 和 $\sum Z = 0$，可得

$$l\tau_{yx} + m\sigma_{yy} + n\tau_{yz} = \overline{Y}$$

$$l\tau_{zx} + m\tau_{zy} + n\sigma_{zz} = \overline{Z}$$

则在边界 S_σ 上的应力边界条件表示为

$$\left.\begin{aligned} l\sigma_{xx} + m\tau_{xy} + n\tau_{xz} &= \overline{X} \\ l\tau_{yx} + m\sigma_{yy} + n\tau_{yz} &= \overline{Y} \\ l\tau_{zx} + m\tau_{zy} + n\sigma_{zz} &= \overline{Z} \end{aligned}\right\} \tag{4.5}$$

式中，$\overline{X}$、$\overline{Y}$、$\overline{Z}$ 为物体表面作用的面力分量。

(3) 混合边界条件　在一部分边界 S_u 上给定位移，在另一部分边界 S_σ 上给定面力，边界条件由式(4.4)、式(4.5) 给出。

4.1.2　柱坐标中空间问题的基本方程

当物体的部分或全部边界是圆或圆的一部分时，用圆柱坐标较为方便。柱坐标的基本方程如下。

4.1.2.1 平衡微分方程

$$
\left.\begin{aligned}
&\frac{\partial\sigma_\rho}{\partial\rho}+\frac{\partial\tau_{\rho\varphi}}{\partial\varphi}+\frac{\partial\tau_{\rho z}}{\partial z}+\frac{\sigma_\rho-\sigma_\varphi}{\rho}+X_\rho=0\\
&\frac{\partial\tau_{\varphi\rho}}{\partial\rho}+\frac{1}{\rho}\frac{\partial\sigma_\varphi}{\partial\varphi}+\frac{\partial\tau_{\varphi z}}{\partial z}+\frac{2\tau_{\varphi\rho}}{\rho}+X_\varphi=0\\
&\frac{\partial\tau_{z\rho}}{\partial\rho}+\frac{1}{\rho}\frac{\partial\tau_{z\varphi}}{\partial\varphi}+\frac{\partial\sigma_z}{\partial z}+\frac{\tau_{z\rho}}{\rho}+X_z=0
\end{aligned}\right\}\tag{4.6}
$$

4.1.2.2 几何方程

$$
\left.\begin{aligned}
&\sigma_\rho=\frac{\partial u_\rho}{\partial\rho}\\
&\varepsilon_\varphi=\frac{1}{\rho}\frac{\partial u_\varphi}{\partial\varphi}+\frac{u_\rho}{\rho}\\
&\varepsilon_z=\frac{\partial u_z}{\partial z}\\
&\gamma_{\varphi z}=\frac{1}{\rho}\frac{\partial u_z}{\partial\varphi}+\frac{\partial u_\varphi}{\partial z}\\
&\gamma_{\rho z}=\frac{\partial u_\rho}{\partial z}+\frac{\partial u_z}{\partial\rho}\\
&\gamma_{\rho\varphi}=\frac{1}{\rho}\frac{\partial u_\rho}{\partial\varphi}+\frac{\partial u_\varphi}{\partial\rho}-\frac{u_\varphi}{\rho}
\end{aligned}\right\}\tag{4.7}
$$

4.1.2.3 物理方程

$$
\left.\begin{aligned}
&\varepsilon_\rho=\frac{1}{E}[\sigma_\rho-\mu(\sigma_\varphi+\sigma_z)],\gamma_{\rho\varphi}=\frac{\tau_{\rho\varphi}}{G}\\
&\varepsilon_\varphi=\frac{1}{E}[\sigma_\varphi-\mu(\sigma_\rho+\sigma_z)],\gamma_{\rho z}=\frac{\tau_{\rho z}}{G}\\
&\varepsilon_z=\frac{1}{E}[\sigma_z-\mu(\sigma_\varphi+\sigma_\rho)],\gamma_{z\varphi}=\frac{\tau_{z\varphi}}{G}
\end{aligned}\right\}\tag{4.8}
$$

4.2 空间轴对称问题的基本方程

在空间问题中如果弹性体的几何情况、约束情况以及所受外力都对称于某一个轴,则相应的应力、应变和位移也都对称于这个轴,这种问题称为轴对称问题。

在分析研究轴对称问题的应力、应变和位移时,采用圆柱坐标 ρ、φ、z。由于对称性,$\tau_{\rho\varphi}=\tau_{\varphi\rho}$,$\tau_{\rho z}=\tau_{z\rho}$。

4.2.1 平衡微分方程

将对称性条件代入式(4.6) 可以得到轴对称问题的平衡微分方程,即

$$\left.\begin{aligned}&\frac{\partial\sigma_\rho}{\partial\rho}+\frac{\partial\tau_{z\rho}}{\partial z}+\frac{\sigma_\rho-\sigma_\varphi}{\rho}+X_\rho=0\\&\frac{\partial\sigma_z}{\partial z}+\frac{\partial\tau_{\rho z}}{\partial\rho}+\frac{\tau_{\rho z}}{\rho}+X_z=0\end{aligned}\right\}\tag{4.9}$$

4.2.2　几何方程

由于对称性，$\gamma_{\rho\varphi}=\gamma_{\varphi z}=0$，环向位移 $u_\varphi=0$，将对称性条件代入式(4.7)可以得到轴对称问题的几何方程：

$$\left.\begin{aligned}&\varepsilon_\rho=\frac{\partial u_\rho}{\partial\rho}\\&\varepsilon_\varphi=\frac{u_\rho}{\rho}\\&\varepsilon_z=\frac{\partial u_z}{\partial z}\\&\gamma_{\rho z}=\frac{\partial u_\rho}{\partial z}+\frac{\partial u_z}{\partial\rho}\end{aligned}\right\}\tag{4.10}$$

4.2.3　物理方程

根据广义胡克定律，轴对称问题的物理方程可以表示为

$$\left.\begin{aligned}&\varepsilon_\rho=\frac{1}{E}[\sigma_\rho-\mu(\sigma_\varphi+\sigma_z)]\\&\varepsilon_\varphi=\frac{1}{E}[\sigma_\varphi-\mu(\sigma_\rho+\sigma_z)]\\&\varepsilon_z=\frac{1}{E}[\sigma_z-\mu(\sigma_\varphi+\sigma_\rho)]\\&\gamma_{\rho z}=\frac{1}{G}\tau_{\rho z}=\frac{2(1+\mu)}{E}\tau_{\rho z}\end{aligned}\right\}\tag{4.11}$$

4.3　按位移求解空间问题

按位移求解时，以位移作为基本未知量，由只包含位移分量的平衡微分方程、边界条件求出位移分量，由几何方程求出应变分量，再根据物理方程求出应力分量。下面推导按位移求解空间问题的微分方程和边界条件。

将几何方程式(4.2)代入物理方程式(4.3)，得到用位移表示的应力分量：

$$
\left.\begin{aligned}
\sigma_x &= \frac{E}{1+\mu}\left(\frac{\mu}{1-2\mu}\vartheta + \frac{\partial u}{\partial x}\right)\\
\sigma_y &= \frac{E}{1+\mu}\left(\frac{\mu}{1-2\mu}\vartheta + \frac{\partial v}{\partial y}\right)\\
\sigma_z &= \frac{E}{2(1+\mu)}\left(\frac{\mu}{1-2\mu}\vartheta + \frac{\partial w}{\partial z}\right)\\
\tau_{yz} &= \frac{E}{2(1+\mu)}\left(\frac{\partial w}{\partial y} + \frac{\partial v}{\partial z}\right)\\
\tau_{zx} &= \frac{E}{2(1+\mu)}\left(\frac{\partial u}{\partial z} + \frac{\partial w}{\partial x}\right)\\
\tau_{xy} &= \frac{E}{2(1+\mu)}\left(\frac{\partial u}{\partial y} + \frac{\partial v}{\partial x}\right)
\end{aligned}\right\}\tag{4.12}
$$

其中

$$
\vartheta = \frac{\partial u}{\partial x} + \frac{\partial v}{\partial y} + \frac{\partial w}{\partial z}
$$

将式(4.12) 代入空间问题的平衡微分方程式(4.1)，得到用位移分量表达的平衡微分方程：

$$
\left.\begin{aligned}
\frac{E}{2(1+\mu)}\left(\frac{1}{1-2\mu}\frac{\partial \vartheta}{\partial x} + \nabla^2 u\right) + X = 0\\
\frac{E}{2(1+\mu)}\left(\frac{1}{1-2\mu}\frac{\partial \vartheta}{\partial y} + \nabla^2 v\right) + Y = 0\\
\frac{E}{2(1+\mu)}\left(\frac{1}{1-2\mu}\frac{\partial \vartheta}{\partial z} + \nabla^2 w\right) + Z = 0
\end{aligned}\right\}\tag{4.13}
$$

其中

$$
\nabla^2 = \frac{\partial^2}{\partial x^2} + \frac{\partial^2}{\partial y^2} + \frac{\partial^2}{\partial z^2}
$$

对于轴对称问题，将几何方程式(4.10) 代入物理方程式(4.11)，得到用位移表示的应力分量：

$$
\left.\begin{aligned}
\sigma_\rho &= \frac{E}{1+\mu}\left(\frac{\mu}{1-2\mu}\vartheta + \frac{\partial u_\rho}{\partial \rho}\right)\\
\sigma_\varphi &= \frac{E}{1+\mu}\left(\frac{\mu}{1-2\mu}\vartheta + \frac{u_\rho}{\rho}\right)\\
\sigma_z &= \frac{E}{1+\mu}\left(\frac{\mu}{1-2\mu}\vartheta + \frac{\partial u_z}{\partial z}\right)\\
\tau_{\rho z} &= \frac{E}{2(1+\mu)}\left(\frac{\partial u_\rho}{\partial z} + \frac{\partial u_z}{\partial \rho}\right)
\end{aligned}\right\}\tag{4.14}
$$

其中

$$
\vartheta = \frac{\partial u_\rho}{\partial \rho} + \frac{u_\rho}{\rho} + \frac{\partial u_z}{\partial z}
$$

将式(4.14) 代入空间轴对称问题的平衡微分方程式(4.9)，得到按位移求解空间轴对称问题的平衡微分方程，即

$$\left.\begin{aligned}&\frac{E}{2(1+\mu)}\left(\frac{1}{1-2\mu}\frac{\partial\vartheta}{\partial\rho}+\nabla^2u_\rho-\frac{u_\rho}{\rho^2}\right)+X_\rho=0\\&\frac{E}{2(1+\mu)}\left(\frac{1}{1-2\mu}\frac{\partial\vartheta}{\partial z}+\nabla^2u_z\right)+Z=0\end{aligned}\right\}\tag{4.15}$$

4.4　按位移求解空间问题实例

4.4.1　半空间体在边界受法向集中力

设有弹性半空间体，体力不计，在水平边界上受有法向集中力 $\boldsymbol{F}$，如图 4.3 所示。这是一个轴对称的空间问题，而对称轴就是集中力 $\boldsymbol{F}$ 的作用线，因此建立如图 4.3 所示的坐标系，以力 $\boldsymbol{F}$ 的作用线为 z 轴，坐标原点 O 为力的作用点。

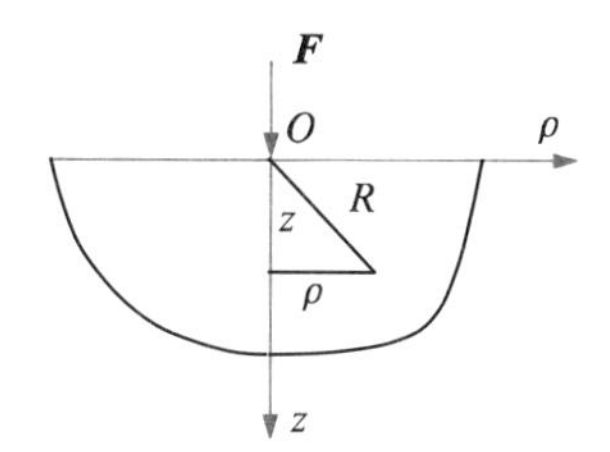

图 4.3　边界受法向集中力的半空间体

由于不计体力，即 $X_\rho=0, Z=0$，本问题按位移求解。位移分量应该满足式(4.15)，即

$$\left.\begin{aligned}&\frac{E}{2(1+\mu)}\left(\frac{1}{1-2\mu}\frac{\partial\vartheta}{\partial\rho}+\nabla^2u_\rho-\frac{u_\rho}{\rho^2}\right)+X_\rho=0\\&\frac{E}{2(1+\mu)}\left(\frac{1}{1-2\mu}\frac{\partial\vartheta}{\partial z}+\nabla^2u_z\right)+Z=0\end{aligned}\right\}\tag{a}$$

式中，$\vartheta=\dfrac{\partial u_\rho}{\partial\rho}+\dfrac{u_\rho}{\rho}+\dfrac{\partial u_z}{\partial z}$。

在 $z=0$ 的边界面上，除了原点以外的应力边界条件为

$$\left.\begin{aligned}(\sigma_z)_{z=0,\rho\neq0}=0\\(\tau_{z\rho})_{z=0,\rho\neq0}=0\end{aligned}\right\}\tag{b}$$

在 $z=0$ 表面的原点附近，可以看作一个局部的小边界面，作用有面力分量，其合力为集中力 $\boldsymbol{F}$，而合力矩为 0，根据圣维南原理取出一个 $z=0$ 至 $z=z$ 的平板脱离体，然后考虑此脱离体的平衡条件，即

$$\sum F_z=0,\quad \int_0^\infty(\sigma_z)_{z=z}2\pi\rho\mathrm{d}\rho+F=0\tag{c}$$

由于是轴对称问题，其他平衡条件均可满足。

布西涅斯克得出满足上述一切条件的解答，其中位移分量为

$$\left.\begin{aligned} u_\rho &= \frac{(1+\mu)F}{2\pi ER}\left[\frac{\rho z}{R^2} - \frac{(1-2\mu)\rho}{R+z}\right] \\ u_z &= \frac{(1+\mu)F}{2\pi ER}\left[\frac{z^2}{R^2} + (1-2\mu)\right] \end{aligned}\right\} \tag{4.16}$$

应力分量为

$$\left.\begin{aligned} \sigma_\rho &= \frac{F}{2\pi R^2}\left[\frac{(1-2\mu)R}{R+z} - \frac{3\rho^2 z}{R^2}\right] \\ \sigma_\varphi &= \frac{(1-2\mu)F}{2\pi R^2}\left(\frac{z}{R} - \frac{R}{R+z}\right) \\ \sigma_z &= -\frac{3Fz^3}{2\pi R^5}, \tau_{\rho z} = \tau_{z\rho} = -\frac{3F\rho z^2}{2\pi R^5} \end{aligned}\right\} \tag{4.17}$$

式中，$R=(\rho^2+z^2)^{1/2}$。

由式(4.16)可计算水平边界上任一点的沉陷为

$$\eta = (u_z)_{z=0} = \frac{F(1-\mu^2)}{\pi E\rho} \tag{4.18}$$

由式(4.16)和式(4.17)可知，半空间体在边界受有法向集中力作用时，其应力分布有如下特征：

(1) 随着 R 的增大，应力迅速减小。当 $R\to\infty$ 时，各应力分量都趋于零；$R\to 0$ 时，各应力分量都趋于无穷大。

(2) 水平截面上的应力(σ_z 和 $\tau_{z\rho}$)与弹性常数无关，因此在任何弹性体中都同样分布，而其他截面上的应力与弹性常数 μ 有关。

(3) 由式(4.17)可知 $\sigma_z : \tau_{z\rho} = z : \rho$，因此水平截面上的全应力都指向集中力的作用点。

4.4.2 半空间体受重力及均布压力

设有半空间体在边界上受均布压力 q 作用，密度为 ρ，边界面为 xy 面，坐标系如图 4.4 所示。

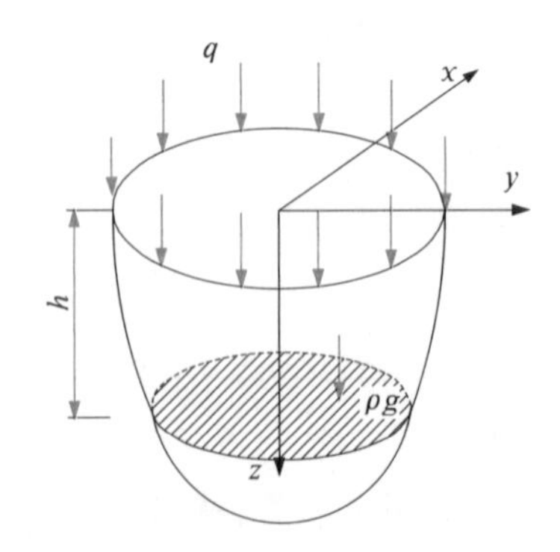

图 4.4　受重力及均布压力半空间体

由图 4.4 可得体力分量为 $X=0, Y=0, Z=\rho g$。在该问题中，由于任意一个铅直平面都

是对称面,因此根据对称性可知,任意一点的位移与 x、y 无关,而只是 z 的函数,即

$$u=0,\quad v=0,\quad w=w(z)$$

这样可得

$$\vartheta=\frac{\partial u}{\partial x}+\frac{\partial v}{\partial y}+\frac{\partial w}{\partial z}=\frac{\mathrm{d}w}{\mathrm{d}z}$$

$$\frac{\partial\vartheta}{\partial x}=0,\quad \frac{\partial\vartheta}{\partial y}=0,\quad \frac{\partial\vartheta}{\partial z}=\frac{\mathrm{d}^2w}{\mathrm{d}z^2}$$

则式(4.13) 的前两式自然满足,第三式变为

$$\frac{E}{2(1+\mu)}\left(\frac{1}{1-2\mu}\frac{\mathrm{d}^2w}{\mathrm{d}z^2}+\frac{\mathrm{d}^2w}{\mathrm{d}z^2}\right)+\rho g=0 \tag{a}$$

化简后可得

$$\frac{\mathrm{d}^2w}{\mathrm{d}z^2}=-\frac{(1+\mu)(1-2\mu)\rho g}{E(1-\mu)} \tag{b}$$

积分后有

$$\left.\begin{aligned}\vartheta=\frac{\mathrm{d}w}{\mathrm{d}z}&=-\frac{(1+\mu)(1-2\mu)\rho g}{E(1-\mu)}(z+A)\\ w&=-\frac{(1+\mu)(1-2\mu)\rho g}{2E(1-\mu)}(z+A)^2+B\end{aligned}\right\} \tag{c}$$

式中,A、B 为待定常数。

下面根据边界条件来确定积分常数 A、B,将上述结果代入式(4.12) 得

$$\left.\begin{aligned}&\sigma_x=\sigma_y=-\frac{\mu}{1-\mu}\rho g(z+A),\sigma_z=-\rho g(z+A)\\ &\tau_{yz}=\tau_{zx}=\tau_{xy}=0\end{aligned}\right\} \tag{d}$$

在 $z=0$ 的边界上,$l=m=0,n=-1$,而边界上的应力分量为 $\bar{X}=\bar{Y}=0,\bar{Z}=-q$。根据应力边界条件式(4.5) 可知应力边界条件的前两式自然满足,由第三式得

$$(-\sigma_z)_{z=0}=q$$

将式(d) 表示的应力代入上式得 $A=\dfrac{q}{\rho g}$,代回式(d) 得应力分量的解答为

$$\left.\begin{aligned}&\sigma_x=\sigma_y=-\frac{\mu}{1-\mu}(\rho gz+q),\sigma_z=-(\rho gz+q)\\ &\tau_{yz}=\tau_{zx}=\tau_{xy}=0\end{aligned}\right\} \tag{4.19}$$

由式(c) 可得铅直位移为

$$w=-\frac{(1+\mu)(1-2\mu)\rho g}{2E(1-\mu)}\left(z+\frac{q}{\rho g}\right)^2+B \tag{e}$$

下面由位移边界条件来确定常数 B。假定半空间体在距边界 h 处没有位移,如图 4.4 所示,即位移边界条件为

$$(w)_{z=h}=0$$

将式(e) 代入上式,位移边界条件可表示为

$$-\frac{(1+\mu)(1-2\mu)}{2E(1-\mu)}\left(h+\frac{q}{\rho g}\right)^2+B=0 \tag{f}$$

则常数 B 为

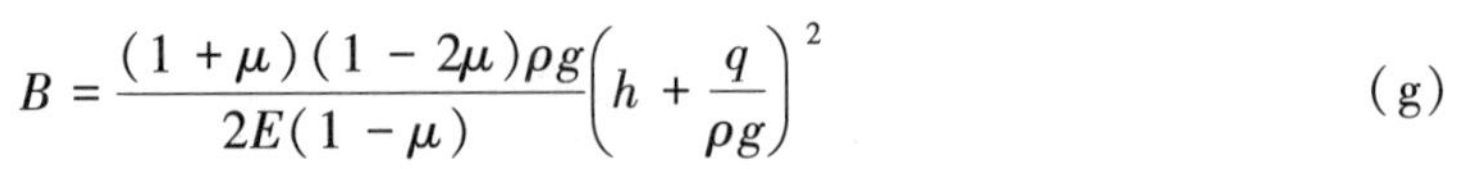

$$B=\frac{(1+\mu)(1-2\mu)\rho g}{2E(1-\mu)}\left(h+\frac{q}{\rho g}\right)^2 \tag{g}$$

将式(g) 代入式(e),则铅直位移为

$$w=\frac{(1+\mu)(1-2\mu)}{E(1-\mu)}\left[q(h-z)+\frac{\rho g}{2}(h^2-z^2)\right] \tag{4.20}$$

显然最大位移发生在边界上,由式(4.20) 可得最大位移

$$w_{\max}=(w)_{z=0}=\frac{(1+\mu)(1-2\mu)}{E(1-\mu)}\left(qh+\frac{\rho g}{2}h^2\right)$$

由式(4.19) 可知

$$\frac{\sigma_x}{\sigma_z}=\frac{\sigma_y}{\sigma_z}=\frac{\mu}{1-\mu} \tag{4.21}$$

这个比值在土力学中称为侧压系数。

4.5 按应力求解空间问题

按应力求解空间问题时,以应力作为基本未知量,由只包含应力分量的平衡微分方程、边界条件求出应力分量,由物理方程求出应变分量。对于空间问题,有 3 个平衡微分方程、6 个几何方程、6 个物理方程共 15 个方程,在按应力求解时就要从这 15 个方程中消去应变分量和位移分量,得到只包含 6 个应力分量的方程。在平衡方程中本来就不包含位移分量和应变分量,因此只需从几何方程和物理方程中消去位移分量和应变分量。

下面讨论从几何方程中消去位移分量,由几何方程式(4.2) 第二式,得到

$$\frac{\partial^2\varepsilon_y}{\partial z^2}+\frac{\partial^2\varepsilon_z}{\partial y^2}=\frac{\partial^2 v}{\partial y\partial z^2}+\frac{\partial^2 w}{\partial z\partial y^2}=\frac{\partial^2}{\partial y\partial z}\left(\frac{\partial v}{\partial z}+\frac{\partial w}{\partial y}\right)=\frac{\partial^2\gamma_{yz}}{\partial y\partial z} \tag{a}$$

$$\frac{\partial^2\varepsilon_z}{\partial x^2}+\frac{\partial^2\varepsilon_x}{\partial z^2}=\frac{\partial^2 w}{\partial z\partial x^2}+\frac{\partial^2 u}{\partial x\partial z^2}=\frac{\partial^2}{\partial z\partial x}\left(\frac{\partial w}{\partial x}+\frac{\partial u}{\partial z}\right)=\frac{\partial^2\gamma_{zx}}{\partial z\partial x} \tag{b}$$

$$\frac{\partial^2\varepsilon_x}{\partial y^2}+\frac{\partial^2\varepsilon_y}{\partial x^2}=\frac{\partial^2 u}{\partial x\partial y^2}+\frac{\partial^2 v}{\partial y\partial x^2}=\frac{\partial^2}{\partial x\partial y}\left(\frac{\partial u}{\partial y}+\frac{\partial v}{\partial x}\right)=\frac{\partial^2\gamma_{xy}}{\partial x\partial y} \tag{c}$$

即

$$\left.\begin{aligned}\frac{\partial^2\varepsilon_y}{\partial z^2}+\frac{\partial^2\varepsilon_z}{\partial y^2}&=\frac{\partial^2\gamma_{yz}}{\partial y\partial z}\\ \frac{\partial^2\varepsilon_z}{\partial x^2}+\frac{\partial^2\varepsilon_x}{\partial z^2}&=\frac{\partial^2\gamma_{zx}}{\partial z\partial x}\\ \frac{\partial^2\varepsilon_x}{\partial y^2}+\frac{\partial^2\varepsilon_y}{\partial x^2}&=\frac{\partial^2\gamma_{xy}}{\partial x\partial y}\end{aligned}\right\} \tag{4.22}$$

这是其中的一组相容性方程。

几何方程(4.2) 后三式分别对 x、y、z 求导得

$$\left.\begin{aligned}\frac{\partial\gamma_{yz}}{\partial x}&=\frac{\partial^2 w}{\partial y\partial x}+\frac{\partial^2 v}{\partial z\partial x}\\\frac{\partial\gamma_{zx}}{\partial y}&=\frac{\partial^2 u}{\partial z\partial y}+\frac{\partial^2 w}{\partial x\partial y}\\\frac{\partial\gamma_{xy}}{\partial z}&=\frac{\partial^2 v}{\partial x\partial z}+\frac{\partial^2 u}{\partial y\partial z}\end{aligned}\right\}\tag{d}$$

由此可得

$$\left.\begin{aligned}\frac{\partial}{\partial x}\left(-\frac{\partial\gamma_{yz}}{\partial x}+\frac{\partial\gamma_{zx}}{\partial y}+\frac{\partial\gamma_{xy}}{\partial z}\right)&=\frac{\partial}{\partial x}\left(2\frac{\partial^2 u}{\partial y\partial z}\right)=2\frac{\partial^2}{\partial y\partial z}\left(\frac{\partial u}{\partial x}\right)\\\frac{\partial}{\partial y}\left(-\frac{\partial\gamma_{zx}}{\partial y}+\frac{\partial\gamma_{xy}}{\partial z}+\frac{\partial\gamma_{yz}}{\partial x}\right)&=\frac{\partial}{\partial y}\left(2\frac{\partial^2 v}{\partial z\partial x}\right)=2\frac{\partial^2}{\partial x\partial z}\left(\frac{\partial v}{\partial y}\right)\\\frac{\partial}{\partial z}\left(-\frac{\partial\gamma_{xy}}{\partial z}+\frac{\partial\gamma_{yz}}{\partial x}+\frac{\partial\gamma_{zx}}{\partial y}\right)&=\frac{\partial}{\partial z}\left(2\frac{\partial^2 w}{\partial x\partial y}\right)=2\frac{\partial^2}{\partial x\partial y}\left(\frac{\partial w}{\partial z}\right)\end{aligned}\right\}\tag{4.23}$$

上式右边括号中的表达式就是 ε_x、ε_y、ε_z,这是又一组相容性方程。

容易证明,如果 6 个形变分量满足相容性方程式(4.22)、式(4.23),就可以保证位移分量的存在,就可以通过几何方程式(4.2) 求解位移分量。

将物理方程式(4.3) 代入相容性方程式(4.22)、式(4.23),可得到用应力表示的相容性方程,即

$$\left.\begin{aligned}(1+\mu)\left(\frac{\partial^2\sigma_y}{\partial z^2}+\frac{\partial^2\sigma_z}{\partial y^2}\right)-\mu\left(\frac{\partial^2\Theta}{\partial z^2}+\frac{\partial^2\Theta}{\partial y^2}\right)&=2(1+\mu)\frac{\partial^2\tau_{yz}}{\partial y\partial z}\\(1+\mu)\left(\frac{\partial^2\sigma_z}{\partial x^2}+\frac{\partial^2\sigma_x}{\partial z^2}\right)-\mu\left(\frac{\partial^2\Theta}{\partial x^2}+\frac{\partial^2\Theta}{\partial z^2}\right)&=2(1+\mu)\frac{\partial^2\tau_{xy}}{\partial z\partial x}\\(1+\mu)\left(\frac{\partial^2\sigma_x}{\partial y^2}+\frac{\partial^2\sigma_y}{\partial x^2}\right)-\mu\left(\frac{\partial^2\Theta}{\partial x^2}+\frac{\partial^2\Theta}{\partial y^2}\right)&=2(1+\mu)\frac{\partial^2\tau_{yz}}{\partial x\partial y}\\(1+\mu)\frac{\partial}{\partial x}\left(-\frac{\partial\tau_{yz}}{\partial x}+\frac{\partial\tau_{zx}}{\partial y}+\frac{\partial\tau_{xy}}{\partial z}\right)&=\frac{\partial^2}{\partial y\partial z}[(1+\mu)\sigma_x-\mu\Theta]\\(1+\mu)\frac{\partial}{\partial y}\left(-\frac{\partial\tau_{zx}}{\partial y}+\frac{\partial\tau_{xy}}{\partial z}+\frac{\partial\tau_{yz}}{\partial x}\right)&=\frac{\partial^2}{\partial z\partial x}[(1+\mu)\sigma_y-\mu\Theta]\\(1+\mu)\frac{\partial}{\partial z}\left(-\frac{\partial\tau_{xy}}{\partial z}+\frac{\partial\tau_{yz}}{\partial x}+\frac{\partial\tau_{zx}}{\partial y}\right)&=\frac{\partial^2}{\partial x\partial y}[(1+\mu)\sigma_z-\mu\Theta]\end{aligned}\right\}\tag{e}$$

式中,$\Theta=\sigma_x+\sigma_y+\sigma_z$,称为体积应力。利用平衡微分方程式(4.1) 将上式简化,使每一式只包含体力分量和一个应力分量,就得到米歇尔推导得到的相容性方程,称为米歇尔相容方程,即

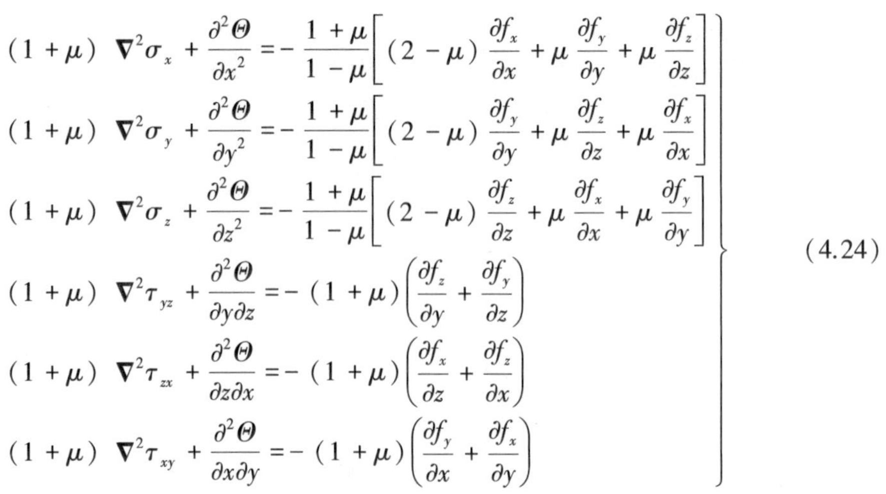

$$
\left.\begin{aligned}
&(1+\mu)\ \nabla^2\sigma_x+\frac{\partial^2\Theta}{\partial x^2}=-\frac{1+\mu}{1-\mu}\left[(2-\mu)\ \frac{\partial f_x}{\partial x}+\mu\frac{\partial f_y}{\partial y}+\mu\frac{\partial f_z}{\partial z}\right]\\
&(1+\mu)\ \nabla^2\sigma_y+\frac{\partial^2\Theta}{\partial y^2}=-\frac{1+\mu}{1-\mu}\left[(2-\mu)\ \frac{\partial f_y}{\partial y}+\mu\frac{\partial f_z}{\partial z}+\mu\frac{\partial f_x}{\partial x}\right]\\
&(1+\mu)\ \nabla^2\sigma_z+\frac{\partial^2\Theta}{\partial z^2}=-\frac{1+\mu}{1-\mu}\left[(2-\mu)\ \frac{\partial f_z}{\partial z}+\mu\frac{\partial f_x}{\partial x}+\mu\frac{\partial f_y}{\partial y}\right]\\
&(1+\mu)\ \nabla^2\tau_{yz}+\frac{\partial^2\Theta}{\partial y\partial z}=-(1+\mu)\left(\frac{\partial f_z}{\partial y}+\frac{\partial f_y}{\partial z}\right)\\
&(1+\mu)\ \nabla^2\tau_{zx}+\frac{\partial^2\Theta}{\partial z\partial x}=-(1+\mu)\left(\frac{\partial f_x}{\partial z}+\frac{\partial f_z}{\partial x}\right)\\
&(1+\mu)\ \nabla^2\tau_{xy}+\frac{\partial^2\Theta}{\partial x\partial y}=-(1+\mu)\left(\frac{\partial f_y}{\partial x}+\frac{\partial f_x}{\partial y}\right)
\end{aligned}\right\}\tag{4.24}
$$

在体力为零或为常量的情况下,上式可简化为贝尔特拉米导出的相容性方程,称为贝尔特拉米相容性方程:

$$
\left.\begin{aligned}
&(1+\mu)\ \nabla^2\sigma_x+\frac{\partial^2\Theta}{\partial x^2}=0\\
&(1+\mu)\ \nabla^2\sigma_y+\frac{\partial^2\Theta}{\partial y^2}=0\\
&(1+\mu)\ \nabla^2\sigma_z+\frac{\partial^2\Theta}{\partial z^2}=0\\
&(1+\mu)\ \nabla^2\tau_{yz}+\frac{\partial^2\Theta}{\partial x\partial z}=0\\
&(1+\mu)\ \nabla^2\tau_{zx}+\frac{\partial^2\Theta}{\partial z\partial x}=0\\
&(1+\mu)\ \nabla^2\tau_{xy}+\frac{\partial^2\Theta}{\partial x\partial y}=0
\end{aligned}\right\}\tag{4.25}
$$

按应力求解空间问题时,要使 6 个应力分量在弹性体区域内满足平衡微分方程式(4.1)、相容性方程式(4.24) 或式(4.25),在边界上满足应力边界条件式(4.5)。

由于位移边界条件难于用应力分量及其导数表示,因此位移边界问题和混合边界条件一般不能按应力求解。按应力求解多连体问题时要考虑位移单值条件。

4.6 空间问题求解实例

4.6.1 等截面圆轴扭转

设有等截面直杆,体力不计,在两端受一对大小相等、方向相反的外力偶矩 M 作用,如图 4.5 所示。

本问题采用半逆解法,按应力求解。根据材料力学中圆截面直杆解答的假设,即除横

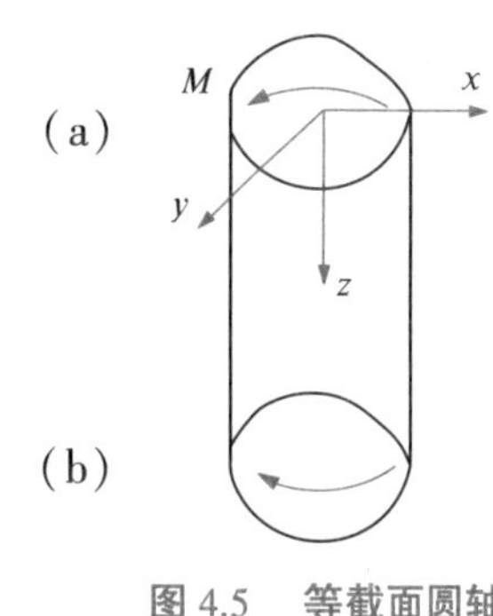

图 4.5　等截面圆轴

截面上的切应力外,其他应力分量均为零:

$$\sigma_x = \sigma_y = \sigma_z = \tau_{xy} = 0 \tag{a}$$

将上式代入平衡微分方程式(4.1),忽略体力,则

$$\left.\begin{aligned}\frac{\partial \tau_{xz}}{\partial z} = 0 \\ \frac{\partial \tau_{yz}}{\partial z} = 0 \\ \frac{\partial \tau_{xz}}{\partial x} + \frac{\partial \tau_{yz}}{\partial y} = 0\end{aligned}\right\} \tag{b}$$

由前两式可知 τ_{xz}、τ_{yz} 只是 x、y 的函数,第三式可写为

$$\frac{\partial \tau_{xz}}{\partial x} = -\frac{\partial \tau_{yz}}{\partial y}$$

设有一函数 $\phi(x,y)$,则应力分量可表示为

$$\tau_{xz} = \tau_{zx} = \frac{\partial \phi}{\partial y}, \quad \tau_{yz} = \tau_{zy} = -\frac{\partial \phi}{\partial x} \tag{4.26}$$

$\phi(x,y)$ 是普朗特为求解扭转问题而首先引入的,故称为普朗特应力函数。

将式(a) 代入相容性方程式(4.25),可见相容性方程式(4.25) 的前三式和最后一式总能满足,其余两式变为

$$\nabla^2 \tau_{yz} = 0, \quad \nabla^2 \tau_{zx} = 0 \tag{c}$$

将式(4.26) 代入式(c),得

$$\frac{\partial}{\partial x} \nabla^2 \phi = 0, \quad \frac{\partial}{\partial y} \nabla^2 \phi = 0 \tag{d}$$

由上式可以看出在物体内部

$$\nabla^2 \phi = C \tag{4.27}$$

C 为待定常数。

下面根据边界条件确定常数 C。在圆杆的侧表面上 $n = 0$,且无荷载作用,则由边界条件式(4.5) 得

$$\left.\begin{aligned}\sigma_x l + \tau_{xy} m = 0 \\ \tau_{xy} l + \sigma_y m = 0 \\ \tau_{xz} l + \tau_{yz} m = 0\end{aligned}\right\}$$

前两式自然满足,由第三式并利用式(4.26),则边界上

$$\frac{\partial \phi}{\partial y} l - \frac{\partial \phi}{\partial x} m = 0$$

其中 $l = \frac{\mathrm{d}y}{\mathrm{d}s}, m = -\frac{\mathrm{d}x}{\mathrm{d}s}$,代入上式有

$$\frac{\partial \phi}{\partial y} \frac{\mathrm{d}y}{\mathrm{d}s} + \frac{\partial \phi}{\partial x} \frac{\mathrm{d}x}{\mathrm{d}s} = 0$$

即
$$\frac{\partial \phi}{\mathrm{d}s}=0$$
也就是说应力函数 ϕ 在边界上是常量，即
$$\phi_s = C_1 \tag{4.28}$$
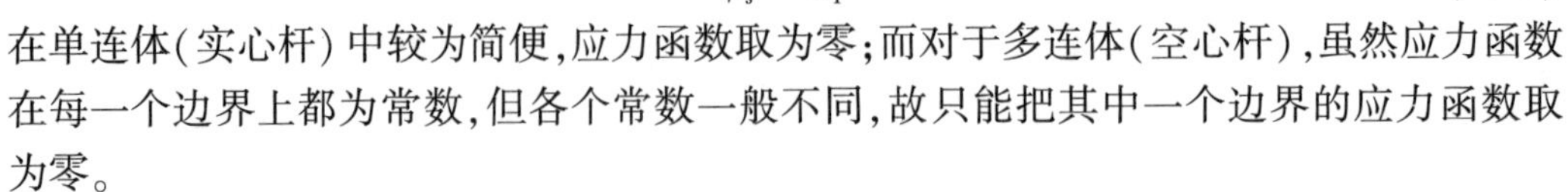
在单连体(实心杆)中较为简便，应力函数取为零；而对于多连体(空心杆)，虽然应力函数在每一个边界上都为常数，但各个常数一般不同，故只能把其中一个边界的应力函数取为零。

在杆的两端，只有外力偶矩作用，如在 $z=0$ 的边界上，$l=m=0$、$n=-1$，则由式(4.5)可知第三式总能满足，而前两式成为
$$\left.\begin{aligned}-(\tau_{zx})_{z=0}=\bar{X}\\-(\tau_{zy})_{z=0}=\bar{Y}\end{aligned}\right\} \tag{e}$$
由于在边界上的面力分量 $\bar{X}$、$\bar{Y}$ 不知道，而只知道在该边界上主矢量为零、主矩为 M，因此边界条件式(e)无法精确满足，根据圣维南原理，边界条件式(e)改用主矢量和主矩代替，即
$$\left.\begin{aligned}&-\iint_A(\tau_{zx})_{z=0}\mathrm{d}x\mathrm{d}y=\iint_A\bar{X}\mathrm{d}x\mathrm{d}y=0\\&-\iint_A(\tau_{zy})_{z=0}\mathrm{d}x\mathrm{d}y=\iint_A\bar{Y}\mathrm{d}x\mathrm{d}y=0\\&-\iint_A(y\tau_{zx}-x\tau_{zy})_{z=0}\mathrm{d}x\mathrm{d}y=\iint_A(y\bar{X}-x\bar{Y})\mathrm{d}x\mathrm{d}y=M\end{aligned}\right\} \tag{f}$$
A 为截面面积，显然在等截面直杆上，式(f)在为任意值的横截面上都满足。由第一式有
$$-\iint_A\tau_{zx}\mathrm{d}x\mathrm{d}y=-\iint_A\frac{\partial\phi}{\partial y}\mathrm{d}x\mathrm{d}y=-\int\mathrm{d}x\int\frac{\partial\phi}{\partial y}\mathrm{d}y=-\int(\phi_B-\phi_A)\mathrm{d}x$$
而在边界上 $\phi_A=\phi_B=0$，则式(f)第一式满足，同理其第二式也能满足，第三式左侧积分可得
$$\left.\begin{aligned}-\iint_A(y\tau_{zx}-x\tau_{zy})_{z=0}\mathrm{d}x\mathrm{d}y&=-\iint_A\left(y\frac{\partial\phi}{\partial y}+x\frac{\partial\phi}{\partial x}\right)\mathrm{d}x\mathrm{d}y\\&=-\int\mathrm{d}x\int y\frac{\partial\phi}{\partial y}\mathrm{d}y-\int\mathrm{d}y\int x\frac{\partial\phi}{\partial x}\mathrm{d}x\end{aligned}\right. \tag{g}$$
由分部积分可得
$$-\int\mathrm{d}x\int y\frac{\partial\phi}{\partial y}\mathrm{d}y=-\int\mathrm{d}x\left[(y_B\phi_B-y_A\phi_A)-\int\phi\mathrm{d}y\right]=\iint_A\phi\mathrm{d}x\mathrm{d}y$$
同理
$$-\int\mathrm{d}y\int x\frac{\partial\phi}{\partial x}\mathrm{d}x=-\int\mathrm{d}y\left[(x_B\phi_B-x_A\phi_A)-\int\phi\mathrm{d}x\right]=\iint_A\phi\mathrm{d}x\mathrm{d}y$$
于是式(g)成为
$$2\iint_A\phi\mathrm{d}x\mathrm{d}y=M \tag{4.29}$$
为了求得应力分量，只需求解出应力函数，使应力函数满足式(4.27)，然后通过

式(4.26) 求应力分量。

将应力分量代入物理方程式(4.3) 得

$$\varepsilon_x = 0, \quad \varepsilon_y = 0, \quad \varepsilon_z = 0$$

$$\gamma_{yz} = -\frac{1}{G}\frac{\partial \phi}{\partial x}, \quad \gamma_{zx} = \frac{1}{G}\frac{\partial \phi}{\partial y}, \quad \gamma_{xy} = 0$$

再将上式代入几何方程式(4.2),得

$$\left.\begin{aligned} &\frac{\partial u}{\partial x} = 0, \frac{\partial v}{\partial y} = 0, \frac{\partial w}{\partial z} = 0 \\ &\frac{\partial w}{\partial y} + \frac{\partial v}{\partial z} = -\frac{1}{G}\frac{\partial \phi}{\partial x}, \frac{\partial u}{\partial z} + \frac{\partial w}{\partial x} = \frac{1}{G}\frac{\partial \phi}{\partial y}, \frac{\partial v}{\partial x} + \frac{\partial u}{\partial y} = 0 \end{aligned}\right\} \tag{h}$$

由式(h) 的第一式、第二式和第六式积分得

$$u = u_0 + \omega_y z - \omega_z y - Kyz$$

$$v = v_0 + \omega_z x - \omega_x z - Kxz$$

式中,u_0、v_0、ω_x、ω_y、ω_z 表示刚体平动和转动的刚体位移;K 为积分常数。若不计积分常数,则

$$u = -Kyz, \quad v = Kxz \tag{4.30}$$

将式(4.30) 代入式(h) 的第四式和第五式有

$$\frac{\partial w}{\partial y} = -\frac{1}{G}\frac{\partial \phi}{\partial x} - Kx, \quad \frac{\partial w}{\partial x} = \frac{1}{G}\frac{\partial \phi}{\partial y} + Ky \tag{4.31}$$

将式(4.31) 分别对 x、y 求导,然后相减,得

$$\nabla^2 \phi = -2GK \tag{4.32}$$

比较式(4.27)、式(4.32) 得

$$C = -2GK \tag{4.33}$$

例 4.1　如图 4.6 所示,设椭圆长、短半轴分别为 a、b,扭转外力偶矩为 M,求椭圆截面杆的扭转切应力。

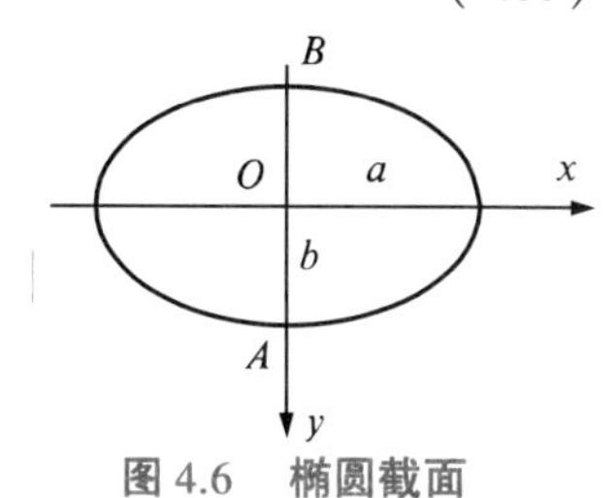

图 4.6　椭圆截面

解:在图示坐标系下,椭圆方程为

$$\frac{x^2}{a^2} + \frac{y^2}{b^2} = 1$$

取应力函数为

$$\phi = \left(\frac{x^2}{a^2} + \frac{y^2}{b^2} - 1\right)\phi_0$$

将上式代入式(4.29) 得

$$\phi_0 = \frac{M}{\pi ab}$$

则应力函数表示为

$$\phi = \frac{M}{\pi ab}\left(\frac{x^2}{a^2} + \frac{y^2}{b^2} - 1\right) \tag{i}$$

将上式代入式(4.26) 得

$$\tau_{xz} = -\frac{2My}{\pi ab^3}, \quad \tau_{yz} = \frac{2Mx}{\pi a^3 b}$$

则任意一点的合切应力为

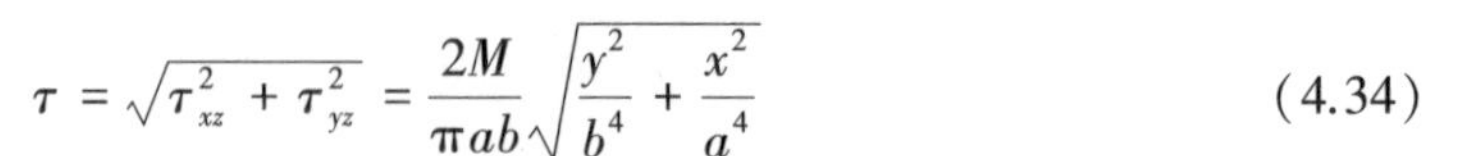

$$\tau = \sqrt{\tau_{xz}^2 + \tau_{yz}^2} = \frac{2M}{\pi ab}\sqrt{\frac{y^2}{b^4} + \frac{x^2}{a^4}} \tag{4.34}$$

当截面为半径为 R 的圆截面时，注意到截面极惯性矩为 $I_\rho = \frac{\pi R^4}{2}$ 且 $x^2 + y^2 = \rho^2$，上式变为

$$\tau = \sqrt{\tau_{xz}^2 + \tau_{yz}^2} = \frac{2M\rho}{\pi R^4} = \frac{M\rho}{\frac{\pi R^4}{2}} = \frac{M\rho}{I_\rho}$$

这正是材料力学中推导的圆轴扭转变形的切应力计算公式。

由式(4.33)得

$$K = -\frac{C}{2G} = \frac{(a^2 + b^2)M}{\pi a^3 b^3 G} \tag{4.35}$$

由式(4.30)得

$$u = -\frac{(a^2 + b^2)M}{\pi a^3 b^3 G} yz, \quad v = \frac{(a^2 + b^2)M}{\pi a^3 b^3 G} xz \tag{4.36}$$

将式(i)及式(4.35)代入式(4.31)得

$$\frac{\partial w}{\partial y} = -\frac{(a^2 - b^2)M}{\pi a^3 b^3 G} x, \quad \frac{\partial w}{\partial x} = -\frac{(a^2 - b^2)M}{\pi a^3 b^3 G} y \tag{4.37}$$

由于 w 只是 x、y 的函数，则上式积分后可得

$$w = -\frac{(a^2 - b^2)M}{\pi a^3 b^3 G} xy + f_1(x), \quad w = -\frac{(a^2 - b^2)M}{\pi a^3 b^3 G} yx + f_2(y)$$

比较两式则有 $f_1(x) = f_2(y) = w_0$，此为刚体的刚体平移。则上式简化为

$$w = -\frac{(a^2 - b^2)M}{\pi a^3 b^3 G} xy \tag{4.38}$$

上式表明，椭圆杆发生扭转变形时横截面不再保持为平面，而翘曲为曲面，只有当 $a = b$（圆截面杆）时，才有 $w = 0$，横截面才保持为平面。

4.6.2 扭转问题的薄膜比拟法

横截面形状不规则的直杆扭转问题难以找到合适的应力函数，直接求解比较困难，可以用薄膜比拟法进行求解。

普朗特发现，薄膜在单侧受均布压力作用时，其上任意一点的挠度和斜率与扭转问题的应力函数和切应力在数学上具有相似性，因此用薄膜比拟扭杆有助于寻求扭转问题的解答，这种处理方法称为薄膜比拟法。

设有一薄膜，边界形状与扭杆截面形状相同，边界固定。薄膜受单侧均布压力 q 作用，并且在 z 方向上产生微小位移 $w(x,y)$，如图 4.7 所示。由于薄膜柔软均匀，假定薄膜

内不承受弯矩、扭矩、剪力的作用,而只有张力 $\boldsymbol{T}$ 作用。

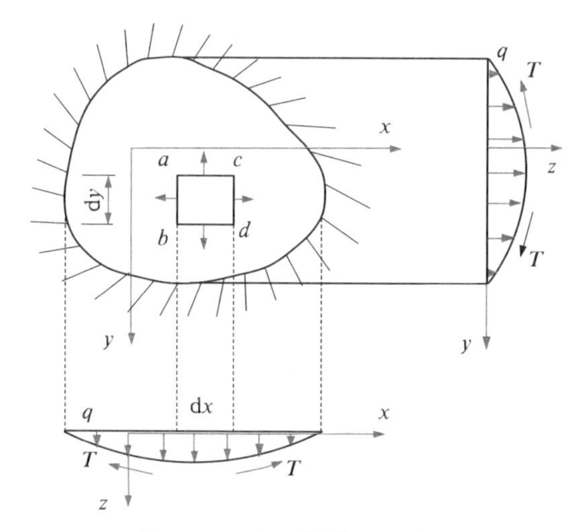

图 4.7　不规则横截面的直杆

从薄膜内任取一微元 $\mathrm{d}x\mathrm{d}y$,由微元在 z 方向上的平衡条件得到

$$q\mathrm{d}x\mathrm{d}y - T\sin\alpha_1\mathrm{d}y + T\sin\alpha_2\mathrm{d}y - T\sin\beta_1\mathrm{d}x + T\sin\beta_2\mathrm{d}x = 0 \tag{a}$$

α_1、α_2 为 ab、cd 边上的张力与 $z=0$ 平面的夹角;β_1、β_2 为 ac、bd 边上的张力与 $z=0$ 平面的夹角;张力逆时针转到 $z=0$ 平面的夹角为正值,则有如下关系:

$$\left.\begin{aligned} \sin\alpha_1 = \frac{\partial w}{\partial x}, \sin\alpha_2 = \frac{\partial}{\partial x}\left(w + \frac{\partial w}{\partial x}\mathrm{d}x\right) = \frac{\partial w}{\partial x} + \frac{\partial^2 w}{\partial x^2}\mathrm{d}x \\ \sin\beta_1 = \frac{\partial w}{\partial y}, \sin\beta_2 = \frac{\partial}{\partial y}\left(w + \frac{\partial w}{\partial y}\mathrm{d}y\right) = \frac{\partial w}{\partial y} + \frac{\partial^2 w}{\partial y^2}\mathrm{d}y \end{aligned}\right\} \tag{b}$$

将式(b) 代入式(a) 得到

$$\frac{\partial^2 w}{\partial x^2} + \frac{\partial^2 w}{\partial y^2} = -\frac{q}{T} \quad 即 \quad \nabla^2 w = -\frac{q}{T} \tag{4.39}$$

薄膜的边界条件为

$$w_s = 0 \tag{4.40}$$

将挠度方程式(4.39) 与扭杆的应力函数 ϕ 的微分方程式(4.32) 相比,将挠度的边界条件式(4.40) 与扭杆的应力函数 ϕ 的边界条件式(4.28) 相比,可见,如果使薄膜的 q/T 与扭杆的 $2GK$ 相等,则薄膜的挠度 w 就相当于扭杆的应力函数 ϕ。

薄膜与 $z=0$ 平面所围的体积为 V,则

$$2\iint_A w\mathrm{d}A = 2V$$

与式(4.29) 相比则有

$$\boldsymbol{M} = 2V$$

为使薄膜的挠度 w 相当于扭杆的应力函数 ϕ,则须用使薄膜与边界平面间体积的2倍与扭矩相等。

由式(4.26) 可知

$$\tau_{xz} = \tau_{zx} = \frac{\partial \phi}{\partial y}, \quad \tau_{yz} = \tau_{zy} = - \frac{\partial \phi}{\partial x} \tag{c}$$

而薄膜沿 y 方向、x 方向的斜率分别为

$$k_y = \frac{\partial w}{\partial y}, \quad k_x = \frac{\partial w}{\partial x} \tag{d}$$

比较式(c) 与式(d) 可以得出结论:在扭杆横截面上某一点,沿某一方向的切应力等于薄膜在相应点沿与之垂直方向上的斜率。要求解扭杆的最大切应力只需求出对应薄膜的最大斜率,最大切应力的方向与最大斜率的方向垂直。

例 4.2　用薄膜比拟法求解图 4.8 所示矩形截面直杆的扭转力偶矩 M 作用下的最大切应力。

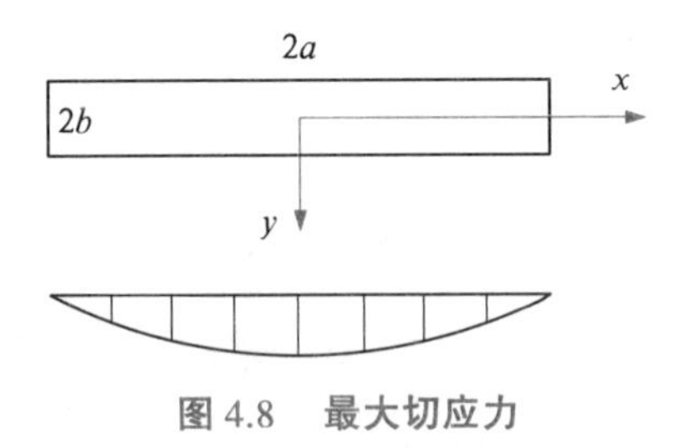

图 4.8　最大切应力

解:由于 $a \gg b$,因此挠度沿 x 方向上变化很小,假设挠度函数 w 与 x 无关,即 $w = w(y)$,根据薄膜比拟法应力函数取为 $\phi = \phi(y)$,代入式(4.32) 有

$$\frac{\mathrm{d}^2\phi}{\mathrm{d}y^2} = -2GK$$

边界条件为

$$\phi_{y=\pm b} = 0$$

求解得到应力函数

$$\phi = -GK(y^2 - b^2)$$

将上式代入(4.29) 有

$$M = 2\iint_A \phi \mathrm{d}x\mathrm{d}y = 2\iint_A -GK(y^2 - b^2)\mathrm{d}x\mathrm{d}y = -2GK\int_{-a}^{a}\mathrm{d}x\int_{-b}^{b}(y^2 - b^2)\mathrm{d}y = \frac{16}{3}GKab^3$$

则

$$K = \frac{3M}{16Gab^3}$$

由式(4.26) 有

$$\tau_{xz} = \tau_{zx} = \frac{\partial \phi}{\partial y} = 2GKy, \quad \tau_{yz} = \tau_{zy} = -\frac{\partial \phi}{\partial x} = 0$$

由上式可知最大剪应力为

$$\tau_{xz} = \tau_{\max} = (\tau_{zx})_{y=\pm b} = \pm\frac{3M}{8ab^2}$$

本章小结

1.空间问题的平衡微分方程(直角坐标)：

$$\left.\begin{aligned}\frac{\partial \sigma_x}{\partial x}+\frac{\partial \tau_{yx}}{\partial y}+\frac{\partial \tau_{zx}}{\partial z}+X=0\\\frac{\partial \tau_{xy}}{\partial x}+\frac{\partial \sigma_y}{\partial y}+\frac{\partial \tau_{zy}}{\partial z}+Y=0\\\frac{\partial \tau_{xz}}{\partial x}+\frac{\partial \tau_{yz}}{\partial y}+\frac{\partial \sigma_z}{\partial z}+Z=0\end{aligned}\right\}$$

2.空间问题的几何方程(直角坐标)：

$$\left.\begin{aligned}\varepsilon_x=\frac{\partial u}{\partial x},\gamma_{xy}=\frac{\partial u}{\partial y}+\frac{\partial v}{\partial x}\\\varepsilon_y=\frac{\partial v}{\partial y},\gamma_{yz}=\frac{\partial v}{\partial z}+\frac{\partial w}{\partial y}\\\varepsilon_z=\frac{\partial w}{\partial z},\gamma_{xz}=\frac{\partial u}{\partial z}+\frac{\partial w}{\partial x}\end{aligned}\right\}$$

3.空间问题的物理方程(直角坐标)：

$$\left.\begin{aligned}\varepsilon_x=\frac{1}{E}[\sigma_x-\mu(\sigma_y+\sigma_z)],\gamma_{xy}=\frac{\tau_{xy}}{G}\\\varepsilon_y=\frac{1}{E}[\sigma_y-\mu(\sigma_x+\sigma_z)],\gamma_{yz}=\frac{\tau_{yz}}{G}\\\varepsilon_z=\frac{1}{E}[\sigma_z-\mu(\sigma_x+\sigma_y)],\gamma_{xz}=\frac{\tau_{xz}}{G}\end{aligned}\right\}$$

4.边界条件：

$$(u)_s=\bar{u}(s),(v)_s=\bar{v}(s),(w)_s=\bar{w}(s)$$

$$\left.\begin{aligned}l\sigma_{xx}+m\tau_{xy}+n\tau_{xz}=\bar{X}\\l\tau_{yx}+m\sigma_{yy}+n\tau_{yz}=\bar{Y}\\l\tau_{zx}+m\tau_{zy}+n\sigma_{zz}=\bar{Z}\end{aligned}\right\}$$

5.空间问题的平衡微分方程(柱坐标)：

$$\left.\begin{aligned}\frac{\partial \sigma_\rho}{\partial \rho}+\frac{\partial \tau_{\rho\varphi}}{\partial \varphi}+\frac{\partial \tau_{\rho z}}{\partial z}+\frac{\sigma_\rho-\sigma_\varphi}{\rho}+X_\rho=0\\\frac{\partial \tau_{\varphi\rho}}{\partial \rho}+\frac{1}{\rho}\frac{\partial \sigma_\varphi}{\partial \varphi}+\frac{\partial \tau_{\varphi z}}{\partial z}+\frac{2\tau_{\varphi\rho}}{\rho}+X_\varphi=0\\\frac{\partial \tau_{z\rho}}{\partial \rho}+\frac{1}{\rho}\frac{\partial \tau_{z\varphi}}{\partial \varphi}+\frac{\partial \sigma_z}{\partial z}+\frac{\tau_{z\rho}}{\rho}+X_z=0\end{aligned}\right\}$$

6.空间问题的几何方程(柱坐标):

$$
\left.
\begin{aligned}
\varepsilon_{\rho} &= \frac{\partial u_{\rho}}{\partial_{\rho}} \\
\varepsilon_{\varphi} &= \frac{1}{\rho}\frac{\partial u_{\varphi}}{\partial \varphi} + \frac{u_{\rho}}{\rho} \\
\varepsilon_{z} &= \frac{\partial u_{z}}{\partial z} \\
\gamma_{\varphi z} &= \frac{1}{\rho}\frac{\partial u_{z}}{\partial \varphi} + \frac{\partial u_{\varphi}}{\partial z} \\
\gamma_{\rho z} &= \frac{\partial u_{\rho}}{\partial z} + \frac{\partial u_{z}}{\partial \rho} \\
\gamma_{\rho\varphi} &= \frac{1}{\rho}\frac{\partial u_{\rho}}{\partial \varphi} + \frac{\partial u_{\varphi}}{\partial \rho} - \frac{u_{\varphi}}{\rho}
\end{aligned}
\right\}
$$

7.空间问题的物理方程(柱坐标):

$$
\left.
\begin{aligned}
\varepsilon_{\rho} &= \frac{1}{E}[\sigma_{\rho} - \mu(\sigma_{\varphi} + \sigma_{z})], \gamma_{\rho\varphi} = \frac{\tau_{\rho\varphi}}{G} \\
\varepsilon_{\varphi} &= \frac{1}{E}[\sigma_{\varphi} - \mu(\sigma_{\rho} + \sigma_{z})], \gamma_{\rho z} = \frac{\tau_{\rho z}}{G} \\
\varepsilon_{z} &= \frac{1}{E}[\sigma_{z} - \mu(\sigma_{\varphi} + \sigma_{\rho})], \gamma_{z\varphi} = \frac{\tau_{z\varphi}}{G}
\end{aligned}
\right\}
$$

习题

1.试根据图中所示六面体的平衡条件推导弹性力学空间问题的平衡微分方程,并证明剪应力互等定理。

2.试根据图中所示四面体的平衡条件推导弹性力学空间问题的应力边界条件,并证明剪应力互等定理。

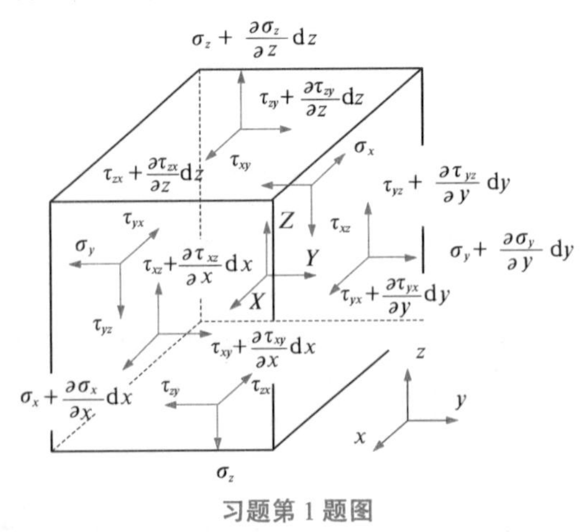

习题第 1 题图

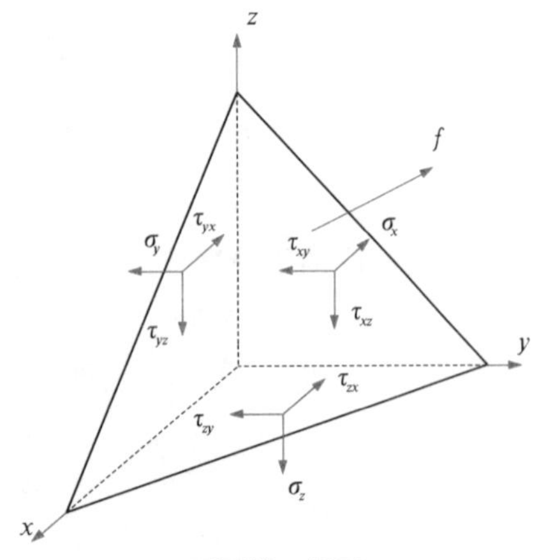

习题第 2 题图

3.设有任意形状的等截面杆，杆长为 L，密度为 ρ，上端悬挂，下端自由，如图中所示，试考察应力分量 $\sigma_x=0, \sigma_y=0, \sigma_z=\rho g(L-z), \tau_{xy}=0, \tau_{yz}=0, \tau_{zx}=0$ 是否能满足所有条件。

4.设任意形状的空间弹性体，在全部边界上(包括孔洞)受有均布压力 q，试验证应力分量 $\sigma_x=\sigma_y=\sigma_z=-q, \tau_{xy}=0, \tau_{yz}=0, \tau_{zx}=0$ 能满足一切条件，因而是正确的解。

5.设横截面为等边三角形的等截面扭杆，高度为 a，坐标轴如图中所示。试验证应力函数 $\phi=m(x-a)(x-\sqrt{3}y)(x+\sqrt{3}y)$ 能满足一切条件，并求扭杆的应力分量和最大切应力。

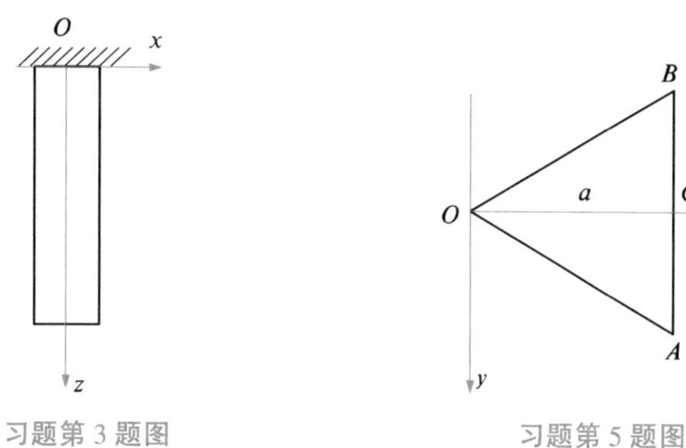

习题第 3 题图　　　习题第 5 题图

6.设有一边长为 a 的正方形截面杆，与一面积相同的圆截面杆，受有相同的扭矩 M，试比较两者的最大切应力。

第 5 章 平面问题的有限元法

5.1 三角形常应变单元

5.1.1 平面问题的有限元离散化

在运用有限单元法分析弹性力学平面问题时，第一步就是要对弹性体进行离散化，把一个连续的弹性体变换为一个离散的结构物。对于平面问题，三角形单元是最简单的也是最常用的单元，在平面应力问题中，单元为三角形板，而在平面应变问题中，单元则是三棱柱。假设采用三角形单元，把弹性体划分为有限个互不重叠的三角形。这些三角形在其顶点（即结点）处互相连接，组成一个单元集合体，以替代原来的弹性体。同时，将所有作用在单元上的荷载（包括集中荷载、表面荷载和体积荷载），都按虚功等效的原则移置到结点上，成为等效结点荷载，由此便得到了平面问题的有限元计算模型，如图 5.1 所示。

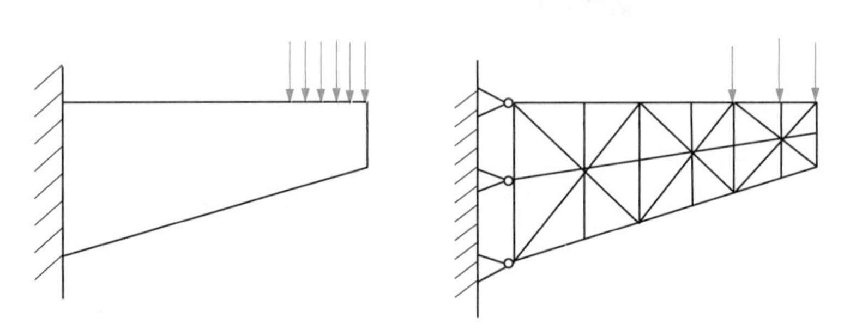

图 5.1 平面问题的有限元计算模型

5.1.2 三角形常应变单元

5.1.2.1 单元位移模式

首先，我们来分析一下三角形单元的力学特性，即建立以单元结点位移表示单元内各点位移的关系式。设单元 e 的结点编号为 i、j、m，如图 5.2 所示。由弹性力学平面问题可知，每个结点在其单元平面内的位移可以有 2 个分量，所以整个三角形单元将有 6 个结点位移分量，即 6 个自由度。用列阵可表示为

$$\{\delta\}^e = [\delta_i^{\mathrm{T}} \quad \delta_j^{\mathrm{T}} \quad \delta_m^{\mathrm{T}}]^{\mathrm{T}} = [u_i \quad v_i \quad u_j \quad v_j \quad u_m \quad v_m]^{\mathrm{T}} \tag{5.1}$$

其中的子矩阵：

$$\{\delta_i\} = [u_i \quad v_i]^{\mathrm{T}} \quad (i、j、m \text{ 轮换})$$

式中，u_i、v_i是结点 i 在 x、y 方向的位移。

在有限单元法中，虽然是用离散化模型来代替原来的连续体，但每一个单元体仍是一个弹性体，所以在其内部依然是符合弹性力学基本假设的，弹性力学的基本方程在每个单元内部同样适用。

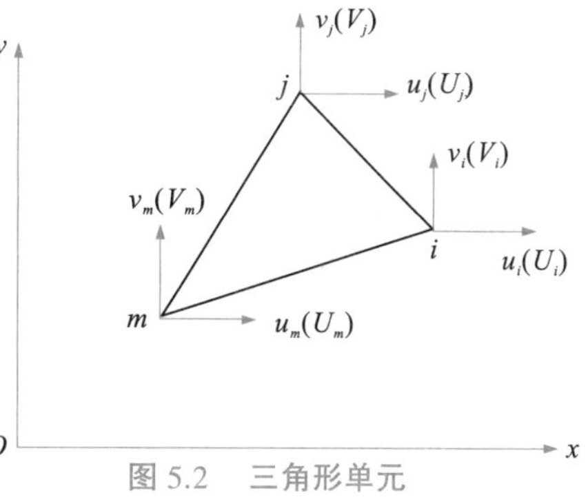

图 5.2　三角形单元

从弹性力学平面问题的解析法中可知，如果弹性体内的位移函数已知，则应变分量和应力分量也就确定了。但是，如果只知道弹性体中某几个点的位移分量的值，那么就不能直接求得应变分量和应力分量。因此，在进行有限元分析时，必须先假定一个位移模式。在弹性体内，各点的位移变化情况非常复杂，很难在整个弹性体内选取一个恰当的位移函数来表示位移的复杂变化，但是如果将整个区域分割成许多小单元，那么在每个单元的局部范围内就可以采用比较简单的函数来近似地表示单元的真实位移，将各单元的位移模式连接起来，便可近似地表示整个区域的真实位移函数。这种化繁为简、联合局部逼近整体的思想，正是有限单元法的绝妙之处。

基于上述思想，我们可以选择一个单元位移模式，单元内各点的位移可按此位移模式由单元结点位移通过插值而获得。有限元法中普遍采用多项式表示位移函数，因为多项式的数学运算如微分、积分等较为容易，所有光滑的函数都可以用多项式逼近，而且多项式所包含的项数越多精度也就越高。线性函数是一种最简单的单元位移模式，故设三角形平面单元的位移模式为

$$\left.\begin{aligned} u &= \alpha_1 + \alpha_2 x + \alpha_3 y \\ v &= \alpha_4 + \alpha_5 x + \alpha_6 y \end{aligned}\right\} \tag{5.2}$$

式中，$\alpha_1,\alpha_2,\cdots,\alpha_6$ 是待定常数。因三角形单元三个结点共有 6 个自由度，且位移函数 u、v 在 3 个结点处的数值应该等于这些点处的位移分量的数值。假设结点 i、j、m 的坐标分别为(x_i,y_i)，(x_j,y_j)，(x_m,y_m)，代入式(5.2)，得

$$\left.\begin{aligned} u_i &= \alpha_1 + \alpha_2 x_i + \alpha_3 y_i, \quad v_i = \alpha_4 + \alpha_5 x_i + \alpha_6 y_i \\ u_j &= \alpha_1 + \alpha_2 x_j + \alpha_3 y_j, \quad v_j = \alpha_4 + \alpha_5 x_j + \alpha_6 y_j \\ u_m &= \alpha_1 + \alpha_2 x_m + \alpha_3 y_m, \quad v_m = \alpha_4 + \alpha_5 x_m + \alpha_6 y_m \end{aligned}\right\} \tag{5.3}$$

由式(5.3) 左边的三个方程可以求得

$$\alpha_1 = \frac{1}{2\Delta}\begin{vmatrix} u_i & x_i & y_i \\ u_j & x_j & y_j \\ u_m & x_m & y_m \end{vmatrix}, \quad \alpha_2 = \frac{1}{2\Delta}\begin{vmatrix} 1 & u_i & y_i \\ 1 & u_j & y_j \\ 1 & u_m & y_m \end{vmatrix}, \quad \alpha_3 = \frac{1}{2\Delta}\begin{vmatrix} 1 & x_i & u_i \\ 1 & x_j & u_j \\ 1 & x_m & u_m \end{vmatrix} \tag{5.4}$$

其中

$$2\Delta = \begin{vmatrix} 1 & x_i & y_i \\ 1 & x_j & y_j \\ 1 & x_m & y_m \end{vmatrix} \tag{5.5}$$

由解析几何可知,式中的 Δ 就是三角形 ijm 的面积。为保证求得的面积为正值,结点 i、j、m 的编排次序必须是逆时针方向,如图 5.2 所示。

将式(5.4) 代入式(5.3) 的第一式,经整理后得到

$$u = \frac{1}{2\Delta}[(a_i + b_i x + c_i y)u_i + (a_j + b_j x + c_i y)u_j + (a_m + b_m x + c_m y)u_m] \tag{5.6}$$

其中

$$\left.\begin{aligned} a_i &= \begin{vmatrix} x_j & y_j \\ x_m & y_m \end{vmatrix} = x_j y_m - x_m y_j \\ b_i &= -\begin{vmatrix} 1 & y_j \\ 1 & y_m \end{vmatrix} = y_j - y_m \\ c_i &= \begin{vmatrix} 1 & x_j \\ 1 & x_m \end{vmatrix} = -(x_j - x_m) \end{aligned}\right\} \tag{5.7}$$

同理

$$v = \frac{1}{2\Delta}[(a_i + b_i x + c_i y)v_i + (a_j + b_j x + c_j y)v_j + (a_m + b_m x + c_m y)v_m] \tag{5.8}$$

令

$$N_i = \frac{1}{2\Delta}(a_i + b_i x + c_i y) \tag{5.9}$$

则式(5.3) 表示为

$$\left.\begin{aligned} u &= N_i u_i + N_j u_j + N_m u_m \\ v &= N_i v_i + N_j v_j + N_m v_m \end{aligned}\right\} \tag{5.10}$$

即

$$\{f\} = \begin{Bmatrix} u \\ v \end{Bmatrix} = [N_i\boldsymbol{I} \quad N_j\boldsymbol{I} \quad N_m\boldsymbol{I}]\{\delta\}^e = [N]\{\delta\}^e \tag{5.11}$$

式中,$\boldsymbol{I}$ 是二阶单位矩阵;N_i、N_j、N_m 是坐标的函数,它们反映了单元的位移状态,所以一般称之为形状函数,简称形函数。矩阵$[N]$ 叫作形函数矩阵。三结点三角形单元的形函数是坐标的线性函数。单元中任一条直线发生位移后仍为一条直线,即只要两单元在公共结点处保持位移相等,则公共边线变形后仍为密合。

5.1.2.2 单元应变分析

平面问题的几何方程为

$$\{\varepsilon\} = \begin{Bmatrix} \varepsilon_x \\ \varepsilon_y \\ \gamma_{xy} \end{Bmatrix} = \begin{Bmatrix} \dfrac{\partial u}{\partial x} \\ \dfrac{\partial v}{\partial y} \\ \dfrac{\partial u}{\partial y} + \dfrac{\partial v}{\partial x} \end{Bmatrix}$$

将式(5.10)代入上式,则根据几何方程即可求得应变分量,即

$$\{\varepsilon\} = \begin{Bmatrix} \varepsilon_x \\ \varepsilon_y \\ \gamma_{xy} \end{Bmatrix} = \begin{Bmatrix} \dfrac{\partial N_i}{\partial x}u_i + \dfrac{\partial N_j}{\partial x}u_j + \dfrac{\partial N_m}{\partial x}u_m \\ \dfrac{\partial N_i}{\partial y}v_i + \dfrac{\partial N_j}{\partial y}v_j + \dfrac{\partial N_m}{\partial y}v_m \\ \dfrac{\partial N_i}{\partial y}u_i + \dfrac{\partial N_j}{\partial y}u_j + \dfrac{\partial N_m}{\partial y}u_m + \dfrac{\partial N_i}{\partial x}v_i + \dfrac{\partial N_j}{\partial x}v_j + \dfrac{\partial N_m}{\partial x}v_m \end{Bmatrix}$$

$$= \begin{bmatrix} \dfrac{\partial N_i}{\partial x} & 0 & \dfrac{\partial N_j}{\partial x} & 0 & \dfrac{\partial N_m}{\partial x} & 0 \\ 0 & \dfrac{\partial N_i}{\partial y} & 0 & \dfrac{\partial N_j}{\partial y} & 0 & \dfrac{\partial N_m}{\partial y} \\ \dfrac{\partial N_i}{\partial y} & \dfrac{\partial N_i}{\partial x} & \dfrac{\partial N_j}{\partial y} & \dfrac{\partial N_j}{\partial x} & \dfrac{\partial N_m}{\partial y} & \dfrac{\partial N_m}{\partial x} \end{bmatrix} \begin{Bmatrix} u_i \\ v_i \\ u_j \\ v_j \\ u_m \\ v_m \end{Bmatrix} \tag{5.12}$$

将式(5.9)代入式(5.12)可得

$$\{\varepsilon\} = \frac{1}{2\Delta} \begin{bmatrix} b_i & 0 & b_j & 0 & b_m & 0 \\ 0 & c_i & 0 & c_j & 0 & c_m \\ c_i & b_i & c_j & b_j & c_m & b_m \end{bmatrix} \{\delta\}^e$$

即

$$\{\varepsilon\} = [B]\{\delta\}^e \tag{5.13}$$

其中矩阵$[B]$反映了结点位移与单元应变间的转换关系,称为几何矩阵或单元应变矩阵,可用分块形式简写为

$$[B] = [B_i \quad B_j \quad B_m] \tag{5.14}$$

子矩阵 $\boldsymbol{B}_i$ 可表示为

$$[B_i] = \frac{1}{2\Delta} \begin{bmatrix} b_i & 0 \\ 0 & c_i \\ c_i & b_i \end{bmatrix} \quad (i,j,m \text{ 轮换}) \tag{5.15}$$

由于 b_i、b_j、b_m、c_i、c_j、c_m 等都是常量,所以矩阵$[B]$中的诸元素都是常量,因而单元中各点的应变分量也都是常量,通常称这种单元为常应变单元。

5.1.2.3 单元应力分析

将应力与应变联系起来的是物理方程，平面应力问题中用应变表示应力的物理方程为

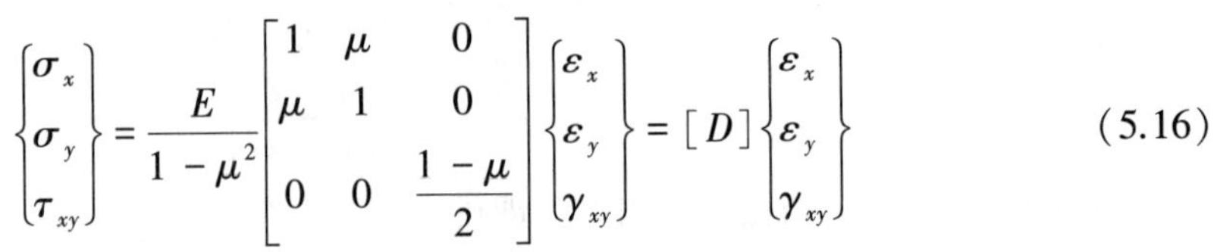

$$\begin{Bmatrix}\sigma_x\\ \sigma_y\\ \tau_{xy}\end{Bmatrix}=\frac{E}{1-\mu^2}\begin{bmatrix}1 & \mu & 0\\ \mu & 1 & 0\\ 0 & 0 & \dfrac{1-\mu}{2}\end{bmatrix}\begin{Bmatrix}\varepsilon_x\\ \varepsilon_y\\ \gamma_{xy}\end{Bmatrix}=[D]\begin{Bmatrix}\varepsilon_x\\ \varepsilon_y\\ \gamma_{xy}\end{Bmatrix} \tag{5.16}$$

其中

$$[D]=\frac{E}{1-\mu^2}\begin{bmatrix}1 & \mu & 0\\ \mu & 1 & 0\\ 0 & 0 & \dfrac{1-\mu}{2}\end{bmatrix} \tag{5.17}$$

$[D]$ 称为平面应力问题的弹性矩阵。对于平面应变问题，将式(5.17)中的 μ 换为 $\dfrac{\mu}{1-\mu}$，弹性模量 E 换为 $\dfrac{E}{1-\mu^2}$，即

$$[D]=\frac{E(1-\mu)}{(1+\mu)(1-2\mu)}\begin{bmatrix}1 & \dfrac{\mu}{1-\mu} & 0\\ \dfrac{\mu}{1-\mu} & 1 & 0\\ 0 & 0 & \dfrac{1-2\mu}{2(1-\mu)}\end{bmatrix} \tag{5.18}$$

求得应变之后，再将式(5.13)代入物理方程式(5.16)，便可推导出以结点位移表示的单元应力，即

$$\{\sigma\}=[D][B]\{\delta\}^e \tag{5.19}$$

令 $[S]=[D][B]$，则

$$\{\sigma\}=[S]\{\delta\}^e \tag{5.20}$$

其中矩阵 $[S]$ 表明了结点位移与单元应力间的转换关系，因此称为应力矩阵，若写成分块形式，表达为

$$[S]=[D][B_i\quad B_j\quad B_m]=[S_i\quad S_j\quad S_m] \tag{5.21}$$

对于平面应力问题，$[S]$ 的子矩阵可记为

$$[S_i]=[D][B_i]=\frac{E}{2(1-\mu^2)\Delta}\begin{bmatrix}b_i & \mu c_i\\ \mu b_i & c_i\\ \dfrac{1-\mu}{2}c_i & \dfrac{1-\mu}{2}b_i\end{bmatrix}\quad (i,j,m\text{ 轮换}) \tag{5.22}$$

对于平面应变问题，只要将式(5.22)中的 E 换成 $\dfrac{E}{1-\mu^2}$，μ 换成 $\dfrac{\mu}{1-\mu}$，即得到平面应变问题应力矩阵，即

$$[S_i]=[D][B_i]=\frac{E(1-\mu)}{2(1+\mu)(1-2\mu)\Delta}\begin{bmatrix} b_i & \frac{\mu}{1-\mu}c_i \\ \frac{\mu}{1-\mu}b_i & c_i \\ \frac{1-2\mu}{2(1-\mu)}c_i & \frac{1-2\mu}{2(1-\mu)}b_i \end{bmatrix}\quad (i,j,m\text{ 轮换}) \tag{5.23}$$

注意到式(5.20)，则有

$$\{\sigma\}=[S_i]\{\delta_i\}+[S_j]\{\delta_j\}+[S_m]\{\delta_m\} \tag{5.24}$$

由式(5.22)、式(5.23)不难看出，单元应力矩阵[S]中的诸元素都是常量，所以每个单元中的应力分量也是常量。可见，对于常应变单元，由于所选取的位移模式是线性的，因而位移是连续的，但其相邻单元却具有不同的应力和应变，即在单元的公共边界上应力和应变的值将会有突变，这显然是有限元近似性的一个表现。为了较好地反映应力的分布，划分单元时应在应力较大的地方单元划分密一些，在应力变化不大的地方单元划分得大一些，这就可以用不大的工作量取得较好的计算结果。

5.2　形函数的性质

在上节中，提出了形函数的概念，即

$$N_i=\frac{1}{2\Delta}(a_i+b_ix+c_iy)\quad (i,j,m\text{ 轮换}) \tag{5.25}$$

其中

$$2\Delta=\begin{vmatrix} 1 & x_i & y_i \\ 1 & x_j & y_j \\ 1 & x_m & y_m \end{vmatrix}$$

根据行列式的性质：行列式的任一行(或列)的元素与其相应的代数余子式的乘积之和等于行列式的值，而任一行(或列)的元素与其他行(或列)对应元素的代数余子式乘积之和为零，并由式(5.7)注意到，常数 a_i、b_i、c_i，a_j、b_j、c_j 和 a_m、b_m、c_m 分别是行列式(5.5)的第一行、第二行和第三行各单元的代数余子式。则形函数具有如下性质：

(1) 形函数在各单元结点上的值，具有“本点是 1、他点为 0”的性质，将结点坐标 (x_i,y_i) 代入式(5.9)，则在结点 i 上有

$$N_i(x_i,y_i)=\frac{1}{2\Delta}(a_i+b_ix_i+c_iy_i)=1$$

在结点 j、m 上有

$$N_i(x_j,y_j)=\frac{1}{2\Delta}(a_i+b_ix_j+c_iy_j)=0$$

$$N_i(x_m,y_m)=\frac{1}{2\Delta}(a_i+b_ix_m+c_iy_m)=0$$

类似的，有

$$N_j(x_i,y_i)=0,\quad N_j(x_j,y_j)=1,\quad N_j(x_m,y_m)=0$$
$$N_m(x_i,y_i)=0,\quad N_m(x_j,y_j)=0,\quad N_m(x_m,y_m)=1$$

(2) 在单元的任一点上,三个形函数之和等于1,即

$$\begin{aligned}&N_i(x,y)+N_j(x,y)+N_m(x,y)\\&=\frac{1}{2\Delta}(a_i+b_ix+c_iy+a_j+b_jx+c_jy+a_m+b_mx+c_my)\\&=\frac{1}{2\Delta}[(a_i+a_j+a_m)+(b_i+b_j+b_m)x+(c_i+c_j+c_m)y]\\&=1\end{aligned}$$

简记为

$$N_i+N_j+N_m=1 \tag{5.26}$$

(3) 三角形单元任意一条边上的形函数,仅与该边的两端结点坐标有关,而与其他结点坐标无关。例如,在 ij 边上,有

$$\left.\begin{aligned}&N_i(x,y)=1-\frac{x-x_i}{x_j-x_i}\\&N_j(x,y)=\frac{x-x_i}{x_j-x_i}\\&N_m(x,y)=0\end{aligned}\right\} \tag{5.27}$$

因 ij 边的直线方程为

$$y=\frac{y_i-y_j}{x_i-x_j}(x-x_i)+y_i=-\frac{b_m}{c_m}(x-x_i)+y_i$$

代入式(5.9)中的 $N_m(x,y)$ 和 $N_j(x,y)$,有

$$\begin{aligned}N_m(x,y)&=\frac{1}{2\Delta}\left\{a_m+b_mx+c_m\left[-\frac{b_m}{c_m}(x-x_i)+y_i\right]\right\}\\&=\frac{1}{2\Delta}(a_m+b_mx_i+c_my_i)=0\end{aligned}$$

$$\begin{aligned}N_j(x,y)&=\frac{1}{2\Delta}\left\{a_j+b_jx+c_j\left[-\frac{b_m}{c_m}(x-x_i)+y_i\right]\right\}\\&=\frac{1}{2\Delta}\left[(a_j+b_jx_i+c_jy_i)+b_j(x-x_i)-\frac{b_mc_j}{c_m}(x-x_i)\right]\\&=\frac{1}{2\Delta}\left[\frac{b_jc_m-b_mc_j}{c_m}(x-x_i)\right]\end{aligned}$$

故有

$$N_j(x,y)=\frac{x-x_i}{x_j-x_i}$$

同理可得

$$N_i(x,y) = 1 - N_j - N_m = 1 - \frac{x - x_i}{x_j - x_i}$$

利用形函数的这一性质可以证明,相邻单元的位移分别进行线性插值之后,在其公共边上将是连续的。

5.3　单元刚度矩阵

为了推导单元的结点力和结点位移之间的关系,可应用虚位移原理对图 5.2 中的单元 e 进行分析。单元 e 是在等效结点力的作用下处于平衡的,这种结点力可采用列阵表示为

$$\{R\}^e = [R_i^{eT} \quad R_j^{eT} \quad R_m^{eT}]^T = [U_i^e \quad V_i^e \quad U_j^e \quad V_j^e \quad U_m^e \quad V_m^e]^T \tag{a}$$

假设在单元 e 中发生有虚位移,则相应的三个结点 i、j、m 的虚位移为

$$\{\delta^*\}^e = [\delta u_i \quad \delta v_i \quad \delta u_j \quad \delta v_j \quad \delta u_m \quad \delta v_m]^T \tag{b}$$

假设单元内各点的虚位移为 $\{f^*\}$,并具有与真实位移相同的位移模式,则有

$$\{f^*\} = [N]\{\delta^*\}^e \tag{c}$$

单元内的虚应变 $\{\varepsilon^*\}$ 为

$$\{\varepsilon^*\} = [B]\{\delta^*\}^e \tag{d}$$

则作用在单元体上的外力在虚位移上所做的功可写为

$$(\{\delta^*\}^e)^T\{R\}^e \tag{e}$$

单元内的应力在虚应变上所做的功为

$$\iint \{\varepsilon^*\}^T\{\sigma\}t\mathrm{d}x\mathrm{d}y \tag{f}$$

将式(5.19) 及式(d) 代入式(f),则单元内的应力在虚应变上所做的功为

$$(\{\delta^*\}^e)^T\iint [B]^T[D][B]\{\delta\}^e t\mathrm{d}x\mathrm{d}y \tag{g}$$

根据虚位移原理,即可得到单元的虚功方程,即

$$(\{\delta^*\}^e)^T\{R\}^e = (\{\delta^*\}^e)^T\iint [B]^T[D][B]\{\delta\}^e t\mathrm{d}x\mathrm{d}y$$

进一步可简化为

$$\{R\}^e = \iint [B]^T[D][B]t\mathrm{d}x\mathrm{d}y\{\delta\}^e$$

令

$$[k]^e = \iint [B]^T[D][B]t\mathrm{d}x\mathrm{d}y \tag{5.28}$$

则

$$[k]^e\{\delta\}^e = \{R\}^e \tag{5.29}$$

上式就是表征单元的结点力和结点位移之间关系的刚度方程,$[k]^e$ 就是单元刚度矩阵。如果单元的材料是均质的,那么矩阵 $[D]$ 中的元素就是常量,对于三角形常应变单元,应变矩阵 $[B]$ 中的元素也是常量。当单元的厚度也是常量时,式(5.28) 可以简化为

$$[k]^e = [B]^{\mathrm{T}}[D][B]t\Delta \tag{5.30}$$

单元刚度矩阵$[k]^e$中任一列的元素分别等于该单元的某个结点沿坐标方向发生单位位移时,在各结点上所引起的结点力。单元的刚度取决于单元的大小、方向和弹性常数,而与单元的位置无关,即不随单元或坐标轴的平行移动而改变。

三结点三角形单元的单元刚度矩阵,表示为分块形式为

$$[k]^e = \begin{bmatrix} B_i^{\mathrm{T}} \\ B_j^{\mathrm{T}} \\ B_m^{\mathrm{T}} \end{bmatrix} [D][B_i \quad B_j \quad B_m]t\Delta = \begin{bmatrix} k_{ii}^e & k_{ij}^e & k_{im}^e \\ k_{ji}^e & k_{jj}^e & k_{jm}^e \\ k_{mi}^e & k_{mj}^e & k_{mm}^e \end{bmatrix} \tag{5.31}$$

式中

$$[k_{rs}^e] = [B_r]^{\mathrm{T}}[D][B_s]t\Delta$$

$$= \frac{Et}{4(1-\mu^2)\Delta}\begin{bmatrix} b_r b_s + \frac{1-\mu}{2}c_r c_s & \mu b_r c_s + \frac{1-\mu}{2}c_r b_s \\ \mu c_r b_s + \frac{1-\mu}{2}b_r c_s & c_r c_s + \frac{1-\mu}{2}b_r b_s \end{bmatrix} \tag{5.32}$$

对于平面应变问题,只要将上式中的E、μ分别换成$E/(1-\mu^2)$和$\mu/(1-\mu)$即可。于是

$$[k_{rs}^e] = \frac{E(1-\mu)t}{4(1+\mu)(1-2\mu)\Delta}\begin{bmatrix} b_r b_s + \frac{1-2\mu}{2(1-\mu)}c_r c_s & \frac{\mu}{1-\mu}b_r c_s + \frac{1-2\mu}{2(1-\mu)}c_r b_s \\ \frac{\mu}{1-\mu}c_r b_s + \frac{1-2\mu}{2(1-\mu)}b_r c_s & c_r c_s + \frac{1-2\mu}{2(1-\mu)}b_r b_s \end{bmatrix} \tag{5.33}$$

5.4 整体刚度矩阵

5.4.1 结构整体刚度矩阵

讨论了单元的力学特性之后,就可转入结构的整体分析。假设弹性体被划分为N个单元和n个结点,对每个单元按前述方法进行分析计算,便可得到N组形如式(5.31)的方程。将这些方程集合起来,就可得到表征整个弹性体力学特性的平衡关系式。为此,我们先引入整个弹性体的结点位移列阵$\{\delta\}_{2n\times1}$,它是由各结点位移按结点号码以从小到大的顺序排列组成,即

$$\{\delta\}_{2n\times1} = [\delta_1^{\mathrm{T}} \quad \delta_2^{\mathrm{T}} \quad \cdots \quad \delta_n^{\mathrm{T}}]^{\mathrm{T}} \tag{a}$$

其中结点i的位移分量表示为

$$\{\delta_i\} = [u_i \quad v_i]^{\mathrm{T}} \quad (i = 1,2,\cdots,n) \tag{b}$$

继而再引入整个弹性体的荷载列阵$\{R\}_{2n\times1}$,它是移置到结点上的等效结点荷载依结点号码从小到大的顺序排列组成,即

$$\{R\}_{2n\times1} = [R_1^{\mathrm{T}} \quad R_2^{\mathrm{T}} \quad \cdots \quad R_n^{\mathrm{T}}]^{\mathrm{T}} \tag{c}$$

其中

$$\{R_i\} = [X_i \quad Y_i]^{\mathrm{T}} = \left[\sum_{e=1}^{N} U_i^e \quad \sum_{e=1}^{N} V_i^e\right]^{\mathrm{T}} \tag{d}$$

是结点 i 上的等效结点荷载。现将各单元的结点力列阵 $\{R\}^e$ 加以扩充,使之成为 $2n \times 1$ 阶列阵

$$\{R\}_{2n\times1}^e = \begin{bmatrix} \overset{1}{\cdots} & \overset{i}{(R_i^e)^{\mathrm{T}}} & \cdots & \overset{j}{(R_j^e)^{\mathrm{T}}} & \cdots & \overset{m}{(R_m^e)^{\mathrm{T}}} & \overset{n}{\cdots} \end{bmatrix}^{\mathrm{T}} \tag{e}$$

其中

$$\{R_i^e\} = [U_i^e \quad V_i^e]^{\mathrm{T}} \quad (i,j,m \text{ 轮换}) \tag{f}$$

是单元结点 i 上的等效结点力。式(e) 中的省略号处的单元均为零,矩阵号上面的 i、j、m 表示在分块矩阵意义下 R_i 所占的列的位置。此处假定了 i、j、m 的次序也是从小到大排列的,并且与结点号码的排序一致。各单元的结点力列阵经过这样的扩充之后就可以进行相加,把全部单元的结点力列阵叠加在一起,便可得到式(c) 所表示的弹性体的荷载列阵,即

$$\{R\} = \sum_{e=1}^{N} \{R\}^e = [R_1^{\mathrm{T}} \quad R_2^{\mathrm{T}} \quad \cdots \quad R_n^{\mathrm{T}}]^{\mathrm{T}} \tag{g}$$

这是由于相邻单元公共边内力引起的等效结点力,在叠加过程中必然会全部相互抵消,所以只剩下荷载所引起的等效结点力,同理将单元刚度矩阵扩充为 $2n \times 2n$ 的矩阵,即

$$[k]_{2n\times2n}^e = \begin{array}{c} \begin{array}{ccccccccc} 1 & & i & & j & & m & & n \end{array} \\ \left[\begin{array}{ccccccccc} \cdots & \cdots & \cdots & \cdots & \cdots & \cdots & \cdots & \cdots & \cdots \\ \vdots & & \vdots & & \vdots & & \vdots & & \vdots \\ \cdots & \cdots & k_{ii}^e & \cdots & k_{ij}^e & \cdots & k_{im}^e & \cdots & \cdots \\ \vdots & & \vdots & & \vdots & & \vdots & & \vdots \\ \cdots & & k_{ji}^e & & k_{jj}^e & \cdots & k_{jm}^e & \cdots & \cdots \\ \vdots & & \vdots & & \vdots & & \vdots & & \vdots \\ \cdots & \cdots & k_{mi}^e & \cdots & k_{mj}^e & \cdots & k_{mm}^e & \cdots & \cdots \\ \vdots & & \vdots & & \vdots & & \vdots & & \vdots \\ \cdots & \cdots & \cdots & \cdots & \cdots & \cdots & \cdots & \cdots & \cdots \end{array}\right] \begin{array}{c} 1 \\ \\ i \\ \\ j \\ \\ m \\ \\ n \end{array} \end{array} \tag{h}$$

考虑到单元刚度矩阵 $[k]^e$ 扩充以后,除了对应的 i、j、m 双行和双列上的 9 个子矩阵之外,其余单元均为零,故单元位移列阵 $\{\delta\}_{2n\times1}^e$ 便可用整体的位移列阵 $\{\delta\}_{2n\times1}$ 来替代。这样,式(5.29) 可改写为

$$[k]_{2n\times2n}^e \{\delta\}_{2n\times1} = \{R\}_{2n\times2n}^e$$

把上式对 N 个单元进行求和叠加,得

$$[K] = \sum_{e=1}^{N} [k]^e = \sum_{e=1}^{N} \iint [B]^{\mathrm{T}} [D] [B] t \mathrm{d}x \mathrm{d}y \tag{5.34}$$

若写成分块矩阵的形式,则

$$[K]=\begin{bmatrix} K_{11} & \cdots & K_{1i} & \cdots & K_{1j} & \cdots & K_{1m} & \cdots & K_{1n} \\ \vdots & & \vdots & & \vdots & & \vdots & & \vdots \\ K_{i1} & \cdots & K_{ii} & \cdots & K_{ij} & \cdots & K_{im} & \cdots & K_{in} \\ \vdots & & \vdots & & \vdots & & \vdots & & \vdots \\ K_{j1} & \cdots & K_{ji} & \cdots & K_{jj} & \cdots & K_{jm} & \cdots & K_{jn} \\ \vdots & & \vdots & & \vdots & & \vdots & & \vdots \\ K_{m1} & \cdots & K_{mi} & \cdots & K_{mj} & \cdots & K_{mm} & \cdots & K_{mn} \\ \vdots & & \vdots & & \vdots & & \vdots & & \vdots \\ K_{n1} & \cdots & K_{ni} & \cdots & K_{nj} & \cdots & K_{nm} & \cdots & K_{nn} \end{bmatrix} \tag{5.35}$$

其中

$$[k_{rs}]_{2\times 2}=\sum_{e=1}^{N}[k_{rs}^{e}] \quad (r=1,2,\cdots,n;s=1,2,\cdots,n) \tag{5.36}$$

它是单元刚度矩阵扩充到$2n\times 2n$阶之后,在同一位置上的子矩阵之和。则可得到关于结点位移的所有 $2n$ 个线性方程,即

$$[K]\{\delta\}=\{R\} \tag{5.37}$$

下面通过实例讨论形成整体刚度矩阵的方法。

设三角形平板被离散为如图5.3所示的结合体。图中记号①、②、③、④为单元编号,数字1、2、3、4、5、6为结点的整体编号,单元中的i、j、m表示单元的3个结点的局部编号,i、j、m须按逆时针方向排列。

该平板共划分为4个单元,共有6个结点,其结点力和结点位移关系写成

$$\begin{Bmatrix} F_1 \\ F_2 \\ F_3 \\ F_4 \\ F_5 \\ F_6 \end{Bmatrix}=\begin{bmatrix} k_{11} & k_{12} & k_{13} & k_{14} & k_{15} & k_{16} \\ k_{21} & k_{22} & k_{23} & k_{24} & k_{25} & k_{26} \\ k_{31} & k_{32} & k_{33} & k_{34} & k_{35} & k_{36} \\ k_{41} & k_{42} & k_{43} & k_{44} & k_{45} & k_{46} \\ k_{51} & k_{52} & k_{53} & k_{54} & k_{55} & k_{56} \\ k_{61} & k_{62} & k_{63} & k_{64} & k_{65} & k_{66} \end{bmatrix}\begin{Bmatrix} \delta_1 \\ \delta_2 \\ \delta_3 \\ \delta_4 \\ \delta_5 \\ \delta_6 \end{Bmatrix} \tag{a}$$

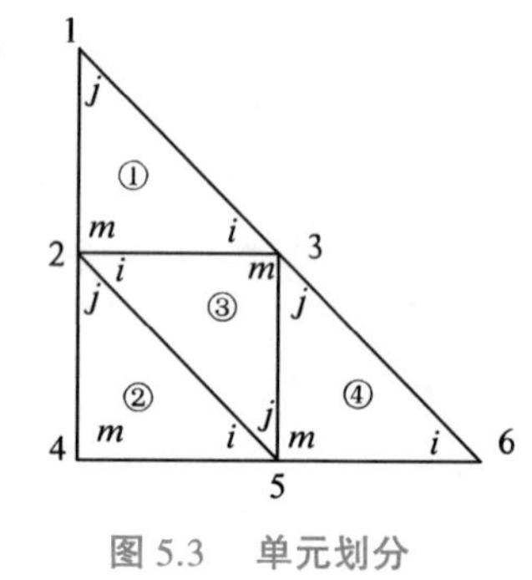

图5.3　单元划分

式中

$$\begin{bmatrix} k_{11} & k_{12} & k_{13} & k_{14} & k_{15} & k_{16} \\ k_{21} & k_{22} & k_{23} & k_{24} & k_{25} & k_{26} \\ k_{31} & k_{32} & k_{33} & k_{34} & k_{35} & k_{36} \\ k_{41} & k_{42} & k_{43} & k_{44} & k_{45} & k_{46} \\ k_{51} & k_{52} & k_{53} & k_{54} & k_{55} & k_{56} \\ k_{61} & k_{62} & k_{63} & k_{64} & k_{65} & k_{66} \end{bmatrix}=[K] \tag{b}$$

为该结构的整体刚度矩阵,其中每一个子块$k_{ij}(i=1,2,\cdots,6;j=1,2,\cdots,6)$为$2\times 2$矩阵,以结点3为例,由式(a)可求得结点3总的结点力

$$\{F_3\} = [k_{31}]\{\delta_1\} + [k_{32}]\{\delta_2\} + \cdots + [k_{36}]\{\delta_6\} \tag{c}$$

结点3上总的结点力为结点3所连接的①、③、④三个单元分别作用于该结点的结点力的总和,即

$$\{F_3\} = \{F_3\}^{①} + \{F_3\}^{③} + \{F_3\}^{④} \tag{d}$$

整体编号为3的结点在单元①的局部编号为i,在单元③的局部编号为m,在单元④的局部编号为j。为了用局部号排列的单元刚度矩阵的单元号表示各单元的结点力,根据结点整体编号与局部编号的对应关系将式(d)表示为

$$\{F_3\} = \{F_i\}^{①} + \{F_m\}^{③} + \{F_j\}^{④} \tag{e}$$

根据式(5.29),将各单元的结点力与结点位移关系式代入式(e),则

$$\begin{aligned}\{F_3\} = &[k_{ii}]^{①}\{\delta_i\}^{①} + [k_{ij}]^{①}\{\delta_j\}^{①} + [k_{im}]^{①}\{\delta_m\}^{①} + \\ &[k_{mi}]^{③}\{\delta_i\}^{③} + [k_{mj}]^{③}\{\delta_j\}^{③} + [k_{mm}]^{③}\{\delta_m\}^{③} + \\ &[k_{ji}]^{④}\{\delta_i\}^{④} + [k_{jj}]^{④}\{\delta_j\}^{④} + [k_{jm}]^{④}\{\delta_m\}^{④}\end{aligned} \tag{f}$$

结点整体编号、局部编号与单元编号的对应关系见表5.1。

表 5.1　结点整体编号、局部编号与单元编号的关系

单元编号	整体编号		
	局部编号 i	局部编号 j	局部编号 m
①	3	1	2
②	5	2	4
③	2	5	3
④	6	3	5

将式(f)中用局部结点编号表示的位移用整体编号表示,合并后可得

$$\begin{aligned}\{F_3\} = &[k_{ij}]^{①}\{\delta_1\} + ([k_{im}]^{①} + [k_{mi}]^{③})\{\delta_2\} + \\ &([k_{ii}]^{①} + [k_{mm}]^{③} + [k_{jj}]^{④})\{\delta_3\} + \\ &([k_{mj}]^{③} + [k_{jm}]^{④})\{\delta_5\} + [k_{ji}]^{④}\{\delta_6\}\end{aligned} \tag{g}$$

比较式(c)、式(g)可以看出

$$\left.\begin{aligned}&[k_{31}] = [k_{ij}]^{①} \\ &[k_{32}] = [k_{im}]^{①} + [k_{mi}]^{③} \\ &[k_{33}] = [k_{ii}]^{①} + [k_{mm}]^{③} + [k_{jj}]^{④} \\ &[k_{34}] = [0] \\ &[k_{35}] = [k_{mj}]^{③} + [k_{jm}]^{④} \\ &[k_{36}] = [k_{ji}]^{④}\end{aligned}\right\} \tag{h}$$

因此可以断定:整体刚度矩阵的元素是单元刚度矩阵的元素按两种结点编号的对应关系归并、叠加而成的,图5.3所示结构的整体刚度矩阵最终表示为

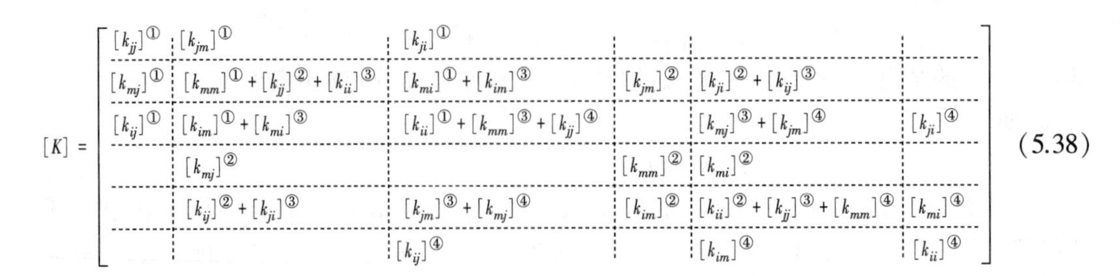

5.4.2 整体刚度矩阵组装的一般规则

形成整体刚度矩阵的过程如下：

(1) 按块计算各单元刚度矩阵$[k]^e$ 的各单元。

(2) 找出单元上各结点的局部所对应的整体号，并按此关系确定单元刚度矩阵各单元的整体行列号。当$[K_{rs}]$中$r=s$时，该点被哪几个单元所共有，则整体刚度矩阵$[K_{rs}]$就是这几个单元的刚度矩阵的子矩阵$[k_{rs}^e]$ 的相加；将每个单元的子矩阵$[k_{rs}^e]_{2\times 2}$ 置于整体刚度的第r行、第s列上(实际上是双行、双列)，如图5.2所示的平面三角形单元，其单元刚度表示为

$$[k]^e = \begin{bmatrix} k_{ii}^e & k_{ij}^e & k_{ik}^e \\ k_{ji}^e & k_{jj}^e & k_{jk}^e \\ k_{mi}^e & k_{mj}^e & k_{mk}^e \end{bmatrix}$$

上式中每个单元均为 2 × 2 的矩阵。则整体刚度如下式表示：

$$\begin{array}{c} \quad\quad 1 \quad\quad i \quad\quad\quad\quad j \quad\quad\quad\quad m \\ [K] = \begin{bmatrix} \cdots & \cdots & \cdots & \cdots & \cdots & \cdots & \cdots \\ \cdots & k_{ii}^e & \cdots & k_{ij}^e & \cdots & k_{im}^e & \cdots \\ \cdots & \cdots & \cdots & \cdots & \cdots & \cdots & \cdots \\ \cdots & k_{ji}^e & \cdots & k_{jj}^e & \cdots & k_{jm}^e & \cdots \\ \cdots & \cdots & \cdots & \cdots & \cdots & \cdots & \cdots \\ \cdots & k_{mi}^e & \cdots & k_{mj}^e & \cdots & k_{mm}^e & \cdots \\ \cdots & \cdots & \cdots & \cdots & \cdots & \cdots & \cdots \end{bmatrix} \begin{array}{c} 1 \\ i \\ \\ j \\ \\ m \\ \\ \end{array} \end{array}$$

(3) 对于每个单元刚度矩阵都按以上方法进行安置。如果与一个结点相连的单元有多个，则放置在同行、同列的矩阵要进行叠加。

(4) 当$[K_{rs}]$中$r \neq s$时，若rs边是组合体的内边，则整体刚度矩阵$[K_{rs}]$就是共用该边的两相邻单元单刚子矩阵$[k_{rs}^e]$ 的相加。

(5) 当$[K_{rs}]$中r和s不同属于任何单元时，则整体刚度矩阵$[K_{rs}]=[0]$。

5.4.3 整体刚度矩阵的性质

整体刚度矩阵有如下性质：

(1) 整体刚度矩阵是对称矩阵。

由于单元刚度矩阵为对称矩阵,由它按对称方式装配成的整体刚度矩阵必然也是对称矩阵。

(2) 整体刚度矩阵中每一个单元的物理意义:

令结点1在x方向上的位移为$u_1=1$,其余结点的位移均为零,则

$$[F_{x1}\quad F_{y1}\quad F_{x2}\quad F_{y2}\quad \cdots\quad F_{xn}\quad F_{yn}]^{\mathrm{T}}=[K_{11}\quad K_{21}\quad K_{31}\quad K_{41}\quad \cdots\quad K_{2n-1,1}\quad K_{2n,1}]^{\mathrm{T}}$$

因此整体刚度矩阵$[K]$的第一列单元表示使第一个结点在x方向上产生单位位移,而其他结点的位移均为零时必须在结点上施加的力。对于其余各有类似的意义。

(3) 整体刚度矩阵的主对角线上的单元总是正的。

由性质(2)可知,单元K_{11}表示使结点1在x方向上产生单位位移,而其他结点的位移均为零时在结点1的x方向上施加的力。其位移方向必然相同,因而是正值。

(4) 整体刚度矩阵是一个稀疏阵。

矩阵$[K]$的第i行元素表示结构上各结点产生单位位移时,在i结点上施加的力。而能在i结点上引起结点力的那些结点必须与i结点同在一个单元,即只有与i结点为公共结点的那些单元上的结点位移才能在i结点上引起相应的结点力。因此在第i行的子块中只有与i结点相关的子块有非零值,而其他子块的值均为零。通常情况下与一个结点相关的单元并不多,因此整体刚度矩阵是一个极稀疏矩阵,非零单元通常分布在主对角线附近。图5.4所示三角形单元网格的整体刚度矩阵分布如图5.5所示。

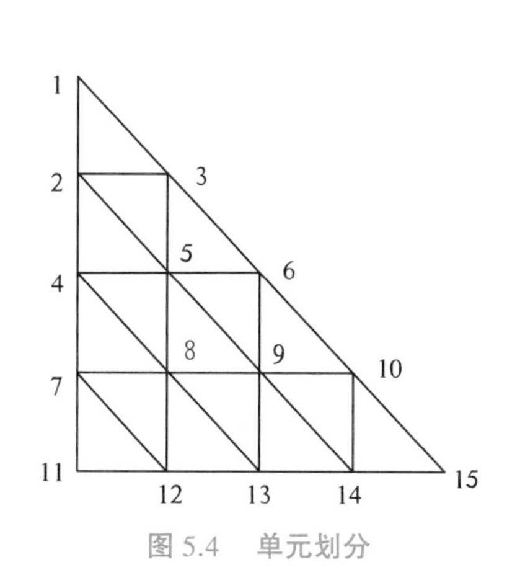

图5.4　单元划分

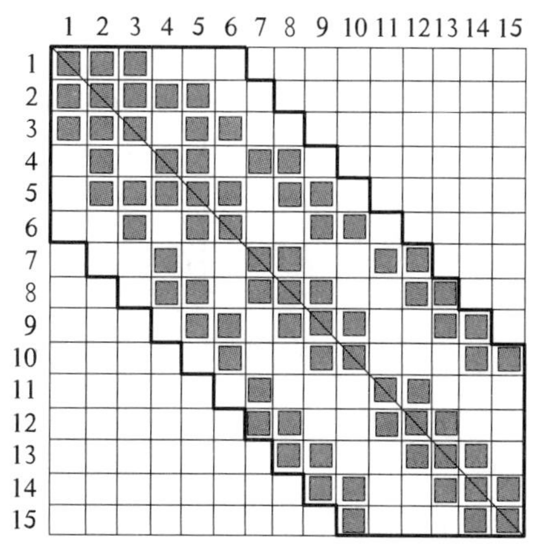

图5.5　整体刚度矩阵分布

(5) 整体刚度矩阵是一个奇异阵。

因为弹性体在外力作用下处于平衡,在平面问题中应满足三个平衡方程。反映在$[K]$中就存在三个线性相关的行列式,因而是奇异的,不存在逆矩阵。

5.5　位移约束条件的引入

整体刚度矩阵的奇异性可以考虑边界约束条件来排除弹性体的刚体位移,以达到求解的目的。但由于整体刚度矩阵的奇异性不能根据式(5.37)直接求解,要消除$[K]$的奇

异性,则必须考虑结构的位移边界条件。一般情况下,求解的问题,其边界往往已有一些位移约束条件,本身已排除了刚体运动的可能性。如果结构仅有应力边界条件而没有位移边界条件,就必须适当指定某些结点的位移值,以排除结构发生的刚体位移。对于对称结构,可以利用结构的对称性加入适当约束,这样既可以对部分区域进行网格划分,减少工作量,同时还可以引入位移约束条件。

位移边界条件通常可以分为两类,即支承约束和非零约束。

这里介绍两种比较简单的引入已知结点位移约束的方法,这两种方法都可保持原 $[K]$ 矩阵的稀疏、带状和对称等特性。

5.5.1 划行划列法

5.5.1.1 零位移约束

下面我们来实际考察一个只有4个方程的简单例子:

$$\begin{bmatrix} K_{11} & K_{12} & K_{13} & K_{14} \\ K_{21} & K_{22} & K_{23} & K_{24} \\ K_{31} & K_{32} & K_{33} & K_{34} \\ K_{41} & K_{42} & K_{43} & K_{44} \end{bmatrix} \begin{Bmatrix} u_1 \\ v_1 \\ u_2 \\ v_2 \end{Bmatrix} = \begin{Bmatrix} R_1 \\ R_2 \\ R_3 \\ R_4 \end{Bmatrix} \tag{a}$$

假定该系统中结点位移 $u_1 = 0$ 和 $u_2 = 0$,将对应的主对角线上的 K_{11}、K_{33} 置1,同行同列的其他单元及 $\{R\}$ 中的 R_1、R_3 置0,则式(a) 变为

$$\begin{bmatrix} 1 & 0 & 0 & 0 \\ 0 & K_{22} & 0 & K_{24} \\ 0 & 0 & 1 & 0 \\ 0 & K_{42} & 0 & K_{44} \end{bmatrix} \begin{Bmatrix} u_1 \\ v_1 \\ u_2 \\ v_2 \end{Bmatrix} = \begin{Bmatrix} 0 \\ R_2 \\ 0 \\ R_4 \end{Bmatrix} \tag{b}$$

式(b) 的第一、三个方程分别为 $u_1 = 0$ 和 $u_2 = 0$,满足约束条件,式(b) 可进一步简化为

$$\begin{bmatrix} K_{22} & K_{24} \\ K_{42} & K_{44} \end{bmatrix} \begin{Bmatrix} v_1 \\ v_2 \end{Bmatrix} = \begin{Bmatrix} R_2 \\ R_4 \end{Bmatrix} \tag{c}$$

上式可以看作划去零位移对应的行和列。

5.5.1.2 非零位移约束

假定该系统中结点位移 u_1、u_2 分别被指定为 $u_1 = \beta_1$、$u_2 = \beta_2$,当引入这些结点的已知位移之后,方程式(a) 就变成

$$\begin{bmatrix} 1 & 0 & 0 & 0 \\ 0 & K_{22} & 0 & K_{24} \\ 0 & 0 & 1 & 0 \\ 0 & K_{42} & 0 & K_{44} \end{bmatrix} \begin{Bmatrix} u_1 \\ v_1 \\ u_2 \\ v_2 \end{Bmatrix} = \begin{Bmatrix} \beta_1 \\ R_2 - K_{21}\beta_1 - K_{23}\beta_2 \\ \beta_2 \\ R_4 - K_{41}\beta_1 - K_{43}\beta_2 \end{Bmatrix} \tag{d}$$

然后,就用这组维数不变的方程来求解所有的结点位移。式(d) 的第一、三个方程分别为

$u_1=\beta_1$ 和 $u_2=\beta_2$，满足约束条件，式(d) 可进一步简化为

$$\begin{bmatrix} K_{22} & K_{24} \\ K_{42} & K_{44} \end{bmatrix} \begin{Bmatrix} v_1 \\ v_2 \end{Bmatrix} = \begin{Bmatrix} R_2 - K_{21}\beta_1 - K_{23}\beta_2 \\ R_4 - K_{41}\beta_1 - K_{43}\beta_2 \end{Bmatrix} \tag{5.39}$$

上式可以看作划去 $u_1=\beta_1$、$u_2=\beta_2$ 对应的行和列，再将右端项减去 β_1、β_2 乘以 $[K]$ 中相应的元素。

5.5.2　乘大数法

将 $[K]$ 中与指定的结点位移有关的主对角单元乘上一个大数，如 10^{15}，同时将荷载列阵 $\{R\}$ 中的对应元素换成指定的结点位移值与扩大了的主对角线元素的乘积。实际上，这种方法就是使 $[K]$ 中相应行的修正项远大于非修正项。若把此方法用于上面的例子，则方程式(a) 就变成

$$\begin{bmatrix} K_{11}\times 10^{15} & K_{12} & K_{13} & K_{14} \\ K_{21} & K_{22} & K_{23} & K_{24} \\ K_{31} & K_{32} & K_{33}\times 10^{15} & K_{34} \\ K_{41} & K_{42} & K_{43} & K_{44} \end{bmatrix} \begin{Bmatrix} u_1 \\ v_1 \\ u_2 \\ v_2 \end{Bmatrix} = \begin{Bmatrix} \beta_1 K_{11}\times 10^{15} \\ R_2 \\ \beta_2 K_{33}\times 10^{15} \\ R_4 \end{Bmatrix}$$

事实上，该方程组的第一个方程为

$$K_{11}\times 10^{15}u_1 + K_{12}v_1 + K_{13}u_2 + K_{14}v_2 = \beta_1 K_{11}\times 10^{15}$$

由于主对角线上的单元乘以 10^{15} 后，远大于非主对角线上的元素，故上式近似于 $u_1=\beta_1$。这种处理方法不改变 $[K]$ 的维数，更便于计算机运算。

5.6　等效结点力荷载列阵

式(5.37) 中的荷载列阵 $\{R\}$，是由单元的等效结点力集合而成，而单元的等效结点力 $\{R\}^e$ 由作用在单元上的集中力、表面力和体积力分别移置到结点上，再逐点加以合成求得。根据虚位移原理，等效结点力可表示为

$$(\{\delta^*\}^e)^{\mathrm T}\{R\}^e = \{f^*\}^{\mathrm T}\{G\} + \int \{f^*\}^{\mathrm T}\{q\}t\mathrm{d}s + \iint \{f^*\}^{\mathrm T}\{p\}t\mathrm{d}x\mathrm{d}y \tag{a}$$

上式等号左边表示单元的等效结点力 $\{R\}^e$ 所做的虚功；等号右边的第一项是集中力 $\{G\}$ 所做的虚功，第二项表示面力 $\{q\}$ 所做的虚功，第三项表示体力 $\{p\}$ 所做的虚功；t 为单元的厚度，假定为常量。将 $\{f^*\}=[N]\{\delta^*\}^e$ 代入上式可得

$$(\{\delta^*\}^e)^{\mathrm T}\{R\}^e = (\{\delta^*\}^e)^{\mathrm T}([N]^{\mathrm T}\{G\} + \int [N]^{\mathrm T}\{q\}t\mathrm{d}s + \iint [N]^{\mathrm T}\{p\}t\mathrm{d}x\mathrm{d}y) \tag{b}$$

即

$$\{R\}^e = \{F\}^e + \{Q\}^e + \{P\}^e \tag{c}$$

其中

$$\{F\}^e = [N]^{\mathrm{T}}\{G\} \tag{5.40}$$

$$\{Q\}^e = \int [N]^{\mathrm{T}}\{q\} t\mathrm{d}s \tag{5.41}$$

$$\{P\}^e = \iint [N]^{\mathrm{T}}\{p\} t\mathrm{d}x\mathrm{d}y \tag{5.42}$$

$\{F\}^e$ 为单元上的集中力移置到结点上所得到的等效结点力；$\{Q\}^e$ 为单元上的表面力移置到结点上所得到的等效结点力；$\{P\}^e$ 是单元上的体积力移置到结点上所得到的等效结点力。等效结点力是一个 6×1 阶列阵。

5.6.1 均质等厚三角形单元自重的移置——体力的移置

设单元受自重作用，如图 5.6 所示，则

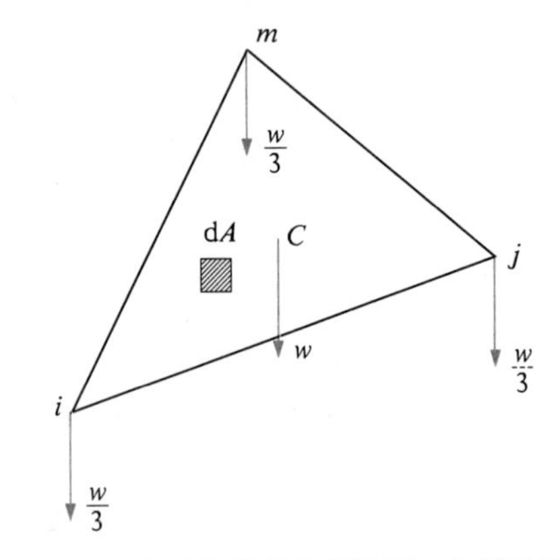

图 5.6　自重作用的均质等厚三角形单元

$$\{P\}^e = \iint_A [N]^{\mathrm{T}}\{p\} t\mathrm{d}x\mathrm{d}y = \iint_A \begin{bmatrix} N_i & 0 \\ 0 & N_i \\ N_j & 0 \\ 0 & N_j \\ N_m & 0 \\ 0 & N_m \end{bmatrix} \begin{Bmatrix} 0 \\ -\gamma \end{Bmatrix} t\mathrm{d}x\mathrm{d}y$$

$$= -\gamma t \iint_A \begin{bmatrix} 0 \\ N_i \\ 0 \\ N_j \\ 0 \\ N_m \end{bmatrix} \mathrm{d}x\mathrm{d}y$$

N_i、N_j、N_m 为三角形单元的形函数,其中

$$\iint_A N_i \mathrm{d}x\mathrm{d}y = \iint_A N_j \mathrm{d}x\mathrm{d}y = \iint_A N_m \mathrm{d}x\mathrm{d}y = \frac{A}{3}$$

则重力向单元各结点移置的单元结点等效荷载为

$$\{P\}^e = \begin{bmatrix} 0 & -\frac{W}{3} & 0 & -\frac{W}{3} & 0 & -\frac{W}{3} \end{bmatrix}^{\mathrm{T}}$$

5.6.2　单元的一边受均布压力——面力的移置

设单元的 jm 边界上作用有集度为 q 的均布压力,如图 5.7 所示。

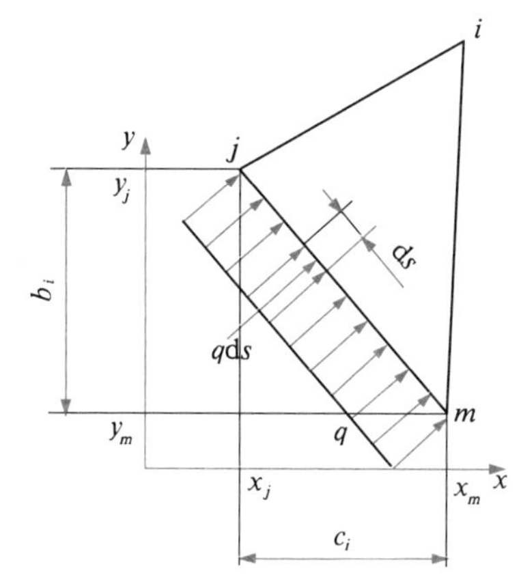

图 5.7　边界上的均布压力

若 jm 边长为 l_{jm},则

$$q_x = q\frac{y_j - y_m}{l_{jm}} = q\frac{b_i}{l_{jm}};\quad q_y = q\frac{x_m - x_j}{l_{jm}} = q\frac{c_i}{l_{jm}}$$

代入式(5.40) 中,可得

$$\{R\}^e = \int_l \begin{bmatrix} N_i & 0 \\ 0 & N_i \\ N_j & 0 \\ 0 & N_j \\ N_m & 0 \\ 0 & N_m \end{bmatrix} \begin{Bmatrix} q_x \\ q_y \end{Bmatrix} t\mathrm{d}s$$

$$= \begin{bmatrix} 0 & 0 & \frac{1}{2}qtb_i & \frac{1}{2}qtc_i & \frac{1}{2}qtb_i & \frac{1}{2}qtc_i \end{bmatrix}^{\mathrm{T}}$$

5.6.3　集中力移置

图 5.8 所示的单元,在 b 点上作用一集中力 P,则由式(5.40) 可得等效结点荷载,即

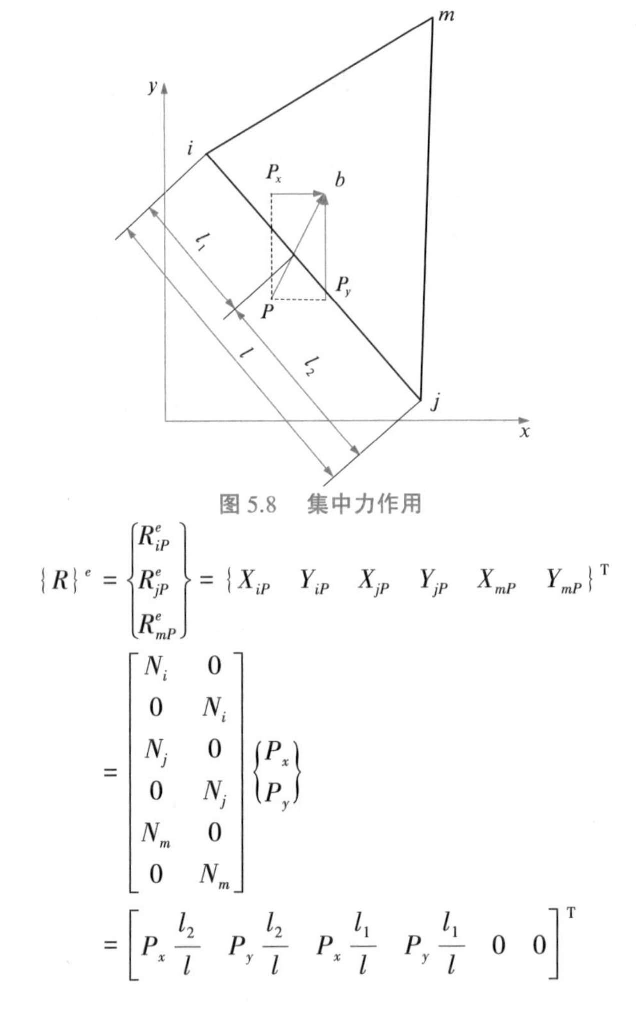

图 5.8　集中力作用

$$
\{R\}^e = \begin{Bmatrix} R_{iP}^e \\ R_{jP}^e \\ R_{mP}^e \end{Bmatrix} = \{X_{iP} \quad Y_{iP} \quad X_{jP} \quad Y_{jP} \quad X_{mP} \quad Y_{mP}\}^{\mathrm{T}}
$$

$$
= \begin{bmatrix} N_i & 0 \\ 0 & N_i \\ N_j & 0 \\ 0 & N_j \\ N_m & 0 \\ 0 & N_m \end{bmatrix} \begin{Bmatrix} P_x \\ P_y \end{Bmatrix}
$$

$$
= \begin{bmatrix} P_x \dfrac{l_2}{l} & P_y \dfrac{l_2}{l} & P_x \dfrac{l_1}{l} & P_y \dfrac{l_1}{l} & 0 & 0 \end{bmatrix}^{\mathrm{T}}
$$

5.7　有限元法的分析过程

用有限元法求解问题的计算步骤比较繁多,其中最主要的计算步骤如下:

(1) 连续体离散化　首先,应根据连续体的形状选择最能完满地描述连续体形状的单元。常见的单元有杆单元、梁单元、三角形单元、矩形单元、四边形单元、曲边四边形单元、四面体单元、六面体单元以及曲面六面体单元等。

其次,进行单元划分,如图 5.9 所示。单元划分完毕后,要将全部单元和结点按一定顺序编号,每个单元所受的荷载均按静力等效原理移植到结点上,并在位移受约束的结点上根据实际情况设置约束条件,如图 5.10 所示。

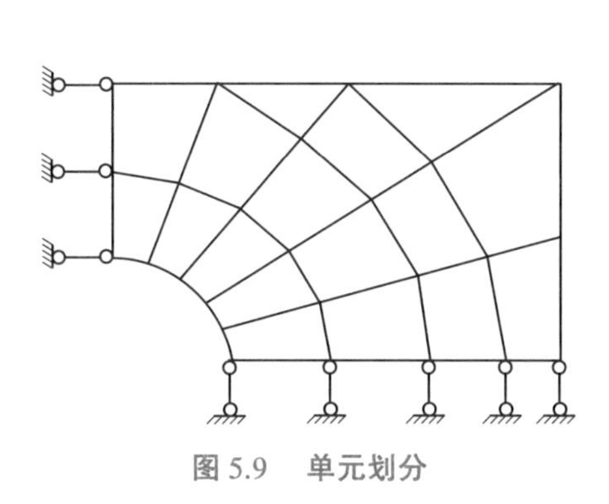

图 5.9　单元划分

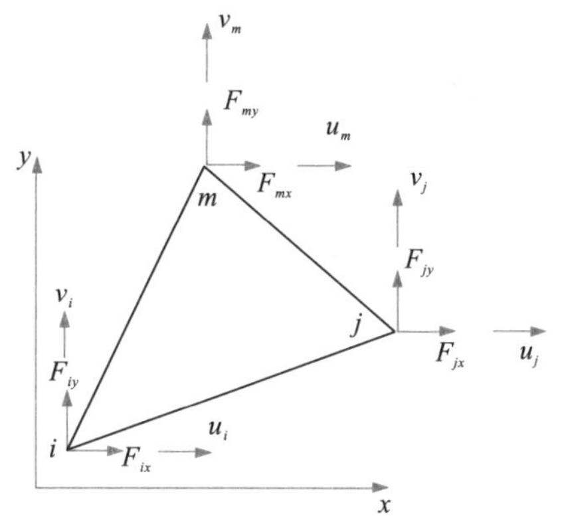

图 5.10　结点力等效

(2) 设定单元的位移模式　在有限元法中取单元结点的位移为基本未知量，为了在求得单元位移后能求解单元内的应力，需要对单元位移的变化规律作出假设，位移的变化规律可以通过单元结点位移插值的方法得到，单元内任意一点的位移均可用结点位移表示为

$$\{f\} = [N]\{\delta\}^e \tag{5.43}$$

式中，$[\delta]^e$ 为结点位移；$[N]$ 为形函数矩阵。

(3) 单元特性分析　所谓单元特性分析，就是建立各个单元的结点位移和结点力之间的关系式。现以三角形单元为例说明单元分析的过程。三角形有 3 个结点 i、j、m。在平面问题中，每个结点有两个位移分量 u、v 和两个结点力分量 F_x、F_y。3 个结点共 6 个结点位移分量，可用列阵 $\{\delta\}^e$ 表示：

$$\{\delta\}^e = [u_i \quad v_i \quad u_j \quad v_j \quad u_m \quad v_m]^{\mathrm{T}}$$

同样，可把作用于结点处的等效结点力用列阵 $\{F\}^e$ 表示：

$$\{F\}^e = [F_{ix} \quad F_{iy} \quad F_{jx} \quad F_{jy} \quad F_{mx} \quad F_{my}]^{\mathrm{T}}$$

(4) 建立单元集合体的求解方程　有限元法建立的是结点平衡方程，各结点在单元对其作用的力和结点荷载共同作用下处于平衡状态，所有结点平衡方程组成一个方程组，可以表示为

$$[K]\{\delta\} = \{R\} \tag{5.44}$$

式中，$\{R\}$ 为整体荷载列阵；$\{\delta\}$ 为结点位移列阵；$[K]$ 为整体刚度矩阵或总刚度矩阵，由单元刚度矩阵按一定规律叠加而成，其维数为 $2n \times 2n$。

(5) 解方程组，求解结点位移　对式(5.44) 按已知的边界条件修正后，即可求解结点位移。

(6) 进行其他需要的计算　求解单元应变及单元应力后，即可根据式(5.13)、式(5.20) 求解出整体结构的应变和应力，并有选择地整理输出某些关键点的位移值和应力值，特别要输出结构的变形图、应力图、应变图、结构仿真变形过程动画图及整体结构的

弯矩图、剪力图等等。

例 5.1　如图 5.11 所示的两端固支的矩形深梁，跨度为 $2a$，梁高为 a，厚度为 h，已知弹性模量为 E，泊松比 $\mu = 0$，承受均布压力 q。试用有限元法求解此平面应力问题。

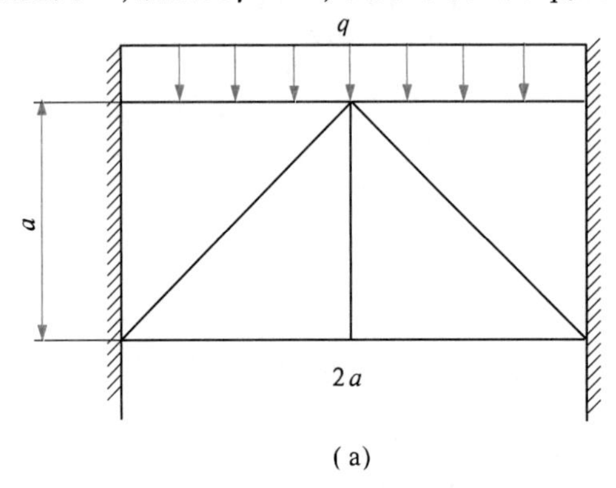

(a)

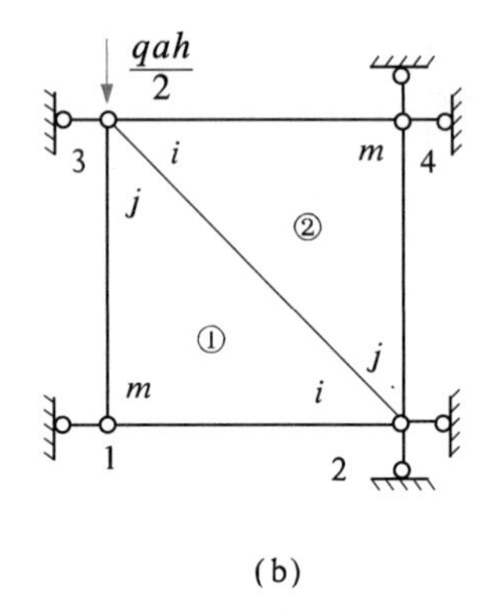

(b)

图 5.11　两端固支的矩形深梁

解：利用对称性取梁的一半进行分析，单元划分、结点整体编号、结点局部编号如图 5.11(b) 所示。

(1) 整体结点力向量表示为

$$\{F\} = \left\{F_{x1} \quad 0 \quad F_{x2} \quad F_{y2} \quad F_{x3} \quad -\frac{qah}{2} \quad F_{x4} \quad F_{y4}\right\}^{\mathrm{T}}$$

(2) 计算单元刚度矩阵　由三角形平面单元的单元刚度计算公式(5.31)、式(5.32)即可计算单元 ①、② 刚度矩阵，即

$$\begin{array}{c} \begin{array}{ccc} 2 & 3 & 1 \\ i & j & m \end{array} \\ [k]^{①} = \dfrac{Eh}{2}\left[\begin{array}{cc:cc:cc} 1 & 0 & 0 & 0 & -1 & 0 \\ 0 & \frac{1}{2} & \frac{1}{2} & 0 & -\frac{1}{2} & -\frac{1}{2} \\ \hdashline 0 & \frac{1}{2} & \frac{1}{2} & 0 & -\frac{1}{2} & -\frac{1}{2} \\ 0 & 0 & 0 & 1 & 0 & -1 \\ \hdashline -1 & -\frac{1}{2} & -\frac{1}{2} & 0 & \frac{3}{2} & \frac{1}{2} \\ 0 & -\frac{1}{2} & -\frac{1}{2} & -1 & \frac{1}{2} & \frac{3}{2} \end{array}\right] \begin{array}{l} i \quad 2 \\ \\ j \quad 3 \\ \\ m \quad 1 \\ \\ \end{array} \end{array}$$

$$
[k]^{②}=\frac{Eh}{2}
\begin{array}{c}
\begin{matrix} \quad 3 & \qquad\qquad 2 & \qquad\qquad 4 \\ \quad i & \qquad\qquad j & \qquad\qquad m \end{matrix}\\
\left[\begin{array}{cc:cc:cc}
1 & 0 & 0 & 0 & -1 & 0 \\
0 & \frac{1}{2} & \frac{1}{2} & 0 & -\frac{1}{2} & -\frac{1}{2} \\
\hdashline
0 & \frac{1}{2} & \frac{1}{2} & 0 & -\frac{1}{2} & -\frac{1}{2} \\
0 & 0 & 0 & 1 & 0 & -1 \\
\hdashline
-1 & -\frac{1}{2} & -\frac{1}{2} & 0 & \frac{3}{2} & \frac{1}{2} \\
0 & -\frac{1}{2} & -\frac{1}{2} & -1 & \frac{1}{2} & \frac{3}{2}
\end{array}\right]
\end{array}
\begin{matrix} i \quad 3 \\ \\ j \quad 2 \\ \\ m \quad 4 \end{matrix}
$$

（3）组装整体刚度矩阵

$$
[K]=\begin{bmatrix}
k_{11}^{①} & k_{12}^{①} & k_{13}^{①} & 0 \\
k_{21}^{①} & k_{22}^{①}+k_{22}^{②} & k_{23}^{①}+k_{23}^{②} & k_{24}^{②} \\
k_{31}^{①} & k_{32}^{①}+k_{32}^{②} & k_{33}^{①}+k_{33}^{③} & k_{34}^{②} \\
0 & k_{42}^{②} & k_{43}^{②} & k_{44}^{②}
\end{bmatrix}
$$

$$
=\frac{Eh}{2}\begin{bmatrix}
\frac{3}{2} & \frac{1}{2} & -1 & -\frac{1}{2} & -\frac{1}{2} & 0 & 0 & 0 \\
\frac{1}{2} & \frac{3}{2} & 0 & -\frac{1}{2} & -\frac{1}{2} & -1 & 0 & 0 \\
-1 & 0 & \frac{3}{2} & 0 & 0 & \frac{1}{2} & -\frac{1}{2} & -\frac{1}{2} \\
-\frac{1}{2} & -\frac{1}{2} & 0 & \frac{3}{2} & \frac{1}{2} & 0 & 0 & -1 \\
-\frac{1}{2} & -\frac{1}{2} & 0 & \frac{1}{2} & \frac{3}{2} & 0 & -1 & 0 \\
0 & -1 & \frac{1}{2} & 0 & 0 & \frac{3}{2} & -\frac{1}{2} & -\frac{1}{2} \\
0 & 0 & -\frac{1}{2} & 0 & -1 & -\frac{1}{2} & \frac{3}{2} & \frac{1}{2} \\
0 & 0 & -\frac{1}{2} & -1 & 0 & -\frac{1}{2} & \frac{1}{2} & \frac{3}{2}
\end{bmatrix}
$$

(4) 建立结构整体平衡方程

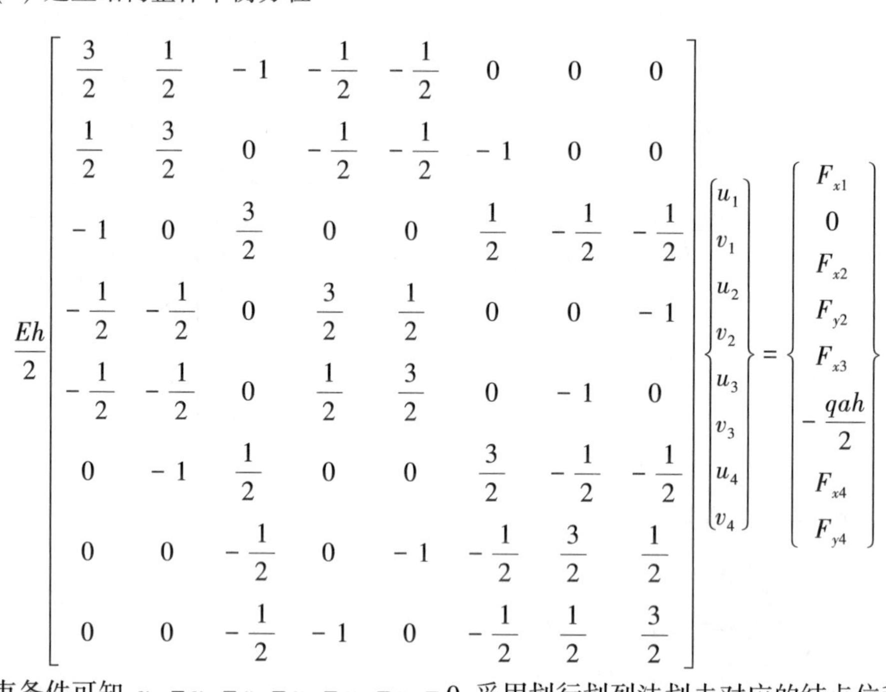

由约束条件可知,$u_1 = u_2 = v_2 = u_3 = u_4 = v_4 = 0$,采用划行划列法划去对应的结点位移为零的行和列,得

$$\frac{Eh}{2}\begin{bmatrix} \frac{3}{2} & -1 \\ -1 & \frac{3}{2} \end{bmatrix}\begin{Bmatrix} v_1 \\ v_3 \end{Bmatrix} = \begin{bmatrix} 0 \\ -\frac{qah}{2} \end{bmatrix}$$

求解可得

$$v_1 = -\frac{4qa}{5E}, \quad v_3 = -\frac{6qa}{5E}$$

将所求得的结点位移代入式(5.13) 即可求得单元应变,将结点位移代入式(5.20) 可求得单元应力。

5.8 平面问题有限元程序设计

5.8.1 有限元程序设计步骤

有限元程序设计共包括 7 个子框图,如图 5.12 所示。详细框图设计如下。

5.8.1.1 **输入基本数据**

通常需要输入的基本数据有:

(1) 控制数据:如结点总数、单元总数、约束条件总数等;

(2) 结点数据:如结点编号、结点坐标、约束条件等;

(3) 单元数据:如单元编号、单元结点序号、单元的材料常数、几何特性(截面面积)等;

(4) 荷载数据:如集中力、分布力等。

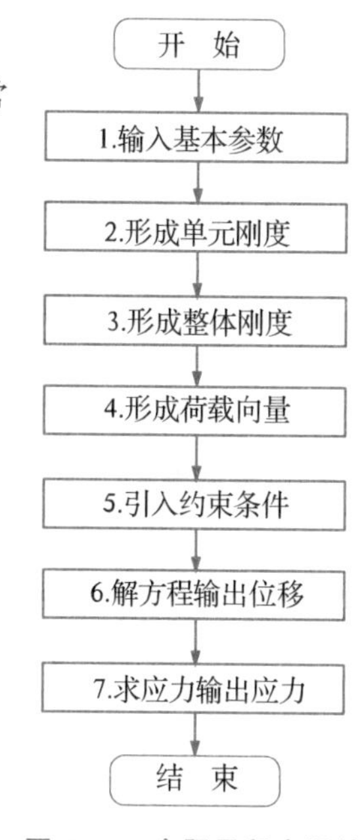

图 5.12　有限元程序设计

5.8.1.2　单元分析阶段

需要计算:

(1) 各单元的 b_i、c_i(i,j,m 轮换)及面积 A;

(2) 应变矩阵[B]、应力矩阵[S];

(3) 单元刚度矩阵[k]及单元荷载向量。

5.8.1.3　整体分析阶段

需要计算:

(1) 结构整体刚度;

(2) 整体荷载列阵;

(3) 引入约束条件;

(4) 求解方程组。

5.8.2　平面问题有限元计算程序

5.8.2.1　输入基本数据,形成数据文件 T1.dat

(1) 数据文件 T1.dat。

NN,NE,ND,NFIX,E,μ,T,γ,NT

LOC(1,1),LOC(1,2),LOC(1,3)

LOC(2,1),LOC(2,2),LOC(2,3)

……

LOC(I,1),LOC(I,2),LOC(I,3)

CX(1),CY(1)

CX(2),CY(2)

……

CX(J),CY(J)

IFIX(1),IFIX(2),IFIX(K)

(2) 各参数说明。

NN:结点总数;

NE:单元总数;

ND:总自由度数 = NN * 2;

NFIX:被约束的总自由度数,按所给定约束的自由度号填写;

E:弹性模量;

μ:泊松比;

T:单元厚度;

γ:材料的密度;

NT:NT = 1 表示为平面应力问题,NT = 21 表示为平面应变问题;

LOC(I,1),LOC(I,2),LOC(I,3):第 I 个单元逆时针排列的结点号,按单元顺序填写;

CX(J),CY(J):第 J 个结点的 X、Y 坐标;

IFIX(K):第 K 个给定约束的自由度号。

5.8.2.2 源程序

平面问题有限元源程序:

```
C    针对具体问题确定矩阵维数
     DIMENSION LOC(NE,3),CX(NN),CY(NN),IFIX(K),F(ND),
        1 GK(ND,ND), STRESS(NE,3)
     COMMON NN,NE,ND,NFIX,E,MU,T,GM,NT
C    输入基本参数、单元及结点编号、结点坐标及约束自由度
     OPEN(5,FILE = 'T1.DAT',STATUS = 'OLD')
     OPEN(6,FILE = 'OUTT1.')
     READ(5, * ) NN,NE,ND,NFIX,E,MU,T,GM,NT
     WRITE(6,105) NN,NE,ND,NFIX,E,MU,T,GM,NT
105    FORMAT(2X,'NN NE ND NFIX E MU T GM NT' 1/4I4,E10.4,2F7.3,E10.4,I3)
       READ(5, * ) (LOC(I,1),LOC(I,2),LOC(I,3),I = 1,NE)
       READ(5, * ) (CX(J),CY(J),J = 1,NN)
       READ(5, * ) (IFIX(K),K = 1,NFIX)
C    输入结点荷载,在第 2 个自由度上加上一个向下的 10 kN 的集中力
     DO 10 I = 1,ND
10    F(I) = 0.0
      F(2) =- 10000.0
C    调用 CST 子程序,输出结点内力和结点位移
     CALL CST(LOC,CX,CY,IFIX, F,GK,STRESS,BAK)
     WRITE(6,120)
120    FORMAT(/4X,'NODE',5X,'X - DISP',8X,'Y - DISP')
       WRITE(6,125) (I,F(2 * I - 1),F(2 * I),I = 1,NN)
125   FORMAT(2X,I5,2E15.6)
C    输出单元应力
     WRITE(6,130)
130    FORMAT(/4X,'ELEMENT',4X,'X - STR',8X,'Y - STR',8X,'XY - STR')
       WRITE(6,135) (I,(STRESS(I,J),J = 1,3),I = 1,NE)
135    FORMAT(2X,I4,3E15.6)
       STOP
```

```
      END
C     子程序数组维数和公共语句
      SUBROUTINE CST(LOC,CX,CY,IFIX,GK,F,STRESS,BAK)
      DIMENSION LOC(NE,3),CX(NN),CY(NN),IFIX(NFIX),F(ND),
      1 GK(ND,ND),STRESS(NE,3),D(3,3),BB(3,6),EK(6,6),XX(6),
      2 BE(3),CE(3),BA(3,6),BAK(NE,3,6)
      COMMON NN,NE,ND,NFIX,E,MU,T,GM,NT
C     将整体刚度置零
      DO 10 I = 1,ND
      DO 10 J = 1,ND
10    GK(I,J) = 0.0
C     计算弹性矩阵,NT = 1 为平面应力问题,否则为平面应变问题
      DO 100 I = 1,NE
      DO 100 J = 1,NE
      100 D(I,J) = 0
      IF(NT.EQ.1)GO TO 101
      E = E/(1.0 - MU * *2)
      MU = MU/(1.0 - MU)
101     D(1,1) = E/(1.0 - MU2)
        D(1,2) = D(1,1) * MU
        D(2,1) = D(1,2)
        D(2,2) = D(1,1)
        D(3,3) = 0.5 *  D(1,1) * (1.0 - MU)
C     置应变矩阵为零
      DO 106 I = 1,NE
      DO 45 II = 1,3
      DO 45 JJ = 1,6
45     BB(I,J) = 0
       I1 = LOC(I,1)
       I2 = LOC(I,2)
       I3 = LOC(I,3)
```

C　计算 $b_i,c_i(i,j,m)$

```
      BE(1) = CY(I2) - CY(I3)
      BE(2) = CY(I3) - CY(I1)
      BE(3) = CY(I1) - CY(I2)
      CE(1) = CX(I2) - CX(I3)
      CE(2) = CX(I3) - CX(I1)
      CE(3) = CX(I1) - CX(I2)
```

```
      S2 = CX(I1) * BE(1) + CX(I2) * BE(2) + CX(I3) * BE(3)
C     计算单元应变矩阵[B]
      DO 46 II = 1,3
      L = 2 * II
      MM = L - 1
      BB(1,MM) = BE(II)/S2
      BB(2,L) = CE(II)/S2
      BB(3,MM) = BB(2,L)
46    BB(3,L) = BB(1,MM)
C     计算单元应力矩阵,存储于 BAK 数组中
      DO 47 K = 1,3
      DO 47 L = 1,6
      BA(K,L) = 0.0
      DO 47 MM = 1,3
      BA(K,L) = BA(K,L) + D(K,MM) * BB(MM,L)
47    BAK(I,K,L) = BA(K,L)
C     计算重力引起的结点力并叠加到[F]中
      IF(GM.EQ.0.0) GO TO 68
      DO 69 INODE = 1,3
      NODEI = LOC(I,INODE)
      J2 = NODEI * 2
69    F(J2) = F(J2) - T * GM * (0.5 * S2)/3
68    CONTINUE
C     计算单元刚度矩阵
      DO 55 K = 1,6
      DO 55 L = 1,6
      B1 = 0.0
      DO 80 MM = 1,3
80    B1 = B1 + BB(MM,K) * BA(MM,L)
      EK(K,L) = 0.5 * S2 * B1 * T
      WRITE(6,140) I,K,L,EK(K,L)
C     输出单元刚度矩阵
140   FORMAT(1X,'I,K,L,EK',3I4,E14.5)
55    CONTINUE
C     组装整体刚度矩阵
      DO 85 INODE = 1,3
      NODEI = LOC(I,INODE)
      DO 85 IDOFN = 1,2
```

```
      NROWS = (NODEI - 1) * 2 + IDOFN
      NROWE = (INODE - 1) * 2 + IDOFN
      DO 85 JNODE = 1,3
      NODEJ = LOC(I,JNODE)
      DO 85 JDOFN = 1,2
      NCOLS = (NODEJ - 1) * 2 + JDOFN
      NCOLE = (JNODE - 1) * 2 + JDOFN
85    GK(NROWS,NCOLS) = GK(NROWS,NCOLS) + EK(NROWE,NCOLE)
100   CONTINUE
165   FORMAT(2X,I5,2E15.6)
      WRITE( * ,170) ((I,J,GK(I,J),J = 1,ND),I = 1,ND)
170   FORMAT(1X,'I,J,GK',2I4,E14.4,2X,2I4,E14.4)
C     乘大数法引入约束条件
      DO 90 I = 1,NFIX
      IX = IFIX(I)
90    GK(IX,IX) = GK(IX,IX) * 1.0E15
C     调用解方程组程序,引入单元结点位移,计算内力
      CALL GAUSS(GK,F,ND)
      DO 95 I = 1,NE
      DO 95 J = 1,NE
      I1 = LOC(I,1)
      I2 = LOC(I,2)
      I3 = LOC(I,3)
      XX(1) = F(2 * I1 - 1)
      XX(2) = F(2 * I1)
      XX(3) = F(2 * I2 - 1)
      XX(4) = F(2 * I2)
      XX(5) = F(2 * I3 - 1)
      XX(6) = F(2 * I3)
      DO 95 K = 1,6
95    STRESS(I,J) = STRESS(I,J) + BAK(I,J,K) * XX(K)
      RETURN
      END
C     高斯消元法求解线性方程组
      SUBROUTINE GAUSS(A,B,N)
      DIMENSION A(N,N),B(N)
      DO 1 I = 1,N
      I1 = I + 1
```

```
      DO 10 J = I1,N
10     A(I,J) = A(I,J)/A(I,I)
       B(I) = B(I)/A(I,I)
       A(I,I) = 1.0
       DO 20 J = I1,N
       DO 30 M = I1,N
30    A(J,M) = A(J,M) - A(J,I) * A(I,M)
20    B(J) = B(J) - A(J,I) * B(I)
1     CONTINUE
      DO 40 I = N - 1,1, - 1
      DO 50 J = I + 1,N
50    B(I) = B(I) - A(I,J) * B(J)
40     CONTINUE
       RETURN
END
```

5.8.3 算例

例 5.2 如图 5.13 所示的两端固支的矩形深梁，跨度为 6 m，梁高为 3 m，厚度为 0.1 m，已知弹性模量$E = 200$ GPa，泊松比$\mu = 0$，承受均布压力$q = 10$ kN/m。试用有限元程序求解此平面应力问题。

解：单元划分及结点编号如图 5.13 所示。

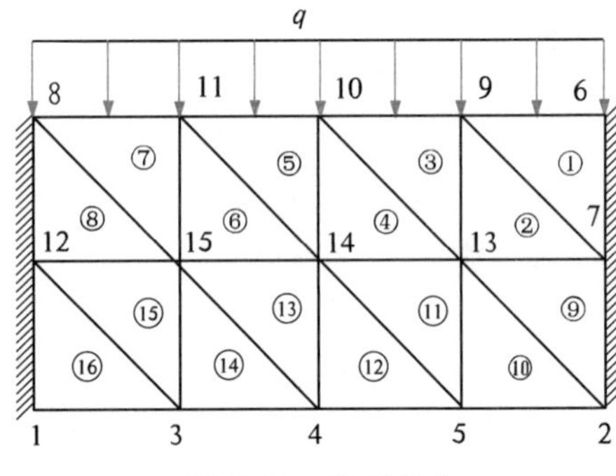

图 5.13 单元划分

(1) 数据文件 T1.dat。

```
15,16,30,12,200e9,0,0.1,7800,1
9,7,6
9,13,7
10,13,9
10,14,13
11,14,10
11,15,14
8,15,11
8,12,15
13,2,7
13,5,2
14,5,13
14,4,5
15,4,14
15,3,4
12,3,15
```

12,1,3
0,0
6,0
1.5,0
3,0
4.5,0
6,3
6,1.5
0,3
4.5,3
3,3
1.5,3
0,1.5
4.5,1.5
3,1.5
1.5,1.5
1,2,3,4,11,12,13,14,15,16,23,24

(2) 输出计算结果。

NN	NE	ND	NFIX	E	MU	T	GM	NT
15	16	30	12	200E + 09	0	0.1000	7800	1

NODE	X-DISP	Y-DISP
1	0.000000E + 00	0.000000E + 00
2	0.000000E + 00	0.000000E + 00
3	- 3.094800E - 07	- 9.970900E - 07
4	- 3.319400E - 08	- 1.538100E - 06
5	2.636300E - 07	- 1.107600E - 06
6	0.000000E + 00	0.000000E + 00
7	0.000000E + 00	0.000000E + 00
8	0.000000E + 00	0.000000E + 00
9	- 2.912900E - 07	- 1.630200E - 06
10	3.256700E - 08	- 2.262700E - 06
11	3.771900E - 07	- 1.726900E - 06
12	0.000000E + 00	0.000000E + 00
13	1.382900E - 08	- 1.206500E - 06
14	3.137200E - 10	- 1.720000E - 06
15	- 3.385800E - 08	- 1.180600E - 06

ELEMENT	X-STR	Y-STR	Z-STR
1	.388390E + 05	−.363800E − 10	.108680E + 06
2	−.184380E + 04	−.564940E + 05	.600930E + 05
3	−.431810E + 05	−.564940E + 05	.218230E + 05
4	.180200E + 04	−.723520E + 05	.363850E + 05
5	−.459500E + 05	−.723520E + 05	−.335670E + 05
6	.455620E + 04	−.728480E + 05	−.856190E + 04
7	.502920E + 05	−.728480E + 05	−.877240E + 05
8	−.451440E + 04	−.963810E − 11	−.787040E + 05
9	−.184380E + 04	.363800E − 10	.804340E + 05
10	−.351510E + 05	−.131890E + 05	.571860E + 05
11	.180200E + 04	−.131890E + 05	.175810E + 05
12	.395770E + 05	−.242620E + 05	.309320E + 05
13	.455620E + 04	−.242620E + 05	−.337310E + 05
14	.368380E + 05	−.244620E + 05	−.176900E + 05
15	−.451440E + 04	−.244620E + 05	−.603290E + 05
16	−.412640E + 05	−.814030E − 11	−.664730E + 05

本章小结

1.三结点三角形单元的位移：

$$\left.\begin{aligned} u &= N_i u_i + N_j u_j + N_m u_m \\ v &= N_i v_i + N_j v_j + N_m v_m \end{aligned}\right\}$$

2.三结点三角形单元的应变和应力：

$$\{\varepsilon\} = [B]\{\delta\}^e$$

$$\{\sigma\} = [S]\{\delta\}^e$$

3.三结点三角形单元的单元刚度矩阵：

$$[k]^e = \iint [B]^{\mathrm{T}}[D][B]t\mathrm{d}x\mathrm{d}y$$

$$[k]^e = \begin{bmatrix} B_i^{\mathrm{T}} \\ B_j^{\mathrm{T}} \\ B_m^{\mathrm{T}} \end{bmatrix}[D][B_i \quad B_j \quad B_m]t\Delta = \begin{bmatrix} k_{ii}^e & k_{ij}^e & k_{im}^e \\ k_{ji}^e & k_{jj}^e & k_{jm}^e \\ k_{mi}^e & k_{mj}^e & k_{mm}^e \end{bmatrix}$$

$$[k_{rs}] = [B_r]^{\mathrm{T}}[D][B_s]t\Delta \frac{Et}{4(1-\mu^2)\Delta}\begin{bmatrix} b_r b_s + \frac{1-\mu}{2}c_r c_s & \mu b_r c_s + \frac{1-\mu}{2}c_r b_s \\ \mu c_r b_s + \frac{1-\mu}{2}b_r c_s & c_r c_s + \frac{1-\mu}{2}b_r b_s \end{bmatrix}$$ （平面应力问题）

对于平面应变问题，只要将上式中的 E、μ 分别换成 $E/(1-\mu^2)$ 和 $\mu/(1-\mu)$ 即可。

4.整体刚度矩阵：

$$[K]=\sum_{e=1}^{N}[k]^e=\sum_{e=1}^{N}\iint[B]^{\mathrm{T}}[D][B]t\mathrm{d}x\mathrm{d}y$$

5.等效结点载荷的计算：

$$\{F\}^e=[N]^{\mathrm{T}}\{G\} \qquad \text{(集中力)}$$

$$\{Q\}^e=\int[N]^{\mathrm{T}}\{q\}t\mathrm{d}s \qquad \text{(面力)}$$

$$\{P\}^e=\iint[N]^{\mathrm{T}}\{p\}t\mathrm{d}x\mathrm{d}y \qquad \text{(体力)}$$

6.有限元基本方程：

$$[K]\{\delta\}=\{R\}$$

习题

1.什么是单元结点的形状函数？什么是单元的形状函数矩阵？形函数有何特性？在单元划分中起什么作用？

2.试证明三角形单元的面积可由下式计算：

$$\begin{vmatrix} 1 & x_i & y_i \\ 1 & x_j & y_j \\ 1 & x_m & y_m \end{vmatrix}=2A$$

3.如图所示三角形单元 ABC，尺寸如图示，已知材料的弹性模量 $E=200$ GPa，泊松比 $\mu=0.3$。如 A 点沿 x 向的位移为 $u_A=2\times10^{-3}$ mm，C 点沿 y 向的位移为 $v_C=1\times10^{-5}$ mm，而 B 点的位移为零。试计算此单元的应力及三个结点的结点力。

4.图中所示三角形单元三个结点的坐标分别为 $i(2,2)$，$j(6,3)$，$m(5,6)$，试写出形函数 N_i、N_j、N_m。

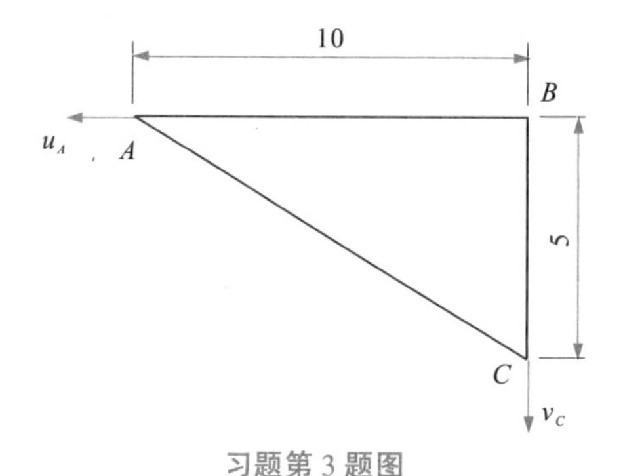

习题第 3 题图

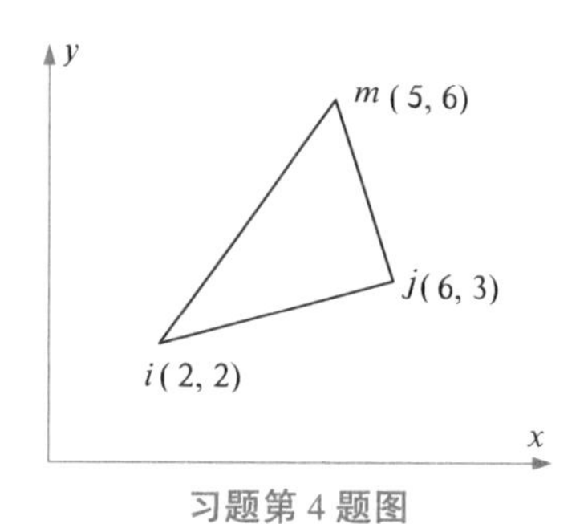

习题第 4 题图

5.试论述线性单元的位移模式

$$\left.\begin{aligned} u&=\alpha_1+\alpha_2x+\alpha_3y \\ v&=\alpha_4+\alpha_5x+\alpha_6y \end{aligned}\right\}$$

能使单元的直线边界变形时仍保持直线。

6.求习题第4题图所示三角形单元的应变矩阵$[B]$和应力矩阵$[S]$。设单元处于平面应力状态。

7.试证明平面问题的三角形单元在发生刚体位移时,单元中将不会产生应力。(提示:可分别就x向刚体位移、y向刚体位移及绕某点刚体转动进行论证)

8.图中所示三角形单元三个结点的坐标分别为$i(1,1)$,$j(3,1)$,$m(2,2)$,并已知结点的位移分量为$v_j=1$,$u_i=v_i=u_j=u_m=v_m=0$,试求单元的应力分量。

9.已知一平面应变问题三角形单元如图所示,材料的弹性模量为E,泊松比$\mu=0.3$,试求该单元的单元刚度矩阵$[k]$。

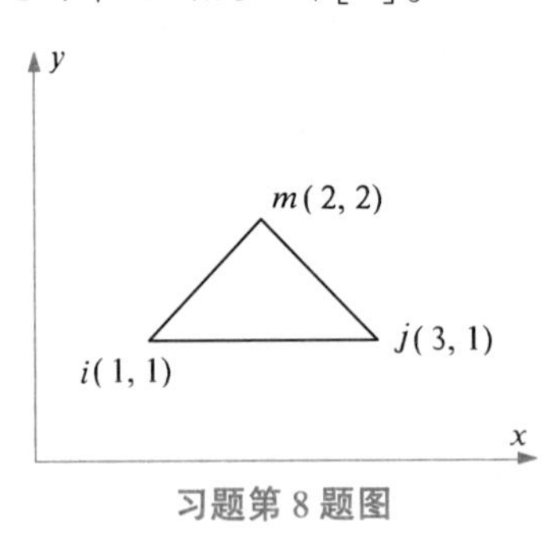

习题第8题图

习题第9题图

10.试求图中所示各单元的等效结点荷载。

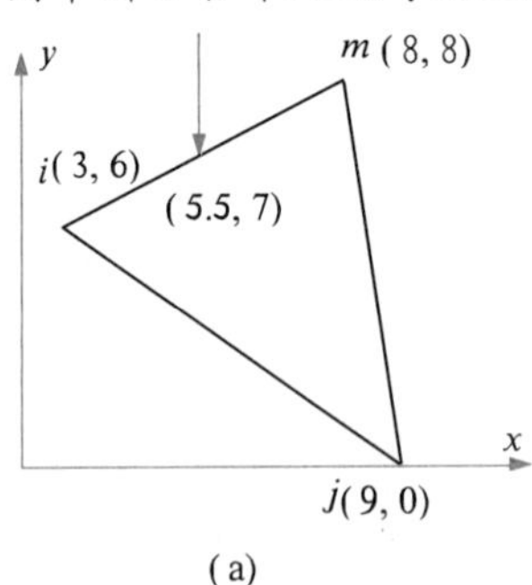

(a)

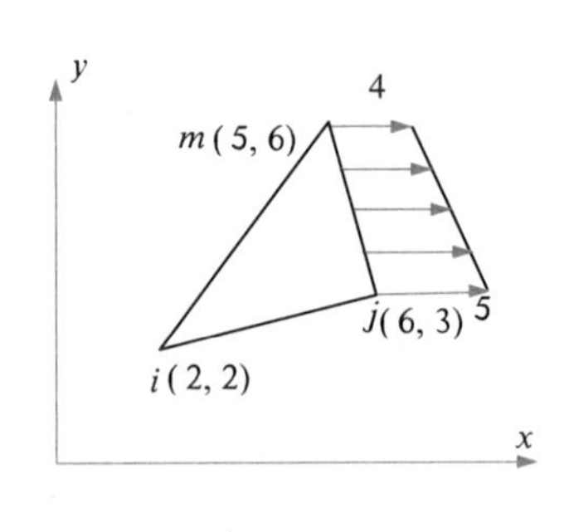

(b)

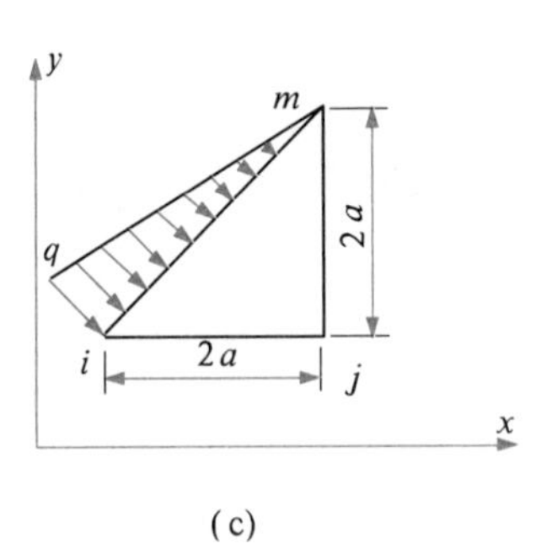

(c)

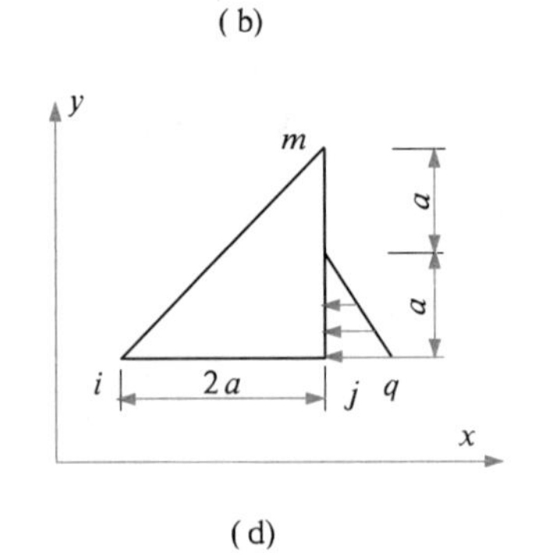

(d)

习题第10题图

11.已知图中所示的三角形薄板单元的边长为a,厚度为t,弹性模量为E,泊松比$\mu=0.15$,现将其分成两个三角形单元,结点约束如图所示,在结点1上作用一个向上的集中荷载P,试求结点位移、支座反力及两个单元的单元应力。

12.图中所示悬臂深梁的厚度为t,泊松比$\mu=0.3$,弹性模量$E=200$ GPa,试求在图示荷载作用下自由端的位移。(设划分为两个单元)

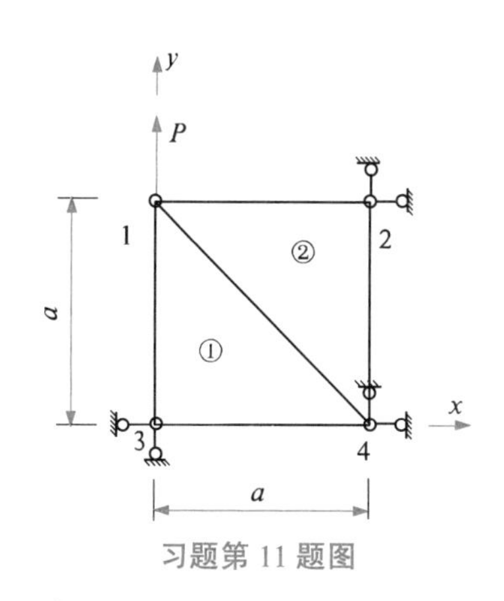

习题第 11 题图

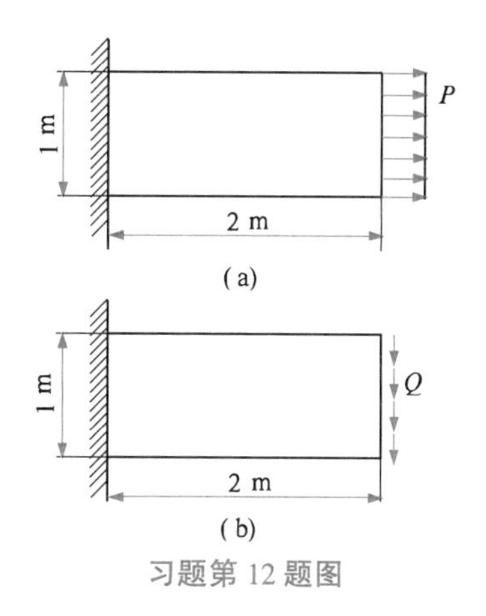

习题第 12 题图

13.图中所示矩形深梁两端为固支,跨度为 1.3 m,高为 0.7 m,厚度为 0.18 m,弹性模量 $E=30$ GPa,泊松比 $\mu=\dfrac{1}{60}$,承受均布荷载 $q=20$ kN/m 的作用,试用有限元法求解此平面问题。[提示:利用对称性只取梁的一半,单元划分如图(b) 所示]

14.三角形截面坝受静水压力作用,如图所示。取厚度 $t=1$ m,材料弹性模量为 E,泊松比 $\mu=\dfrac{1}{3}$,试用图示有限元网格建立结点位移表示的平衡方程组。(按平面应力求解)

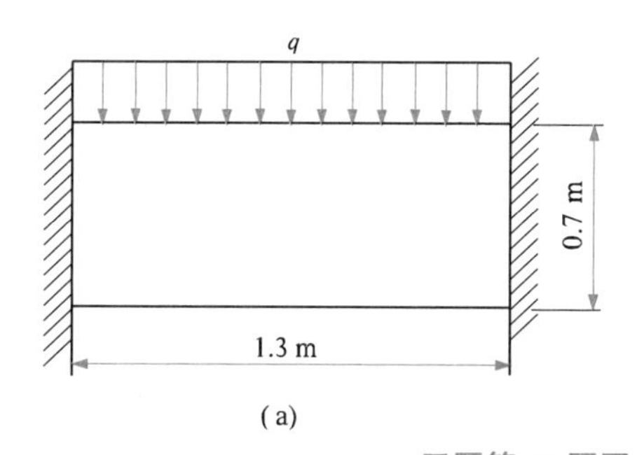

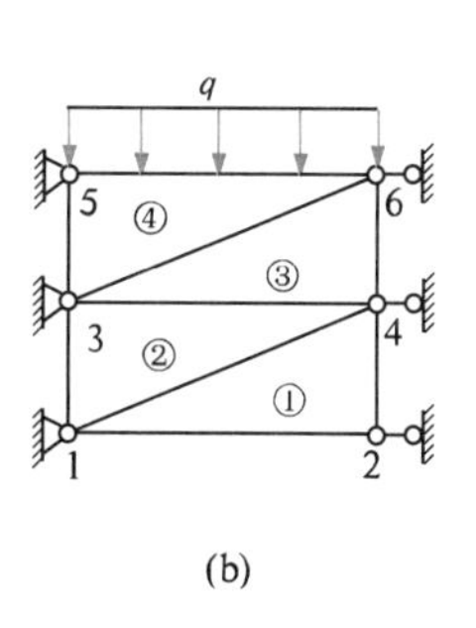

习题第 13 题图

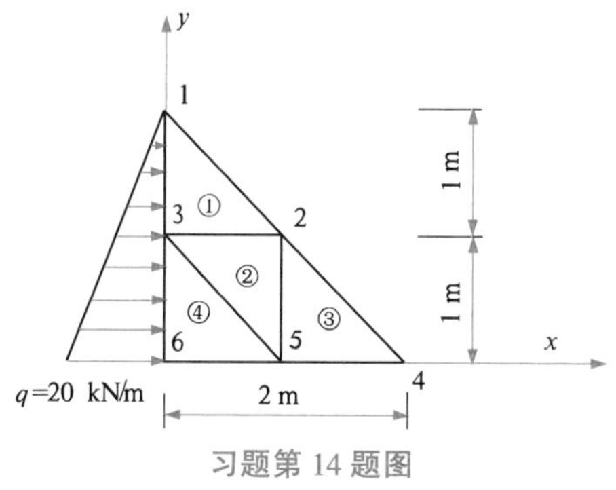

习题第 14 题图

习题答案

第 6 章　其他形式的平面单元有限元法

上一章以平面问题中最简单的三角形单元为例，详细介绍了有限元法求解的过程及公式推导的基本方法。由于三结点三角形单元只有六个结点自由度，因此位移模式只能取 x、y 的一次多项式，作为位移的一阶导数的应变是一个常量，因而应力也是常量，单元精度较差。为了进一步提高有限元法的计算精度，应增加位移函数的多项式的次数。通常有两种方法可以达到这一目的，一种方法是增加单元上结点的个数，结点仍然取两个位移分量为基本未知量，如四结点的矩形单元、六结点的三角形单元、八结点等参单元等；另一种方法是增加结点未知量的个数，如除了以两个位移分量为未知量外，还取沿坐标轴方向的导数作为未知量，增加结点的自由度数量，从而提高位移函数的次数，使计算精度得以提高。

以上两种方法中，第一种方法因物理概念直观而得以广泛应用。本章主要介绍六结点三角形单元、四结点矩形单元及等参单元。

6.1　面积坐标

在研究复杂的三角形单元时，采用面积坐标可以使推导和计算工作大为简化。下面首先介绍一下面积坐标的概念、性质。

6.1.1　面积坐标

图 6.1 所示的三角形单元中任意一点 P 的位置除可以用坐标 x、y 表示外，还可以用下面的面积比值表示：

$$l_i = A_i/A, \quad l_j = A_j/A, \quad l_m = A_m/A \tag{6.1}$$

其中 A 为 $\triangle ijm$ 的面积，A_i、A_j、A_m 分别为 $\triangle Pjm$、$\triangle Pmi$、$\triangle Pij$ 的面积。

式(6.1) 中的各值分别称为 P 点的面积坐标。面积坐标有如下特点：

(1) 面积坐标只适用于单元内部，在单元之外没有意义。

(2) 面积坐标为一个无量纲量，其取值范围为 $0 \leqslant l_i(l_j$ 或 $l_m) \leqslant 1$。

(3) 任意一点的三个面积坐标的和等于 1。

(4) 平行于三角形某一边的直线是面积坐标的等值线。

(5) 平行于 jm 边的直线上各点的面积坐标均相等，这是由于该直线上的各点与 jm 构成等高的三角形，由式(6.1) 可知

$$l_i = A_i/A = h_i/H_i \tag{6.2}$$

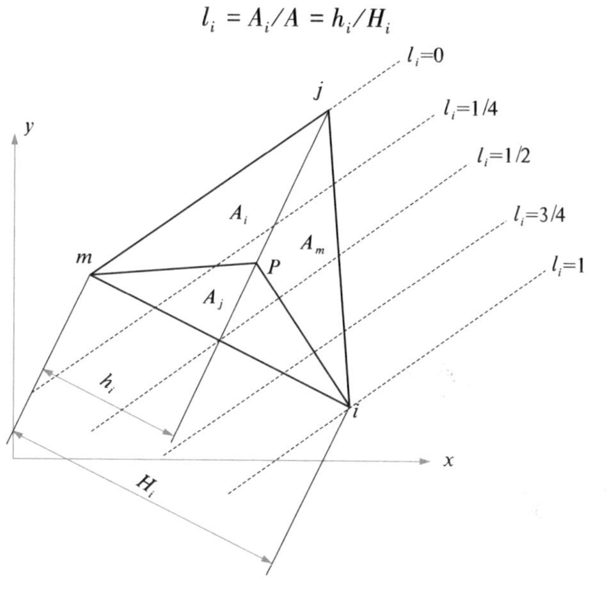

图 6.1　面积坐标

同理三角形的三条边也是等值线，且在 jm 边上 $l_i = 0$；在 mi 边上 $l_j = 0$；在 ij 边上 $l_m = 0$。而三个结点的面积坐标分别为

结点 i：$l_i = 1,\ l_j = 0,\ l_m = 0$；

结点 j：$l_i = 0,\ l_j = 1,\ l_m = 0$；

结点 m：$l_i = 0,\ l_j = 0,\ l_m = 1$。

6.1.2　面积坐标与直角坐标的关系

三角形的面积可由下式计算得到：

$$A_i = \frac{1}{2}\begin{vmatrix} 1 & x & y \\ 1 & x_j & y_j \\ 1 & x_m & y_m \end{vmatrix} = \frac{1}{2}[(x_j y_m - x_m y_j) + (y_j - y_m)x + (x_m - x_j)y] \quad (i,j,m\text{ 轮换})$$

令

$$\begin{cases} a_i = \begin{vmatrix} x_j & y_j \\ x_m & y_m \end{vmatrix} = x_j y_m - x_m y_j \\ b_i = \begin{vmatrix} y_j & 1 \\ y_m & 1 \end{vmatrix} = y_j - y_m \\ c_i = \begin{vmatrix} 1 & y_j \\ 1 & x_m \end{vmatrix} = x_m - x_j \end{cases} \quad (i,j,m\text{ 轮换})$$

则

$$A_i = \frac{1}{2}(a_i + b_i x + c_i y) \quad (i,j,m\text{ 轮换})$$

将上式代入式(6.1),可得

$$l_i = A_i/A = \frac{1}{2A}(a_i + b_i x + c_i y)$$

$$l_j = A_j/A = \frac{1}{2A}(a_j + b_j x + c_j y), \quad l_m = A_m/A = \frac{1}{2A}(a_m + b_m x + c_m y)$$

即

$$\begin{Bmatrix} l_i \\ l_j \\ l_m \end{Bmatrix} = \frac{1}{2A}\begin{bmatrix} a_i & b_i & c_i \\ a_j & b_j & c_j \\ a_m & b_m & c_m \end{bmatrix}\begin{Bmatrix} 1 \\ x \\ y \end{Bmatrix} \tag{6.3}$$

比较式(5.9) 和式(6.3),不难发现三结点三角形单元的形函数就是面积坐标,由式(6.3) 可将直角坐标用面积坐标表示为

$$\begin{Bmatrix} 1 \\ x \\ y \end{Bmatrix} = \begin{bmatrix} 1 & 1 & 1 \\ x_i & x_j & x_m \\ y_i & y_j & y_m \end{bmatrix}\begin{Bmatrix} l_i \\ l_j \\ l_m \end{Bmatrix}$$

6.2 六结点三角形单元

在三结点三角形单元上各边增设一个结点,就得到了六结点三角形单元,如图 6.2 所示。六结点三角形单元同三结点三角形单元相比是较精密的单元,在分析六结点三角形单元时,利用面积坐标可使推导过程大为简化。

6.2.1 位移模式

六结点三角形单元的位移模式可取为

$$\left.\begin{aligned} u &= \alpha_1 + \alpha_2 x + \alpha_3 y + \alpha_4 x^2 + \alpha_5 xy + \alpha_6 y^2 \\ v &= \alpha_7 + \alpha_8 x + \alpha_9 y + \alpha_{10} x^2 + \alpha_{11} xy + \alpha_{12} y^2 \end{aligned}\right\} \tag{6.4}$$

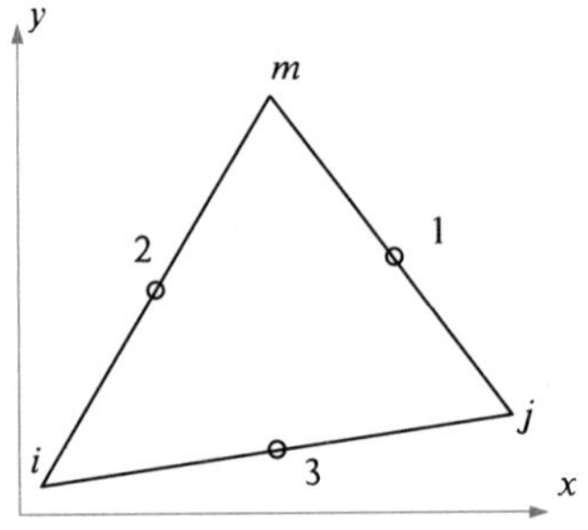

图 6.2 六结点三角形单元

将六个结点的坐标代入上式,则位移模式可表示为

$$\left.\begin{aligned} u &= N_i u_i + N_j u_j + N_m u_m + N_1 u_1 + N_2 u_2 + N_3 u_3 \\ v &= N_i v_i + N_j v_j + N_m v_m + N_1 v_1 + N_2 v_2 + N_3 v_3 \end{aligned}\right\} \tag{6.5}$$

其中 $N_1, N_2, \cdots, N_i, N_j$ 为形函数,可用面积坐标分别表示为

角结点: $N_i = l_i(2l_i - 1)$ (下标 i 为 i,j,m 轮换) (6.6)

边中结点: $N_1 = 4l_j l_m$ (下标 1 为 1,2,3 轮换;j、m 分别为 i,j,m 轮换) (6.7)

l_i 为面积坐标。

将式(6.5) 写成矩阵形式:

$$\boldsymbol{f} = \boldsymbol{N}\boldsymbol{\delta}^e$$

式中

$$\boldsymbol{N}=\begin{bmatrix}N_i & 0 & N_j & 0 & N_m & 0 & N_1 & 0 & N_2 & 0 & N_3 & 0\\ 0 & N_i & 0 & N_j & 0 & N_m & 0 & N_1 & 0 & N_2 & 0 & N_3\end{bmatrix} \tag{6.8}$$

$$\boldsymbol{\delta}^e=[u_i\ \ v_i\ \ u_j\ \ v_j\ \ u_m\ \ v_m\ \ u_1\ \ v_1\ \ u_2\ \ v_2\ \ u_3\ \ v_3]^{\mathrm{T}} \tag{6.9}$$

6.2.2　单元应变

单元应变用结点位移表示为

$$\{\varepsilon\}=\{\varepsilon_x\ \ \varepsilon_y\ \ \gamma_{xy}\}=[B]\{\delta\}^e$$

其中单元应变矩阵$[B]=[B_i\ \ B_j\ \ B_m\ \ B_1\ \ B_2\ \ B_3]$,而

$$[B_i]=\begin{bmatrix}\dfrac{\partial N_i}{\partial x} & 0\\ 0 & \dfrac{\partial N_i}{\partial y}\\ \dfrac{\partial N_i}{\partial y} & \dfrac{\partial N_i}{\partial x}\end{bmatrix}\quad \begin{matrix}(i=1,2,3)\\ (i,j,m\ \text{轮换})\end{matrix} \tag{6.10}$$

将式(6.1)、式(6.6)、式(6.7) 代入上式,则有

$$\left.\begin{aligned}[B_i]&=\frac{1}{2\Delta}\begin{bmatrix}b_i(4l_i-1) & 0\\ 0 & c_i(4l_i-1)\\ c_i(4l_i-1) & b_i(4l_i-1)\end{bmatrix}\quad \begin{matrix}(i=1,2,3)\\ (i,j,m\ \text{轮换})\end{matrix}\\ [B_1]&=\frac{1}{2\Delta}\begin{bmatrix}4(b_jl_m+l_jb_m) & 0\\ 0 & 4(c_jl_m+l_jc_m)\\ 4(c_jl_m+l_jc_m) & 4(b_jl_m+l_jb_m)\end{bmatrix}\quad \begin{matrix}(i=1,2,3)\\ (i,j,m\ \text{轮换})\end{matrix}\end{aligned}\right\} \tag{6.11}$$

6.2.3　单元应力矩阵

根据物理方程,应力可表示为

$$\{\sigma\}=\{\sigma_x\ \ \sigma_y\ \ \tau_{xy}\}^T=[D][B]\{\delta\}^e=[S]\{\delta\}^e$$

其中单元应力矩阵$[S]=[S_i\ \ S_j\ \ S_m\ \ S_1\ \ S_2\ \ S_3]$,将弹性矩阵与应变矩阵代入,则有

$$[S_i]=\frac{E}{4(1-\mu^2)\Delta}(4l_i-1)\begin{bmatrix}2b_i & 2\mu c_i\\ 2\mu b_i & 2c_i\\ (1-\mu)c_i & (1-\mu)b_i\end{bmatrix}\quad \begin{matrix}(i=1,2,3)\\ (i,j,m\ \text{轮换})\end{matrix} \tag{6.12}$$

$$[S_1]=\frac{Et}{(1-\mu^2)\Delta}\begin{bmatrix}8(b_jl_m+l_jb_m) & 8\mu(c_jl_m+l_jc_m)\\ 8\mu(b_jl_m+l_jb_m) & 8(c_jl_m+l_jc_m)\\ 4(1-\mu)(c_jl_m+l_jc_m) & 4(1-\mu)(b_jl_m+l_jb_m)\end{bmatrix}\quad \begin{matrix}(i=1,2,3)\\ (i,j,m\ \text{轮换})\end{matrix} \tag{6.13}$$

6.2.4　单元刚度矩阵

六结点三角形单元的单元刚度矩阵为 12 × 12 方阵,由下式

$$[k]^e = \iint B^{\mathrm{T}} D B t \mathrm{d}x\mathrm{d}y = \iint B^{\mathrm{T}} S t \mathrm{d}x\mathrm{d}y$$

将弹性矩阵 **D**、应力矩阵 **S** 代入上式，可得单元刚度矩阵：

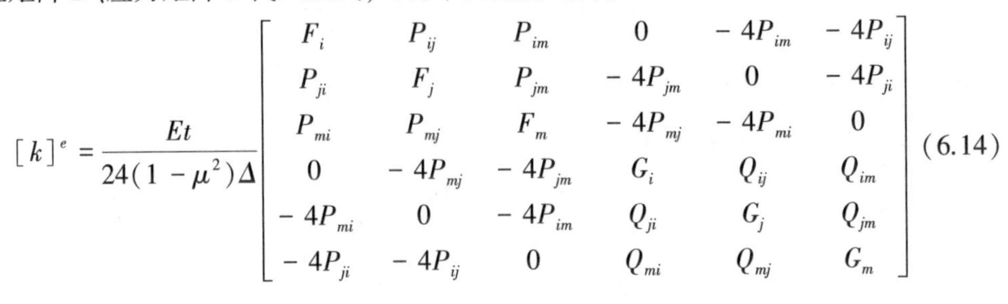

$$[k]^e = \frac{Et}{24(1-\mu^2)\Delta}\begin{bmatrix} F_i & P_{ij} & P_{im} & 0 & -4P_{im} & -4P_{ij} \\ P_{ji} & F_j & P_{jm} & -4P_{jm} & 0 & -4P_{ji} \\ P_{mi} & P_{mj} & F_m & -4P_{mj} & -4P_{mi} & 0 \\ 0 & -4P_{mj} & -4P_{jm} & G_i & Q_{ij} & Q_{im} \\ -4P_{mi} & 0 & -4P_{im} & Q_{ji} & G_j & Q_{jm} \\ -4P_{ji} & -4P_{ij} & 0 & Q_{mi} & Q_{mj} & G_m \end{bmatrix} \quad (6.14)$$

其中

$$F_i = \begin{bmatrix} 6b_i^2 + 3(1-\mu)c_i^2 & 3(1+\mu)b_ic_i \\ 3(1+\mu)b_ic_i & 6c_i^2 + 3(1-\mu)b_i^2 \end{bmatrix} \quad (i,j,m \text{ 轮换})$$

$$G_i = \begin{bmatrix} 16(b_i^2 - b_jb_m) + 8(1-\mu)(c_i^2 - c_jc_m) & 4(1+\mu)(b_ic_i + b_jc_j + b_mc_m) \\ 4(1+\mu)(b_ic_i + b_jc_j + b_mc_m) & 16(c_i^2 - c_jc_m) + 8(1-\mu)(b_i^2 - b_jb_m) \end{bmatrix} (i,j,m \text{ 轮换})$$

$$[P_{rs}] = \begin{bmatrix} -2b_rb_s - (1-\mu)c_rc_s & -2\mu b_rc_s - (1-\mu)c_rb_s \\ -2\mu c_rb_s - (1-\mu)b_rc_s & -2c_rc_s - (1-\mu)b_rb_s \end{bmatrix} \quad \begin{pmatrix} r = i,j,m; \\ s = i,j,m \end{pmatrix}$$

$$[Q_{rs}] = \begin{bmatrix} 16b_rb_s + 8(1-\mu)c_rc_s & 4(1+\mu)(c_rb_s + b_rc_s) \\ 4(1+\mu)(c_rb_s + b_rc_s) & 16c_rc_s + 8(1-\mu)b_rb_s \end{bmatrix} \quad \begin{pmatrix} r = i,j,m; \\ s = i,j,m \end{pmatrix}$$

对于平面应变问题，只要将上式中的 E、μ 分别换成 $E/(1-\mu^2)$ 和 $\mu/(1-\mu)$ 即可。

6.2.5 单元等效结点荷载

6.2.5.1 单元自重

设作用于单元上均布自重为 γ，荷载列阵为

$$\boldsymbol{p} = \begin{bmatrix} 0 \\ -\gamma \end{bmatrix}$$

则单元等效结点荷载为

$$R^e = \iint N^{\mathrm{T}} p t \mathrm{d}x\mathrm{d}y = \frac{\gamma t A}{3}\begin{bmatrix} 0 & 0 & 0 & 0 & 0 & 0 & 0 & 1 & 0 & 1 & 0 & 1 \end{bmatrix}^{\mathrm{T}} \quad (6.15)$$

说明单元自重的 $\frac{1}{3}$ 分别移置到 1、2、3 结点上，而 i、j、m 无移置的自重荷载。

6.2.5.2 分布面力

设图 6.2 所示单元的 ij 边上受有沿 x 方向作用按三角形分布的面力，在 i 点的荷载集度为 q，j 结点处的荷载集度为零，面力矩阵可表示为

$$\boldsymbol{p}=\begin{bmatrix}\bar{p}_x\\ \bar{p}_y\end{bmatrix}=\begin{bmatrix}l_i q\\ 0\end{bmatrix}$$

则单元等效结点荷载为

$$R^e=\iint N^{\mathrm{T}} pt\mathrm{d}s=\frac{qtl}{2}\begin{bmatrix}\frac{1}{3} & 0 & 0 & 0 & 0 & 0 & 0 & 0 & 0 & 0 & \frac{2}{3} & 0\end{bmatrix}^{\mathrm{T}} \tag{6.16}$$

由上式可知，只需将总面力的$\frac{1}{3}$移置到i结点上，其余$\frac{2}{3}$移置到3结点上，而结点j无移置的面力。

6.3 三角形单元族

在三角形单元的三条边上各增加一个结点的三角形单元，由于单元的自由度增加了，位移模式可以采用完全二次多项式，单元内的应力不再是常量，而是在各个方向上按线性规律变化。因此在结点数大致相同的情况下，用这种单元的计算精度比三结点三角形单元的计算精度高得多。如果在单元上增设更多的结点，还可以得到更高精度的三角形单元，结点设置和位移模式多项式的次数如图6.3所示。由图可以看出，三结点单元可取完全一次多项式，六结点单元可取完全二次多项式，如在三角形各边上增设两个结点，在单元形心处增设一个结点，得到十结点三角形单元，其位移模式可取为完全三次多项式，同理十五结点的三角形单元的位移模式可取为完全四次多项式。所有这些三角形单元组成一个三角形单元族。容易证明，三角形单元族中所有单元的位移模式都能满足保证解答的收敛所必须满足的各项条件。

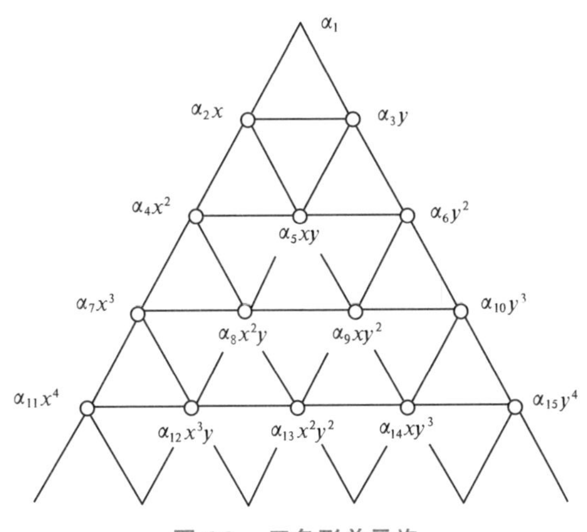

图6.3 三角形单元族

但是在采用三次以上的位移函数时单元就有了内结点，这种结点与其他单元没有直接联系。为了减少自由度总数和整体刚度的带宽，通常在形成整体刚度矩阵和荷载矩阵后将内部自由度消去，再形成新的刚度矩阵。具体做法如下：

设单元的结点力和结点位移的关系为

$$[k]^e\{\delta\}^e = \{F\}^e \tag{a}$$

重新排列单元次序,将要消去的自由度放在每个矩阵及列阵的末尾,写成分块形式如下:

$$\begin{bmatrix} k_{bb} & k_{bi} \\ k_{ib} & k_{ii} \end{bmatrix}\begin{Bmatrix} \delta_b \\ \delta_i \end{Bmatrix} = \begin{bmatrix} F_b \\ F_i \end{bmatrix} \tag{b}$$

式中,δ_i 和 F_i 分别是内结点处的位移和结点力。将上式展开后可写成两个矩阵方程:

$$[k_{bb}]\{\delta_b\} + [k_{bi}]\{\delta_i\} = \{F_b\} \tag{c}$$

$$[k_{ib}]\{\delta_b\} + [k_{ii}]\{\delta_i\} = \{F_i\} \tag{d}$$

由方程式(d) 可求得$\{\delta_i\}$:

$$\{\delta_i\} = -[k_{ii}]^{-1}[k_{ib}]\{\delta_b\} + [k_{ii}]^{-1}\{F_i\} \tag{e}$$

将式(e) 代入方程式(c),并合并同类项,最后可得

$$[\bar{k}]\{\delta_b\} = \{\bar{F}\} \tag{6.17}$$

其中

$$[\bar{k}] = [k_{bb}] - [k_{bi}][k_{ii}]^{-1}[k_{ib}] \tag{6.18}$$

$$[\bar{F}] = [F_b] - [k_{bi}][k_{ii}]^{-1}[F_i] \tag{6.19}$$

这样就直接消除了内结点的位移,这一过程称为自由度的凝聚,$[\bar{k}]$ 及$[\bar{F}]$ 分别为对应外结点的等效单元刚度矩阵和等效结点力列阵,式(6.17) 是凝聚后的结点力与结点位移的关系,据此就可以组装整体刚度矩阵及荷载列阵,建立整体结构的平衡方程。

6.4 矩形单元族

除了三角形单元外,另一种常用的单元是矩形单元,最简单的矩形单元是四结点矩形单元。较复杂的矩形单元除取角点外,还在矩形的边上取一个或更多的结点,这一类单元称为矩形单元族。图 6.4 所示单元分别为四结点矩形单元、八结点矩形单元和十二结点矩形单元。

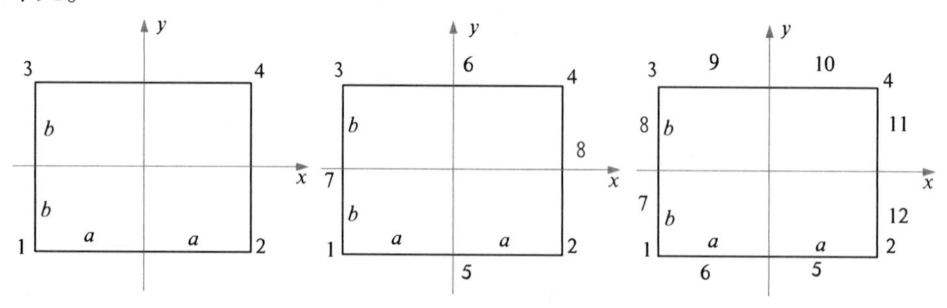

图 6.4 矩形单元族

6.4.1　四结点矩形单元

四结点矩形单元是以四个顶点为结点的单元形式，每个结点有两个位移分量，共有八个位移分量。由于矩形单元的位移函数和应变函数的幂次比三结点三角形单元高，因此单元精度有了改善。

设图 6.5(a) 中所示的四结点矩形单元边长分别为 $2a$、$2b$，取平行于两边的中心轴为 x 轴和 y 轴，结点编号如图所示。

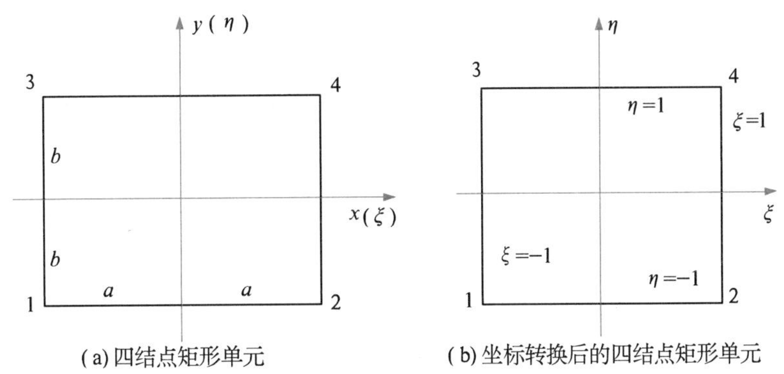

(a) 四结点矩形单元　　(b) 坐标转换后的四结点矩形单元

图 6.5　四结点矩形单元

6.4.1.1　单元形函数

为了方便计算，采用坐标变换，坐标转换后的四结点矩形单元如图 6.5(b) 所示。采用无量纲坐标，令

$$\xi = x/a, \quad \eta = y/b$$

四结点平面单元共有八个自由度，则位移模式可取为

$$\left.\begin{aligned} u &= \alpha_1 + \alpha_2\xi + \alpha_3\eta + \alpha_4\xi\eta \\ v &= \alpha_5 + \alpha_6\xi + \alpha_7\eta + \alpha_8\xi\eta \end{aligned}\right\} \tag{6.20}$$

式中，α_1、α_2、α_3、α_4、α_5、α_6、α_7、α_8 为未知的系数，与自由度数量相同。

将四个结点的八个局部坐标代入上式，则结点位移可表达为

$$\left.\begin{aligned} u &= N_1u_1 + N_2u_2 + N_3u_3 + N_4u_4 \\ v &= N_1v_1 + N_2v_2 + N_3v_3 + N_4v_4 \end{aligned}\right\} \tag{6.21}$$

式中，$N_i = (1 + \xi_i\xi)(1 + \eta_i\eta)/4$，$i = 1,2,3,4$。

形函数确定后，按三结点三角形单元相同的方法和步骤计算单元的应变矩阵、应力矩阵，建立单元的刚度矩阵及荷载列阵。

6.4.1.2　单元应变矩阵

$$\{\varepsilon\} = [B]\{\delta\}^e \tag{6.22}$$

其中 $[B] = [B_1 \quad B_2 \quad B_3 \quad B_4]$ 为应变矩阵，表示为

$$[B_i]=\frac{1}{ab}\begin{bmatrix} b\dfrac{\partial N_i}{\partial \xi} & 0 \\ 0 & a\dfrac{\partial N_i}{\partial \eta} \\ a\dfrac{\partial N_i}{\partial \eta} & b\dfrac{\partial N_i}{\partial \xi} \end{bmatrix}=\frac{1}{4ab}\begin{bmatrix} b\xi_i(1+\eta_0) & 0 \\ 0 & a\eta_i(1+\xi_0) \\ a\eta_i(1+\xi_0) & b\xi_i(1+\eta_0) \end{bmatrix}\quad (i=1,2,3,4) \tag{6.23}$$

式中，$\xi_0=\xi_i\xi$，$\eta_0=\eta_i\eta$。

6.4.1.3 单元应力矩阵

由物理方程可以得出用结点位移表示的单元应力，即

$$\{\sigma\}=[D]\{\varepsilon\}=[S]\{\delta\}^e \tag{6.24}$$

其中$[S]=[S_1\quad S_2\quad S_3\quad S_4]$为应力矩阵，对于平面应力问题可表示为

$$[S_i]=\frac{E}{4ab(1-\mu^2)}\begin{bmatrix} b\xi_i(1+\eta_i\eta) & \mu a\eta_i(1+\xi_i\xi) \\ \mu b\xi_i(1+\eta_i\eta) & a\eta_i(1+\xi_i\xi) \\ \dfrac{1-\mu}{2}a\eta_i(1+\xi_i\xi) & \dfrac{1-\mu}{2}b\xi_i(1+\eta_i\eta) \end{bmatrix} \tag{6.25}$$

对于平面应变问题，只要将上式中的E、u分别换成$E/(1-\mu^2)$和$\mu/(1-\mu)$即可。

6.4.1.4 单元刚度矩阵

$$[k]=\iint_A [B]^{\mathrm{T}}[D][B]\mathrm{d}x\mathrm{d}yt \tag{6.26}$$

单元刚度矩阵可分块表示为

$$[k]=\begin{bmatrix} k_{11} & k_{12} & k_{13} & k_{14} \\ k_{21} & k_{22} & k_{23} & k_{24} \\ k_{31} & k_{32} & k_{33} & k_{34} \\ k_{41} & k_{42} & k_{43} & k_{44} \end{bmatrix} \tag{6.27}$$

对于平面应力问题

$$\begin{aligned}[k_{ij}]&=tab\int_{-1}^{1}\int_{-1}^{1}[B_i]^{\mathrm{T}}[S_j]\mathrm{d}\xi\mathrm{d}\eta \\ &=\frac{Et}{4(1-\mu^2)}\times\end{aligned}$$

$$\begin{bmatrix} \dfrac{b}{a}\xi_i\xi_j\left(1+\dfrac{1}{3}\eta_i\eta_j\right)+\dfrac{1-\mu}{2}\ \dfrac{a}{b}\eta_i\eta_j\left(1+\dfrac{1}{3}\xi_i\xi_j\right) & \mu\xi_i\eta_j+\dfrac{1-\mu}{2}\eta_i\xi_j \\ \mu\eta_i\xi_j+\dfrac{1-\mu}{2}\xi_i\eta_j & \dfrac{a}{b}\eta_i\eta_j\left(1+\dfrac{1}{3}\xi_i\xi_j\right)+\dfrac{1-\mu}{2}\ \dfrac{b}{a}\xi_i\xi_j\left(1+\dfrac{1}{3}\eta_i\eta_j\right) \end{bmatrix}$$

$$(i=1,2,3,4) \tag{6.28}$$

同样,对于平面应变问题,只要将上式中的E、μ分别换成$E/(1-\mu^2)$和$\mu/(1-\mu)$即可。

6.4.1.5　单元等效结点荷载

(1) 单元自重　如果单元自重 W,移置到每个结点上都是$\dfrac{W}{4}$,单元等效结点荷载为

$$R^e = -\frac{W}{4}\begin{bmatrix}0 & 1 & 0 & 1 & 0 & 1\end{bmatrix}^{\mathrm{T}}$$

(2) 分布面力　如果单元任一边界上受有分布面力的作用,应将分布面力的合力按静力等效的原则向这条边界的两个结点移置,如图 6.5 所示单元的 12 边界上受有铅直方向的三角形荷载作用,设 1 结点处荷载集度为 0,2 结点处荷载集度为 q,边界 12 的长度为 b,单元厚度为 t,则

$$R^e = qbt\begin{bmatrix}0 & \frac{1}{3} & 0 & \frac{2}{3} & 0 & 0\end{bmatrix}^{\mathrm{T}}$$

(3) 整体刚度矩阵　建立了单元刚度矩阵后,就可以利用单元刚度组装整体刚度K,方法与三角形单元整体刚度的形成方法相同。

6.4.2　八结点矩形单元

八结点矩形单元是以四个顶点及四个边的中点为结点的单元形式,每个结点有 2 个位移分量,共有 16 个位移分量。由于八结点矩形单元的位移函数和应变函数的幂次比四结点矩形单元高,因此单元精度得到了进一步的改善。

设图 6.6(a) 中所示的八结点矩形单元边长分别为$2a$、$2b$,取平行于两边的中心轴为x轴和y轴,结点编号如图 6.6(a) 所示。

为了方便计算,采用坐标变换,坐标转换后的八结点矩形单元如图 6.6(b) 所示。采用无量纲坐标,令

$$\xi = x/a,\quad \eta = y/b$$

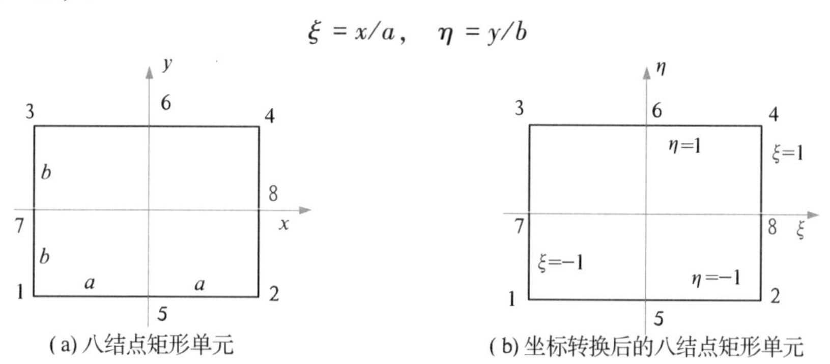

(a) 八结点矩形单元　　(b) 坐标转换后的八结点矩形单元

图 6.6　八结点矩形单元

八结点平面单元共有 16 个自由度,则位移模式可取为

$$\left.\begin{aligned}u &= \alpha_1 + \alpha_2\xi + \alpha_3\eta + \alpha_4\xi^2 + \alpha_5\xi\eta + \alpha_6\eta^2 + \alpha_7\xi^2\eta + \alpha_8\xi\eta^2 \\ v &= \alpha_9 + \alpha_{10}\xi + \alpha_{11}\eta + \alpha_{12}\xi^2 + \alpha_{13}\xi\eta + \alpha_{14}\eta^2 + \alpha_{15}\xi^2\eta + \alpha_{16}\xi\eta^2\end{aligned}\right\}\tag{6.29}$$

式中,$\alpha_1,\alpha_2,\cdots,\alpha_{16}$ 为未知的系数,与自由度数量相同。

将八个结点的 16 个局部坐标代入上式,则结点位移可表达为

$$\left.\begin{aligned}u &= N_1u_1 + N_2u_2 + N_3u_3 + N_4u_4 + N_5u_5 + N_6u_6 + N_7u_7 + N_8u_8 \\ v &= N_1v_1 + N_2v_2 + N_3v_3 + N_4v_4 + N_5v_5 + N_6v_6 + N_7v_7 + N_8v_8\end{aligned}\right\} \tag{6.30}$$

其中

$$N_i = \frac{1}{4}(1 + \xi_i\xi)(1 + \eta_i\eta)(\xi_i\xi + \eta_i\eta - 1) \quad (i = 1,2,3,4)$$

$$N_i = \frac{1}{2}(1 - \xi^2)(1 + \eta_i\eta) \quad (i = 5,6)$$

$$N_i = \frac{1}{2}(1 - \eta^2)(1 + \xi_i\xi) \quad (i = 5,6)$$

形函数确定后,按三结点三角形单元相同的方法和步骤计算单元的应变矩阵、应力矩阵,建立单元的刚度矩阵及荷载列阵。

6.5 八结点等参单元

6.5.1 位移模式

在平面问题中最简单的单元是三结点三角形单元,这种单元可以比较随意地改变大小以适应比较复杂的边界,但这类单元属于常应变单元,即应力应变是常量。一般而言,单元的应力应变要随单元位置的变化而发生变化,因此在分析这类问题时往往需要划分大量的单元来适应精度的要求,使计算量大大增加,降低了计算效率。而矩形单元尽管能够较好地反映实际应力变化,但不能用于曲线边界。因此对于曲线边界单元形状,可取为图 6.7 所示的八结点等参单元形状。

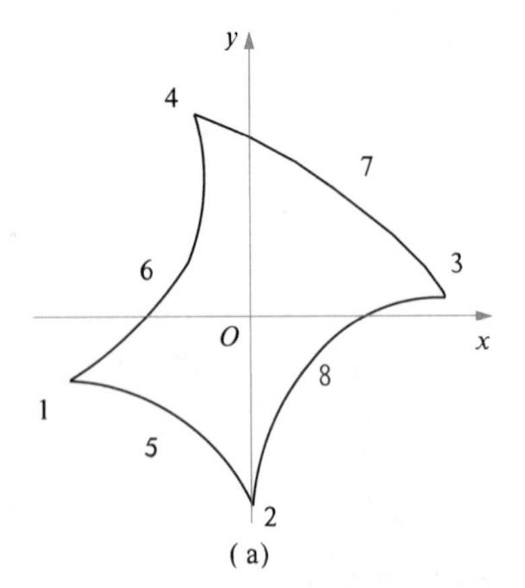

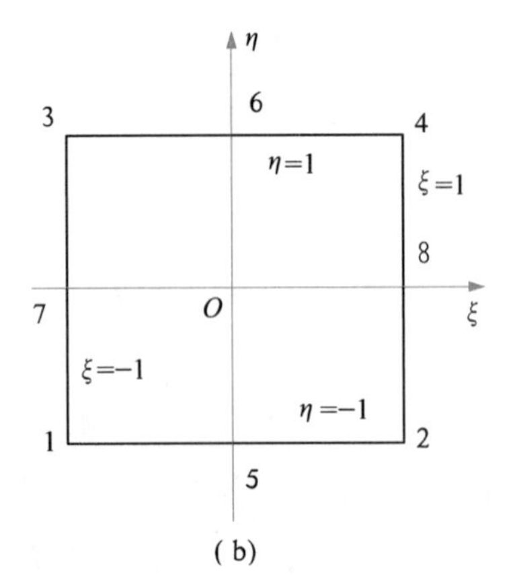

图 6.7　八结点等参单元

为了方便计算,采用无量纲坐标,令

$$\xi = x/a, \quad \eta = y/b$$

将图6.7(a)的八结点等参单元经坐标变换成图6.7(b)所示的$\zeta O \eta$坐标系中边长为2的正方形。位移模式可取为

$$\left.\begin{aligned} u &= \alpha_1 + \alpha_2\xi + \alpha_3\eta + \alpha_4\xi^2 + \alpha_5\xi\eta + \alpha_6\eta^2 + \alpha_7\xi^2\eta + \alpha_8\xi\eta^2 \\ v &= \alpha_9 + \alpha_{10}\xi + \alpha_{11}\eta + \alpha_{12}\xi^2 + \alpha_{13}\xi\eta + \alpha_{14}\eta^2 + \alpha_{15}\xi^2\eta + \alpha_{16}\xi\eta^2 \end{aligned}\right\} \tag{6.31}$$

位移模式用形函数及结点位移表示为

$$\left.\begin{aligned} u &= \sum_{i=1}^{8} N_i u_i \\ v &= \sum_{i=1}^{8} N_i v_i \end{aligned}\right\} \tag{6.32}$$

式中

$$\left.\begin{aligned} N_1 &= (1-\xi)(1-\eta)(-\xi-\eta-1)/4 \\ N_2 &= (1+\xi)(1-\eta)(\xi-\eta-1)/4 \\ N_3 &= (1-\xi)(1+\eta)(-\xi+\eta-1)/4 \\ N_4 &= (1+\xi)(1+\eta)(\xi+\eta-1)/4 \\ N_5 &= (1-\xi^2)(1-\eta)/2 \\ N_6 &= (1-\xi^2)(1+\eta)/2 \\ N_7 &= (1-\eta^2)(1-\xi)/2 \\ N_8 &= (1-\eta^2)(1+\xi)/2 \end{aligned}\right\} \tag{6.33}$$

在有限元中坐标变换可借助形函数仿照位移函数进行，即把坐标变换形式写为

$$\left.\begin{aligned} x &= \sum_{i=1}^{8} N_i x_i \\ y &= \sum_{i=1}^{8} N_i y_i \end{aligned}\right\} \tag{6.34}$$

式中，x、y为单元中任意一点的坐标；x_i、y_i为结点i的坐标；$N_i(i=1,2,\cdots,8)$为形函数，见式(6.33)。

容易证明式(6.34)可将局部坐标系$\xi O \eta$中的正方形单元变换为局部坐标系中的任意四边形单元。由于坐标变换式采用了与位移模式相同的形式、相同的阶次，即确定单元形状的结点数与确定位移的结点数相同，两者采用了同样的形函数，因此这种变换称为等参单元变换，变换所得的实际单元称为等参单元。

6.5.2　单元特性分析

单元分析与四结点矩形单元完全相同，只是矩阵的维数不同，具体做法如下：

(1) 四结点单元的$\{\delta\}^e$是一个8×1列阵,而八结点单元的$\{\delta\}^e$是一个16×1列阵;

(2) 四结点单元的应变矩阵$[B]$是一个3×8矩阵,而八结点单元的$[B]$是一个3×16矩阵;

(3) 四结点单元的刚度矩阵$[k]$是一个8×8矩阵,而八结点单元的$[k]$是一个16×16矩阵。

本章小结

1.六结点三角形单元的单元刚度矩阵:

$$k=\frac{Et}{24(1-\mu^2)\boldsymbol{\Delta}}\begin{bmatrix}F_i & P_{ij} & P_{im} & 0 & -4P_{im} & -4P_{ij}\\ P_{ji} & F_j & P_{jm} & -4P_{jm} & 0 & -4P_{ji}\\ P_{mi} & P_{mj} & F_m & -4P_{mj} & -4P_{mi} & 0\\ 0 & -4P_{mj} & -4P_{jm} & G_i & Q_{ij} & Q_{im}\\ -4P_{mi} & 0 & -4P_{im} & Q_{ji} & G_j & Q_{jm}\\ -4P_{ji} & -4P_{ij} & 0 & Q_{mi} & Q_{mj} & G_m\end{bmatrix}$$

其中

$$F_i=\begin{bmatrix}6b_i^2+3(1-\mu)c_i^2 & 3(1+\mu)b_ic_i\\ 3(1+\mu)b_ic_i & 6c_i^2+3(1-\mu)b_i^2\end{bmatrix}\quad(i,j,m\text{ 轮换})$$

$$G_i=\begin{bmatrix}16(b_i^2-b_jb_m)+8(1-\mu)(c_i^2-c_jc_m) & 4(1+\mu)(b_ic_i+b_jc_j+b_mc_m)\\ 4(1+\mu)(b_ic_i+b_jc_j+b_mc_m) & 16(c_i^2-c_jc_m)+8(1-\mu)(b_i^2-b_jb_m)\end{bmatrix}$$

$(i,j,m$ 轮换$)$

$$[P_{rs}]=\begin{bmatrix}-2b_rb_s-(1-\mu)c_rc_s & -2\mu b_rc_s-(1-\mu)c_rb_s\\ -2\mu c_rb_s-(1-\mu)b_rc_s & -2c_rc_s-(1-\mu)b_rb_s\end{bmatrix}\quad\begin{pmatrix}r=i,j,m\text{ 轮换;}\\ s=i,j,m\text{ 轮换}\end{pmatrix}$$

$$[Q_{rs}]=\begin{bmatrix}16b_rb_s+8(1-\mu)c_rc_s & 4(1+\mu)(c_rb_s+b_rc_s)\\ 4(1+\mu)(c_rb_s+b_rc_s) & 16c_rc_s+8(1-\mu)b_rb_s\end{bmatrix}\quad\begin{pmatrix}r=i,j,m\text{ 轮换;}\\ s=i,j,m\text{ 轮换}\end{pmatrix}$$

对于平面应变问题,只要将上式中的E、μ分别换成$E/(1-\mu^2)$和$\mu/(1-\mu)$即可。

2.四结点矩形单元的单元刚度矩阵:

$$[k]=\begin{bmatrix}k_{11} & k_{12} & k_{13} & k_{14}\\ k_{21} & k_{22} & k_{23} & k_{24}\\ k_{31} & k_{32} & k_{33} & k_{34}\\ k_{41} & k_{42} & k_{43} & k_{44}\end{bmatrix}$$

对于平面应力问题

$$[k_{ij}]=tab\int_{-1}^{1}\int_{-1}^{1}[B_i]^{\mathrm{T}}[S_j]\mathrm{d}\xi\mathrm{d}\eta=\frac{Et}{4(1-\mu^2)}\times$$

$$\begin{bmatrix} \frac{b}{a}\xi_i\xi_j\left(1+\frac{1}{3}\eta_i\eta_j\right)+\frac{1-\mu}{2}\frac{a}{b}\eta_i\eta_j\left(1+\frac{1}{3}\xi_i\xi_j\right) & \mu\xi_i\eta_j+\frac{1-\mu}{2}\eta_i\xi_j \\ \mu\eta_j\xi_j+\frac{1-\mu}{2}\xi_i\eta_j & \frac{a}{b}\eta_i\eta_j\left(1+\frac{1}{3}\xi_i\xi_j\right)+\frac{1-\mu}{2}\frac{a}{b}\xi_i\xi_j\left(1+\frac{1}{3}\eta_i\eta_j\right) \end{bmatrix}$$

$$(i=1,2,3,4)$$

对于平面应变问题,只要将上式中的 E、μ 分别换成 $E/(1-\mu^2)$ 和 $\mu/(1-\mu)$ 即可。

习题

1.如图所示结构划分为一个六结点三角形单元($\mu=0,t=1$ m),试求结点位移和应力分量。

2.如图所示结构一侧受静压力作用,令其划分为两个矩形单元,试列出其结点平衡方程式。(不计体力,且设 E 为常量,$\mu=0,t=1$ m)

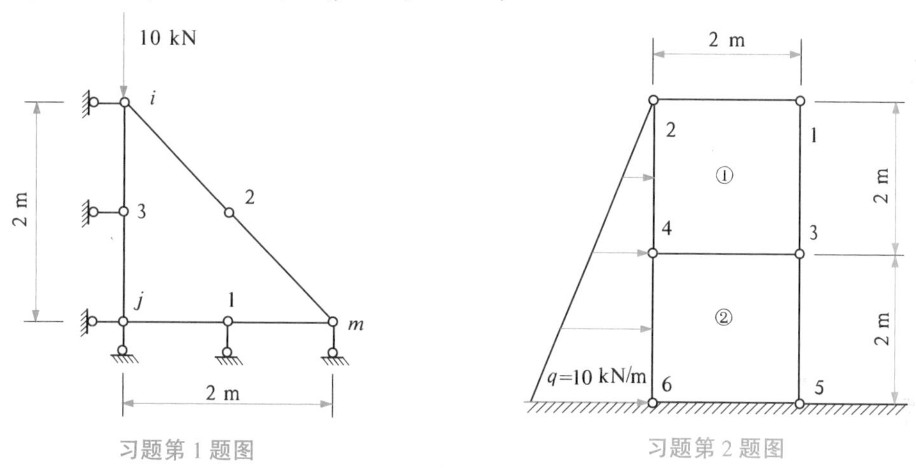

习题第 1 题图　　习题第 2 题图

3.设图中所示四结点矩形单元 12 边上受到一抛物线分布荷载 b_y 作用,且 $b_y=b_{y0}(1-\xi^2)$,试求其等效结点荷载。

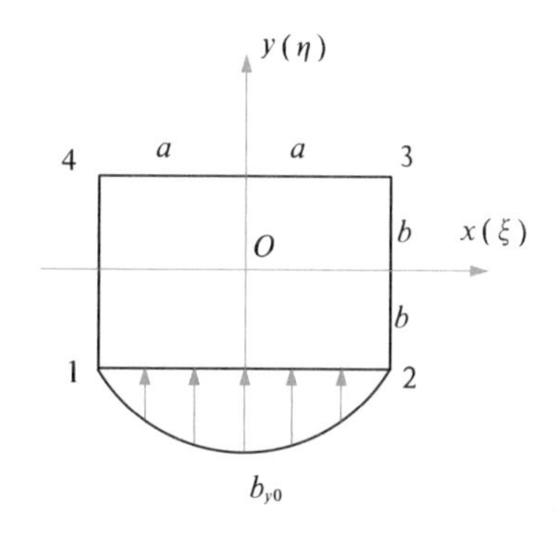

习题第 3 题图

4.试列出图中所示八结点正方形单元的结点力。

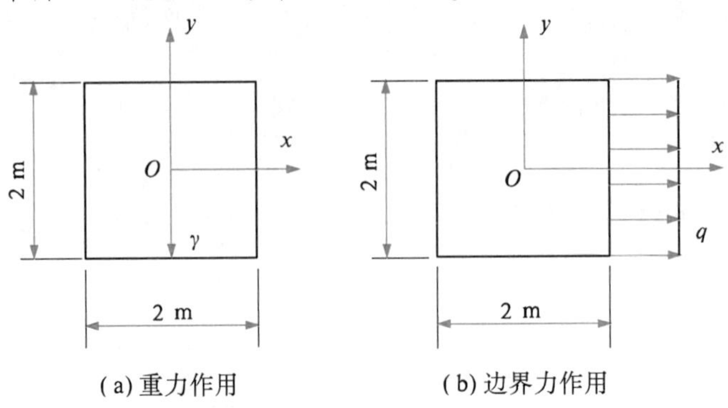

(a) 重力作用　　(b) 边界力作用

习题第 4 题图

习题答案

第 7 章　杆件系统有限元法

在工程领域中，杆件的应用非常广泛。例如，受拉压的直杆、桁架、梁、刚架等，都是由杆件所组成。对于这类复杂的杆系结构，由于结构和受力情况复杂，超静定次数很高，难以作精确分析，通常须采用有限元法来进行分析，例如桁架的每一个杆件可以看作一个杆单元。在有限元法中，“基本结构”的选取可能有所不同，但凡是杆系的交叉点、边界点、集中力作用点都应取为结点，而结点之间的杆件均可作为单元，即用单元取代了经典位移法中的“基本结构”。杆单元主要有一维杆单元、平面桁架单元、平面刚架单元、平面梁单元、空间梁单元等。杆件结构的有限元分析同平面问题的有限元分析方法一样，但对于不同的杆系结构，结点位移参数选取不同。本章主要介绍平面杆系的有限元分析。

7.1　一维杆单元

一维杆单元如图 7.1 所示，横截面面积为 A，长度为 l，材料弹性模量为 E，单元有 i、j 两个结点，由于该单元只承受轴向荷载，故结点位移只有轴向位移，结点位移向量为

$$\{\delta\}^e = [u_i \quad u_j]^{\mathrm{T}} \tag{7.1}$$

结点力向量

$$\{F\}^e = [F_i \quad F_j]^{\mathrm{T}} \tag{7.2}$$

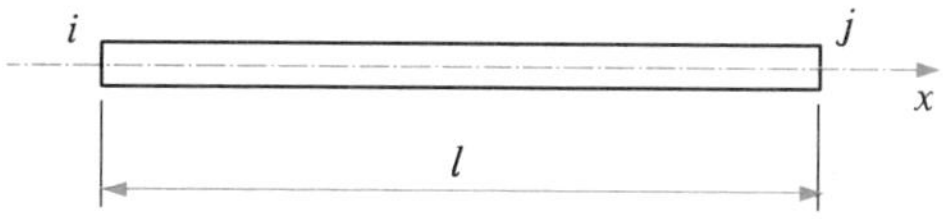

图 7.1　一维杆单元

7.1.1　单元位移模式

由于单元上两个结点的位移都只有一个自由度，因此可设单元的位移模式为坐标 x 的一次函数，即

$$u = \alpha_1 + \alpha_2 x \tag{7.3}$$

式中，α_1、α_2 为待定常数，可根据单元的结点位移确定，即在 i 结点 $x = x_i$ 时，$u = u_i$；在 j 结点 $x = x_j$ 时，$u = u_j$。代入式(7.3) 得

$$u = \left(u_i - \frac{u_j - u_i}{l}x_i\right) + \frac{u_j - u_i}{l}x \tag{7.4}$$

上式可写为

$$u = [N]\{\delta\}^e \tag{7.5}$$

形函数表示为

$$[N]=[N_i \quad N_j]=\frac{1}{l}[(x_j-x) \ -(x_i-x)] \tag{7.6}$$

7.1.2 单元应变

一维杆单元只有轴向应变

$$\varepsilon=\frac{\partial u}{\partial x}$$

将式(7.5)、式(7.6) 代入上式可得

$$\varepsilon=\frac{1}{l}[-1 \quad 1]\{\delta\}^e \tag{7.7}$$

令

$$[B]=\frac{1}{l}[-1 \quad 1] \tag{7.8}$$

称为单元应变矩阵。

7.1.3 单元应力

由物理方程可得

$$\sigma=E\varepsilon$$

将式(7.7) 代入上式,则

$$\sigma=[S]\{\delta\}^e=\frac{E}{l}[-1 \quad 1]\{\delta\}^e=[S]\{\delta\}^e \tag{7.9}$$

其中[S] 为单元应力矩阵:

$$[S]=\frac{E}{l}[-1 \quad 1] \tag{7.10}$$

7.1.4 单元刚度矩阵

一维杆单元的单元刚度矩阵为

$$[k]^e=\iiint_V [B]^{\mathrm{T}}[D][B]\mathrm{d}V=A\int [B]^{\mathrm{T}}E[B]\mathrm{d}x \tag{7.11}$$

将式(7.8) 代入式(7.11),可得一维杆的单元刚度矩阵:

$$[k]^e=\frac{AE}{l}\begin{bmatrix}1 & -1\\ -1 & 1\end{bmatrix} \tag{7.12}$$

7.1.5 等效结点力

若单元上作用有分布荷载 $p(x)$,则等效结点力为

$$[F]=\int [N]^{\mathrm{T}}p(x)\mathrm{d}x=\int \frac{1}{l}\begin{bmatrix}x_j & -x\\ x & -x_i\end{bmatrix}p(x)\mathrm{d}x \tag{7.13}$$

即将分布力按静力等效原则分配到单元的两个结点上。

7.2　平面桁架单元

7.2.1　坐标变换

桁架结构中各个杆件都可以看作局部坐标系中的一维杆,由于各杆的倾角不同,需要在统一坐标系下建立整体平衡方程,因此须对局部坐标进行转换。桁架单元如图 7.2 所示。局部坐标系 $x'Oy'$ 与整体坐标系 xOy 的夹角为 α。i 结点在局部坐标系中的位移与该结点在整体坐标系中的位移间的关系为

$$\left.\begin{aligned} u_i &= u'_i\cos\alpha - v'_i\sin\alpha \\ v_i &= u'_i\sin\alpha + v'_i\cos\alpha \end{aligned}\right\} \tag{7.14}$$

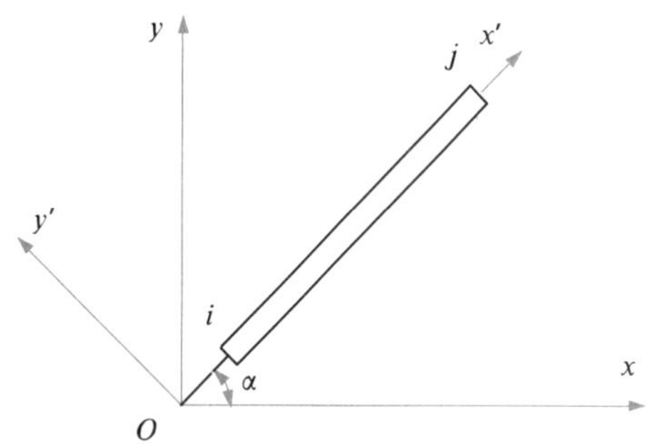

图 7.2　平面桁架单元

同理 j 结点在局部坐标系中的位移与结点在整体坐标系中的位移间的关系为

$$\left.\begin{aligned} u_j &= u'_j\cos\alpha - v'_j\sin\alpha \\ v_j &= u'_j\sin\alpha + v'_j\cos\alpha \end{aligned}\right\} \tag{7.15}$$

则在整体坐标系中的结点位移用局部坐标系中的结点位移表示为

$$\{\delta\}^e = \begin{Bmatrix} u_i \\ v_i \\ u_j \\ v_j \end{Bmatrix} = \begin{bmatrix} \cos\alpha & -\sin\alpha & 0 & 0 \\ \sin\alpha & \cos\alpha & 0 & 0 \\ 0 & 0 & \cos\alpha & -\sin\alpha \\ 0 & 0 & \sin\alpha & \cos\alpha \end{bmatrix} \begin{Bmatrix} u'_i \\ v'_i \\ u'_j \\ v'_j \end{Bmatrix} = [T]^e\{\delta'\}^e \tag{7.16}$$

$[T]^e$ 为转换矩阵,即

$$[T]^e = \begin{bmatrix} \cos\alpha & -\sin\alpha & 0 & 0 \\ \sin\alpha & \cos\alpha & 0 & 0 \\ 0 & 0 & \cos\alpha & -\sin\alpha \\ 0 & 0 & \sin\alpha & \cos\alpha \end{bmatrix} \tag{7.17}$$

同理整体坐标系和局部坐标系中结点力间的关系可表示为

$$\{F\}^e = \begin{Bmatrix} F_{ix} \\ F_{iy} \\ F_{jx} \\ F_{jy} \end{Bmatrix} = [T]^e \begin{Bmatrix} F'_{ix} \\ F'_{iy} \\ F'_{jx} \\ F'_{jy} \end{Bmatrix} = [T]^e\{F'\}^e \tag{7.18}$$

在局部坐标系下单元的平衡方程为

$$[k']^e\{\delta'\}^e = \{F'\}^e \tag{7.19}$$

$[k']$ 为局部坐标系下单元刚度矩阵,可将其扩展为 4 × 4 的矩阵,即

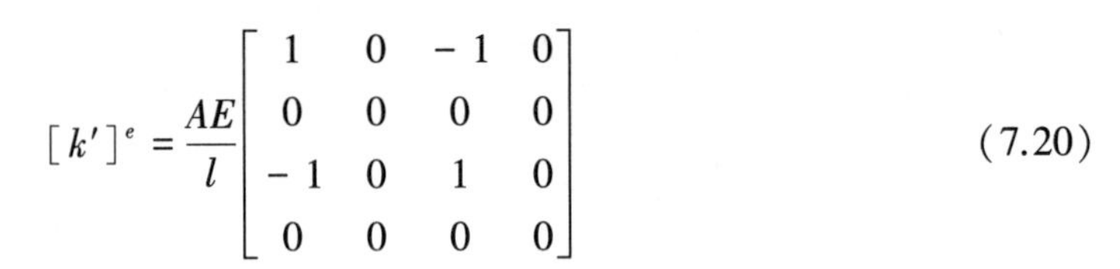

$$[k']^e=\frac{AE}{l}\begin{bmatrix}1&0&-1&0\\0&0&0&0\\-1&0&1&0\\0&0&0&0\end{bmatrix}\tag{7.20}$$

在整体坐标系下单元的平衡方程为

$$[k]^e\{\delta\}^e=\{F\}^e\tag{7.21}$$

将式(7.16)、式(7.18)代入式(7.21),则

$$[k]^e[T]^e\{\delta'\}^e=[T]^e\{F'\}^e$$

即

$$[T]^{-e}[k]^e[T]^e\{\delta'\}^e=\{F'\}^e\tag{7.22}$$

将式(7.22)与式(7.19)相比较得

$$[k']^e=[T]^{-e}[k]^e[T]^e\tag{7.23}$$

则

$$[k]^e=[T]^e[k']^e[T]^{-e}=\frac{EA}{l}\begin{bmatrix}\cos^2\alpha&\cos\alpha\sin\alpha&-\cos^2\alpha&-\sin\alpha\cos\alpha\\\cos\alpha\sin\alpha&\sin^2\alpha&-\cos\alpha\sin\alpha&-\sin^2\alpha\\-\cos^2\alpha&-\cos\alpha\sin\alpha&\cos^2\alpha&\cos\alpha\sin\alpha\\-\sin\alpha\cos\alpha&-\sin^2\alpha&\cos\alpha\sin\alpha&\sin^2\alpha\end{bmatrix}\tag{7.24}$$

将式(7.24)代入式(7.21)即可求解。

桁架的荷载为作用于结点的集中力时,可直接在整体坐标系中直接分解。若为分布荷载,由式(7.13)计算。

例7.1　用有限元法求解图7.3所示结构的桁架内力。设各杆的 EA 为常数。

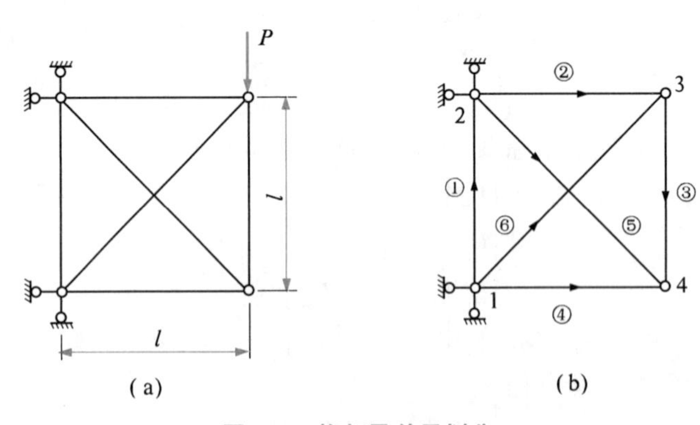

图7.3　桁架及单元划分

解:(1)单元和结点编号如图7.3(b)所示。图中箭头的指向为局部坐标系的正向。

(2)计算各单元的单元刚度矩阵$[k]^e$。由式(7.24)可计算各单元的刚度矩阵,即

$$[k]^{①}=[k]^{③}=\frac{EA}{l}\begin{bmatrix}0&0&0&0\\0&1&0&-1\\0&0&0&0\\0&-1&0&1\end{bmatrix};\quad [k]^{②}=[k]^{④}=\frac{EA}{l}\begin{bmatrix}1&0&-1&0\\0&0&0&0\\-1&0&1&0\\0&0&0&0\end{bmatrix}$$

$$[k]^{⑥}=\frac{EA}{2\sqrt{2}l}\begin{bmatrix}1&1&-1&-1\\1&1&-1&-1\\-1&-1&1&1\\-1&-1&1&1\end{bmatrix};\quad [k]^{⑤}=\frac{EA}{2\sqrt{2}l}\begin{bmatrix}1&-1&-1&1\\-1&1&1&-1\\-1&1&1&-1\\1&-1&-1&1\end{bmatrix}$$

(3) 形成整体刚度矩阵：

$$[K]=\frac{EA}{l}\begin{bmatrix}1.35&0.35&0&0&-0.35&-0.35&-1&0\\0.35&1.35&0&-1&-0.35&-0.35&0&0\\0&0&1.35&-0.35&-1&0&-0.35&0.35\\0&-1&-0.35&1.35&0&0&0.35&-0.35\\0.35&-0.35&-1&0&1.35&0.35&0&0\\-0.35&-0.35&0&0&0.35&1.35&0&-1\\-1&0&-0.35&0.35&0&0&1.35&-0.35\\0&0&0.35&-0.35&0&-1&-0.35&1.35\end{bmatrix}$$

(4) 形成整体荷载列阵：

$$[F]=\begin{bmatrix}R_{1x}\\R_{1y}\\R_{2x}\\R_{2y}\\0\\-P\\0\\0\end{bmatrix}$$

(5) 建立整体平衡方程,求解位移分量:

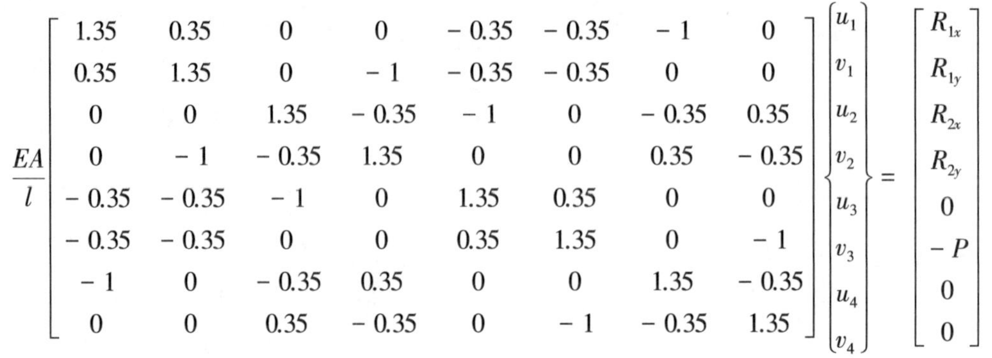

$$\frac{EA}{l}\begin{bmatrix} 1.35 & 0.35 & 0 & 0 & -0.35 & -0.35 & -1 & 0 \\ 0.35 & 1.35 & 0 & -1 & -0.35 & -0.35 & 0 & 0 \\ 0 & 0 & 1.35 & -0.35 & -1 & 0 & -0.35 & 0.35 \\ 0 & -1 & -0.35 & 1.35 & 0 & 0 & 0.35 & -0.35 \\ -0.35 & -0.35 & -1 & 0 & 1.35 & 0.35 & 0 & 0 \\ -0.35 & -0.35 & 0 & 0 & 0.35 & 1.35 & 0 & -1 \\ -1 & 0 & -0.35 & 0.35 & 0 & 0 & 1.35 & -0.35 \\ 0 & 0 & 0.35 & -0.35 & 0 & -1 & -0.35 & 1.35 \end{bmatrix}\begin{Bmatrix} u_1 \\ v_1 \\ u_2 \\ v_2 \\ u_3 \\ v_3 \\ u_4 \\ v_4 \end{Bmatrix} = \begin{bmatrix} R_{1x} \\ R_{1y} \\ R_{2x} \\ R_{2y} \\ 0 \\ -P \\ 0 \\ 0 \end{bmatrix}$$

由结点 1 和结点 2 的约束条件,即 $u_1 = v_1 = u_2 = v_2 = 0$,划去上式的 1、2、3、4 行与列,得

$$\frac{EA}{l}\begin{bmatrix} 1.35 & 0.35 & 0 & 0 \\ 0.35 & 1.35 & 0 & -1 \\ 0 & 0 & 1.35 & -0.35 \\ 0 & -1 & -0.35 & 1.35 \end{bmatrix}\begin{Bmatrix} u_3 \\ v_3 \\ u_4 \\ v_4 \end{Bmatrix} = \begin{bmatrix} 0 \\ -P \\ 0 \\ 0 \end{bmatrix}$$

解得结点位移为

$$\begin{Bmatrix} u_3 \\ v_3 \\ u_4 \\ v_4 \end{Bmatrix} = \frac{Pl}{EA}\begin{Bmatrix} 0.56 \\ -2.14 \\ -0.44 \\ -1.69 \end{Bmatrix}$$

(6) 求解内力分量:

单元 1

$$\{\bar{F}\}^{①} = ([T]^{①})^{-1}\{F\}^{①} = ([T]^{①})^{-1}[k]^{①}\{\delta\}^{①}$$

$$= \begin{bmatrix} 0 & 1 & 0 & 0 \\ -1 & 0 & 0 & 0 \\ 0 & 0 & 0 & 1 \\ 0 & 0 & -1 & 0 \end{bmatrix}\frac{EA}{l}\begin{bmatrix} 0 & 0 & 0 & 0 \\ 0 & 1 & 0 & -1 \\ 0 & 0 & 0 & 0 \\ 0 & -1 & 0 & 1 \end{bmatrix}\begin{Bmatrix} 0 \\ 0 \\ 0 \\ 0 \end{Bmatrix} = \begin{bmatrix} 0 \\ 0 \\ 0 \\ 0 \end{bmatrix}$$

单元 2

$$\{\bar{F}\}^{②} = ([T]^{②})^{-1}[k]^{②}[\delta]^{②}$$

$$= \frac{EA}{l}\begin{bmatrix} 1 & 0 & -1 & 0 \\ 0 & 0 & 0 & 0 \\ -1 & 0 & 1 & 0 \\ 0 & 0 & 0 & 0 \end{bmatrix}\frac{Pl}{EA}\begin{Bmatrix} 0 \\ 0 \\ 0.56 \\ -2.14 \end{Bmatrix} = \begin{bmatrix} -0.56P \\ 0 \\ 0.56P \\ 0 \end{bmatrix}$$

单元 3

$$\{\bar{F}\}^{③}=([T]^{③})^{-1}[k]^{③}\{\delta\}^{③}$$

$$=\begin{bmatrix}0&1&0&0\\-1&0&0&0\\0&0&0&1\\0&0&-1&0\end{bmatrix}\frac{EA}{l}\begin{bmatrix}0&0&0&0\\0&1&0&-1\\0&0&0&0\\0&-1&0&1\end{bmatrix}\frac{Pl}{EA}\begin{Bmatrix}0.56\\-2.14\\-0.44\\-1.69\end{Bmatrix}=\begin{bmatrix}0.44P\\0\\-0.44P\\0\end{bmatrix}$$

单元 4

$$\{\bar{F}\}^{④}=([T]^{④})^{-1}[k]^{④}\{\delta\}^{④}$$

$$=\frac{EA}{l}\begin{bmatrix}1&0&-1&0\\0&0&0&0\\-1&0&1&0\\0&0&0&0\end{bmatrix}\frac{Pl}{EA}\begin{Bmatrix}0\\0\\-0.44\\-1.69\end{Bmatrix}=\begin{bmatrix}0.44P\\0\\-0.44P\\0\end{bmatrix}$$

单元 5

$$\{\bar{F}\}^{⑤}=([T]^{⑤})^{-1}[k]^{⑤}\{\delta\}^{⑤}$$

$$=\frac{1}{\sqrt{2}}\begin{bmatrix}1&-1&0&0\\1&1&0&0\\0&0&1&-1\\0&0&1&1\end{bmatrix}\frac{EA}{2\sqrt{2}l}\begin{bmatrix}1&-1&-1&1\\-1&1&1&-1\\-1&1&1&-1\\1&-1&-1&1\end{bmatrix}\frac{Pl}{EA}\begin{bmatrix}0\\0\\-0.44\\-1.69\end{bmatrix}=\begin{bmatrix}-0.63P\\0\\0.63P\\0\end{bmatrix}$$

单元 6

$$\{\bar{F}\}^{⑥}=([T]^{⑥})^{-1}[k]^{⑥}\{\delta\}^{⑥}$$

$$=\frac{1}{\sqrt{2}}\begin{bmatrix}1&1&0&0\\-1&1&0&0\\0&0&1&1\\0&0&-1&1\end{bmatrix}\frac{EA}{2\sqrt{2}l}\begin{bmatrix}1&1&-1&-1\\1&1&-1&-1\\-1&-1&1&1\\-1&-1&1&1\end{bmatrix}\frac{Pl}{EA}\begin{Bmatrix}0\\0\\0.56\\-2.14\end{Bmatrix}=\begin{bmatrix}0.79P\\0\\-0.79P\\0\end{bmatrix}$$

7.2.2　桁架结构有限元源程序

7.2.2.1　形成数据文件

```
NN,NE,ND,NFIX,E
LOC(1,1),LOC(1,2),AREA(1)
LOC(2,1),LOC(2,2),AREA(2)
……
LOC(I,1),LOC(I,2),AREA(I)
CX(1),CY(1)
CX(2),CY(2)
……
CX(J),CY(J)
IFIX(1),IFIX(2),,IFIX(K)
```

各参数说明:

NN:结点总数;

NE:单元总数;

ND:总自由度数,ND = NN * 2;

NFIX:被约束的总自由度数;

E:弹性模量;

LOC(I,1),LOC(I,2):第 *I* 个单元的结点号,按单元顺序填写;

AREA(I):第 *I* 个单元的面积;

CX(J),CY(J):第 *J* 个结点的 *X*、*Y* 坐标;

IFIX(K):第 *K* 个给定约束的自由度号,按所给定约束的自由度号填写。

7.2.2.2　计算源程序

```
C    针对具体问题确定矩阵维数,根据具体问题将参数NN,NE,ND代入DIMENSION
     LOC(NE,2),CX(NN),CY(NN),IFIX(ND),AL(NE),AREA(NE),
       1 GK(2 * NN,2 * NN),F(2 * NN),FF(NE)
     COMMON NN,NE,ND,NFIX,E
C    输入基本参数、单元结点编号、横截面面积
     OPEN(5,FILE = 'T1.DAT',STATUS = 'OLD')
     OPEN(6,FILE = 'OUTT1.')
     READ(5, * ) NN,NE,ND,NFIX,E
     WRITE(6,105) NN,NE,ND,NFIX,E
105    FORMAT(2X,'NN NE ND NFIX E'/4I5,E11.4)
       READ(5, * ) (LOC(I,1),LOC(I,2),AREA(I),I = 1,NE)
       WRITE(6,108)
108    FORMAT(/1X,'ELEMENT NODE1 NODE2 AREA')
       WRITE(6,110) (I,LOC(I,1),LOC(I,2),AREA(I),I = 1,NE)
C    输入结点坐标、结点自由度
110    FORMAT(1X,3I6,E14.4)…
       READ(5, * ) (CX(J),CY(J),J = 1,NN)
       WRITE(6,112)
112    FORMAT(/3X,'NODE X - COORD Y - COORD')
       WRITE(6,115) (J,CX(J),CY(J),J = 1,NN)
115    FORMAT(3X,I3,3X,2E14.4)
       READ(5, * ) (IFIX(K),K = 1,NFIX)
      WRITE(6,118) (IFIX(K),K = 1,NFIX)
118   FORMAT(/1X,'IFIX = ',5I4)
```

```
C    输入结点荷载
     DO 10 I = 1,ND
10    F(I) = 0.0
      F(2) =- 10000.0
C    调用 CST 子程序,输出结点内力和结点位移
     CALL CST(LOC,CX,CY,IFIX,AL,AREA,GK,F,FF)
     WRITE(6,120)
120    FORMAT(/3X,'NODE',6X,'X - DISP',8X,'Y - DISP')
       WRITE(6,125) (I,F(2*I - 1),F(2*I),I = 1,NN)
125    FORMAT(1X,I5,2E15.4)
       WRITE(6,130)
130    FORMAT(/1X,'ELEMENT',5X,'FORCE')
       WRITE(6,135) (I,FF(I),I = 1,NE)
135    FORMAT(1X,I5,E15.4)
       STOP
       END
C    子程序数组维数和公共语句
     SUBROUTINE CST(LOC,CX,CY,IFIX,AL,AREA,GK,F,FF)
     DIMENSION LOC(NE,2),CX(NN),CY(NN),IFIX(NFIX),AL(NE),
       1 AREA(NE),GK(ND,ND),F(ND),FF(NE),EK(4,4),XX(4)
     COMMON NN,NE,ND,NFIX,E
C    将整体刚度置零
     DO 10 I = 1,ND
     DO 10 J = 1,ND
10   GK(I,J) = 0.0
C    单元 I,J
     DO 100 I = 1,NE
     I1 = LOC(I,1)
     I2 = LOC(I,2)
C    计算杆长
     X12 = CX(I2) - CX(I1)
     Y12 = CY(I2) - CY(I1)
     AL(I) = SQRT(X12* *2 + Y12* *2)
C    计算 COS SIN 值
     CS = X12/AL(I)
```

```
      SN = Y12/AL(I)
C     计算单元刚度矩阵
      A0 = AREA(I)
      AA = A0 * E/AL(I)
      A1 = AA * CS * CS
      A2 = AA * SN * SN
      A3 = AA * CS * SN
      EK(1,1) = A1
      EK(2,2) = A2
      EK(3,3) = A1
      EK(4,4) = A2
      EK(1,2) = A3
      EK(1,3) =- A1
      EK(1,4) =- A3
      EK(2,3) =- A3
      EK(2,4) =- A2
      EK(3,4) = A3
      DO 50 II = 2,4
      DO 50 JJ = 1,II - 1
50     EK(II,JJ) = EK(JJ,II)
       DO 55 K = 1,4
       DO 55 L = 1,4
       WRITE(6,140) I,K,L,EK(K,L)
C     输出单元刚度矩阵
140    FORMAT(1X,'I,K,L,EK',3I4,E14.5)
55    CONTINUE
C     组装整体刚度矩阵
      DO 85 INODE = 1,2
      NODEI = LOC(I,INODE)
      DO 85 IDOFN = 1,2
      NROWS = (NODEI - 1) * 2 + IDOFN
      NROWE = (INODE - 1) * 2 + IDOFN
      DO 85 JNODE = 1,2
      NODEJ = LOC(I,JNODE)
      DO 85 JDOFN = 1,2
```

```
      NCOLS = (NODEJ - 1) * 2 + JDOFN
      NCOLE = (JNODE - 1) * 2 + JDOFN
85    GK(NROWS,NCOLS) = GK(NROWS,NCOLS) + EK(NROWE,NCOLE)
100   CONTINUE
      WRITE(6,160)
160   FORMAT(/3X,'NODE',6X,'X - LOAD',9X,'Y - LOAD')
      WRITE(6,165) (I,F(2 * I - 1),F(2 * I),I = 1,NN)
165   FORMAT(3X,I3,2E15.4)
C     WRITE( * ,170) ((I,J,GK(I,J),J = 1,ND),I = 1,ND)
170   FORMAT(1X,'I,J,GK',2I4,E14.4,2X,2I4,E14.4)
C     乘大数法引入约束条件
      DO 90 I = 1,NFIX
      IX = IFIX(I)
90    GK(IX,IX) = GK(IX,IX) * 1.0E15
C     调用解方程组程序,引入单元结点位移,计算杆的内力
      CALL GAUSS(GK,F,ND)
      DO 95 I = 1,NE
      I1 = LOC(I,1)
      I2 = LOC(I,2)
      XX(1) = F(2 * I1 - 1)
      XX(2) = F(2 * I1)
      XX(3) = F(2 * I2 - 1)
      XX(4) = F(2 * I2)
      X12 = CX(I2) - CX(I1)
      Y12 = CY(I2) - CY(I1)
      AL(I) = SQRT(X12 * * 2 + Y12 * * 2)
      CS = X12/AL(I)
      SN = Y12/AL(I)
      DELTA = CS * (XX(3) - XX(1)) + SN * (XX(4) - XX(2))
      FF(I) = DELTA * e * AREA(I)/AL(I)
95    CONTINUE
      RETURN
      END
C     高斯消元法求解线性方程组
      SUBROUTINE GAUSS(A,B,N)
```

```
      DIMENSION A(N,N),B(N)
      DO 1 I = 1,N
      I1 = I + 1
      DO 10 J = I1,N
10     A(I,J) = A(I,J)/A(I,I)
       B(I) = B(I)/A(I,I)
       A(I,I) = 1.0
       DO 20 J = I1,N
       DO 30 M = I1,N
30    A(J,M) = A(J,M) - A(J,I) * A(I,M)
20    B(J) = B(J) - A(J,I) * B(I)
1     CONTINUE
      DO 40 I = N - 1,1, - 1
      DO 50 J = I + 1,N
50    B(I) = B(I) - A(I,J) * B(J)
40     CONTINUE
       RETURN
       END
```

7.2.3 实例

如图 7.4 所示平面桁架,各杆的弹性模量为 $E = 210 \times 10^9$ Pa,横截面面积分别为 100 mm^2,在2、3、4结点作用有向下 $P = 1$ kN 的荷载,试计算各结点的位移及各杆的内力。

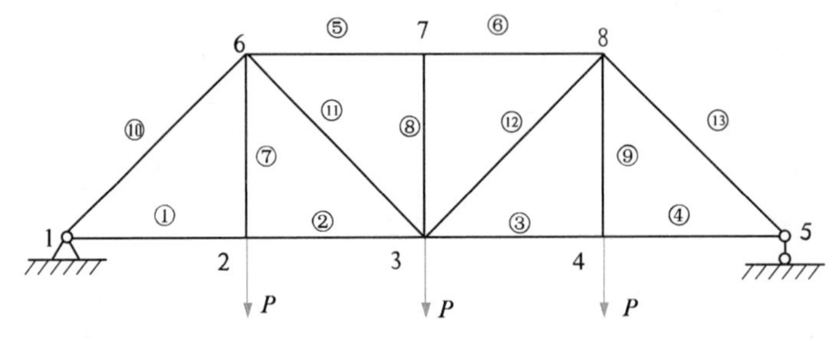

图 7.4　平面桁架

解:1. 形成数据文件 T1.dat。

结点编号与单元编号如图 7.4 所示。数据文件 T1.dat 如下:

```
8,13,16,3,210000000000
1,2,0.0001
2,3,0.0001
3,4,0.0001
4,5,0.0001
```

6,7,0.0001

7,8,0.0001

6,2,0.0001

7,3,0.0001

8,4,0.0001

1,6,0.0001

6,3,0.0001

3,8,0.0001

8,5,0.0001

0,0

0.5,0

1,0

1.5,0

2,0

0.5,0.5

1,0.5

1.5,0.5

1,2,10

2.将结点总数 NN、单元总数 NE、结点自由度总数 ND、被约束的结点自由度总数 NFIX 及弹性模量 E 的值代入计算程序中,并进行计算。

3.输出计算结果。

(1) 输出的参数信息

NN	NE	ND	NFIX	E
8	13	16	30	.2100E + 12

(2) 输出单元信息

ELEMENT	NODE1	NODE2	AREA
1	1	2	0.1000E - 03
2	2	3	0.1000E - 03
3	3	4	0.1000E - 03
4	4	5	0.1000E - 03
5	6	7	0.1000E - 03
6	7	8	0.1000E - 03
7	6	2	0.1000E - 03
8	7	3	0.1000E - 03
9	8	4	0.1000E - 03
10	1	6	0.1000E - 03
11	6	3	0.1000E - 03

12	3	8	0.1000E - 03
13	8	5	0.1000E - 03

(3) 输出结点信息

NODE	X - COORD	Y - COORD
1	0.0000E + 00	0.0000E + 00
2	0.5000E + 00	0.0000E + 00
3	0.1000E + 01	0.0000E + 00
4	0.1500E + 01	0.0000E + 00
5	0.2000E + 01	0.0000E + 00
6	0.5000E + 00	0.5000E + 00
7	0.1000E + 01	0.5000E + 00
8	0.1500E + 01	0.5000E + 00

(4) 输出约束信息

IFIX = 1　2　10

(5) 输出结点力信息

NODE	X - LOAD	Y - LOAD
1	0.0000E + 00	0.0000E + 00
2	0.0000E + 00	- 0.1000E + 04
3	0.0000E + 00	- 0.1000E + 04
4	0.0000E + 00	- 0.1000E + 04
5	0.0000E + 00	0.0000E + 00
6	0.0000E + 00	0.0000E + 00
7	0.0000E + 00	0.0000E + 00
8	0.0000E + 00	0.0000E + 00

(6) 输出结点位移

NODE	X - DISP	Y - DISP
1	0.2775E - 25	- 0.1010E - 18
2	0.3571E - 04	- 0.2439E - 03
3	0.7143E - 04	- 0.3014E - 03
4	0.1071E - 03	- 0.2439E - 03
5	0.1429E - 03	- 0.1010E - 18
6	0.1190E - 03	- 0.2201E - 03
7	0.7143E - 04	- 0.3014E - 03
8	0.2381E - 04	- 0.2201E - 03

(7) 输出单元内力

ELEMENT	FORCE
1	0.1500E + 04

2	0.1500E + 04
3	0.1500E + 04
4	0.1500E + 04
5	- 0.2000E + 04
6	- 0.2000E + 04
7	0.1000E + 04
8	0.0000E + 00
9	0.1000E + 04
10	- 0.2121E + 04
11	0.7071E + 03
12	0.7071E + 03
13	- 0.2121E + 04

7.3　平面梁单元

7.3.1　单元位移模式

在材料力学中已经推导出梁的转角 θ、弯矩 M、剪力 Q 和挠度 v 间的关系：

$$\theta = \frac{\mathrm{d}v}{\mathrm{d}x},\quad M = EI\frac{\mathrm{d}^2 v}{\mathrm{d}x^2},\quad Q = EI\frac{\mathrm{d}^3 v}{\mathrm{d}x^3}$$

式中 I 为梁截面对主轴 z 的惯性矩，并且

$$I = \iint_A y^2 \mathrm{d}A$$

图 7.5 所示的梁单元为一个无轴向变形的等截面直杆，共有两个结点，结点位移包括挠度和转角，结点力包括剪力和弯矩。

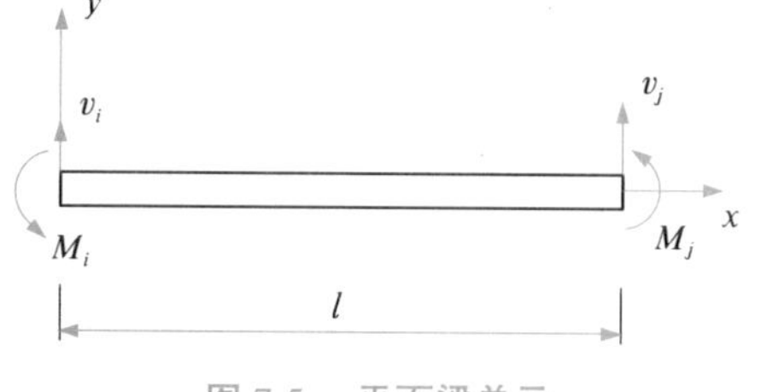

图 7.5　平面梁单元

单元的结点位移向量表示为

$$\{\delta\}^e = [v_i \quad \theta_i \quad v_j \quad \theta_j]^{\mathrm{T}} \tag{7.25}$$

结点力向量表示为

$$\{F\}^e = [Q_i \quad M_i \quad Q_j \quad M_j]^{\mathrm{T}} \tag{7.26}$$

设单元的位移模式取为

$$v(x) = \alpha_1 + \alpha_2 x + \alpha_3 x^2 + \alpha_4 x^3 \tag{7.27}$$

将单元上两个结点的位移代入式(7.27)，可得 $\alpha_1 \sim \alpha_4$，并代入式(7.27)，则单元的位移模式可写为

$$v(x) = [N]\{\delta\}^e \tag{7.28}$$

式中形函数 $[N]$ 表示为

$$[N] = [N_1 \quad N_2 \quad N_3 \quad N_4] \tag{7.29}$$

其中

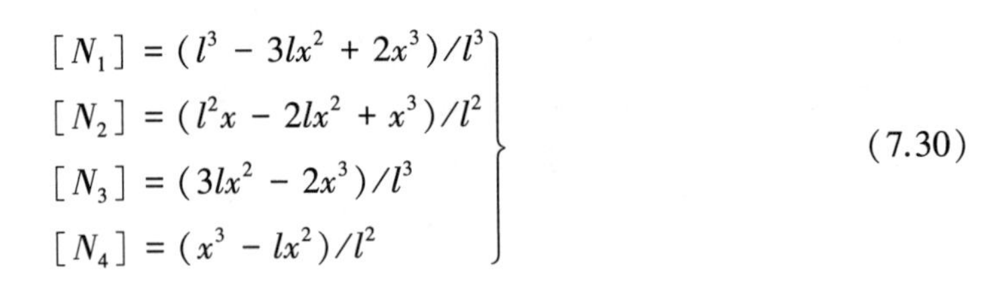

$$\left.\begin{aligned}[N_1] &= (l^3 - 3lx^2 + 2x^3)/l^3 \\ [N_2] &= (l^2x - 2lx^2 + x^3)/l^2 \\ [N_3] &= (3lx^2 - 2x^3)/l^3 \\ [N_4] &= (x^3 - lx^2)/l^2\end{aligned}\right\} \tag{7.30}$$

7.3.2 单元应变

由材料力学可知,梁在发生弯曲变形而引起梁的轴向变形产生的应变称为梁的弯曲应变,可由下式计算得到:

$$\varepsilon = -y\frac{\mathrm{d}^2v}{\mathrm{d}x^2} \tag{7.31}$$

将式(7.28) 代入式(7.31) 可得

$$\varepsilon = [B]\{\delta\}^e \tag{7.32}$$

$[B]$ 称为应变矩阵,可分块表示为

$$[B] = [B_1 \quad B_2 \quad B_3 \quad B_4] \tag{7.33}$$

其中

$$\left.\begin{aligned}B_1 &= -\frac{y}{l^3}(12x - 6l) \\ B_2 &= -\frac{y}{l^2}(6x - 4l) \\ B_3 &= \frac{y}{l^3}(12x - 6l) \\ B_4 &= -\frac{y}{l^2}(6x - 2l)\end{aligned}\right\} \tag{7.34}$$

7.3.3 单元应力

梁的弯曲应力的计算公式为

$$\sigma = E\varepsilon = -Ey\frac{\mathrm{d}^2v}{\mathrm{d}x^2} \tag{7.35}$$

将式(7.32) 代入式(7.35) 可得

$$\sigma = E[B]\{\delta\}^e = [S]\{\delta\}^e \tag{7.36}$$

$[S]$ 为应力矩阵,可分块表示为

$$[S] = [S_1 \quad S_2 \quad S_3 \quad S_4] \tag{7.37}$$

其中

$$\left.\begin{aligned} S_1 &= -\frac{Ey}{l^3}(12x - 6l) \\ S_2 &= -\frac{Ey}{l^2}(6x - 4l) \\ S_3 &= \frac{Ey}{l^3}(12x - 6l) \\ S_4 &= -\frac{Ey}{l^2}(6x - 2l) \end{aligned}\right\} \tag{7.38}$$

7.3.4　单元刚度矩阵

对于等截面梁单元，由式(7.33)、式(7.37)可得单元刚度矩阵：

$$[k] = \iiint_V [B]^T[D][B]\mathrm{d}V = \int [B]^T[D][B]A\mathrm{d}x = \frac{EI}{l^3}\begin{bmatrix} 12 & 6l & -12 & 6l \\ 6l & 4l^2 & -6l & 2l^2 \\ -12 & -6l & 12 & -6l \\ 6l & 2l^2 & -6l & 4l^2 \end{bmatrix} \tag{7.39}$$

I 为截面对主轴的惯性矩。

7.3.5　等效结点力

如果梁上作用有集中力或集中力偶，在划分单元时可将作用点取为结点，在整体荷载列阵中进行叠加。如果梁上作用有横向分布荷载，则等效结点力可由下式计算得到：

$$[F]^e = \int [N]^T p(x)\mathrm{d}x \tag{7.40}$$

将式(7.29)、式(7.30)代入上式即可求得等效结点力。几种常见荷载引起的等效结点力如表 7.1 所示。

表 7.1　常见荷载引起的等效结点力

外力分布	Q_i	M_i	Q_j	M_j
p; i j	$\frac{1}{2}pl$	$\frac{1}{12}pl^2$	$\frac{1}{2}pl$	$-\frac{1}{12}pl^2$
p; y j	$-\frac{3}{20}pl$	$-\frac{1}{30}pl^2$	$-\frac{7}{20}pl$	$\frac{1}{20}pl^2$
p; y j	$-\frac{1}{4}pl$	$-\frac{5}{96}pl^2$	$-\frac{1}{4}pl$	$\frac{5}{96}pl^2$

7.3.6 梁的有限元源程序

梁的有限元程序与平面三角形单元、桁架单元的计算程序一致。

(1) 输入数据文件 B1.DAT

NN,NE,ND,NFIX,E(结点数、单元数、总自由度数、被约束的自由度数、弹性模量)

LOC(1,1),LOC(1,2),FINT(1)

(单元 1 的结点号及截面惯性矩)

LOC(2,1),LOC(2,2),FINT(2)

……

LOC(NE,1),LOC(NE,2),FINT(NE)

(单元 NE 的结点号及截面惯性矩)

CX(1)(结点 1 的坐标)

CX(2)

……

CX(NN) (结点 NN 的坐标)

IFIX(K)(第 k 个被约束的自由度号,按顺序填写)

NP,NVD(集中荷载作用点个数、均布荷载个数)

若 NP ≠ 0,输入数组

1,F(1),F(2)(结点号、横向集中力、弯矩值)

2,F(3),F(4)

……

NN,F(2 * NN - 1),F(2 * NN)

若 NVD ≠ 0,输入数组

1,q(单元号、均布荷载集度)

2,q

……

NN,q

(2) 源程序

```
C    针对具体问题确定矩阵维数,根据具体问题将参数 NN,NE,ND 代入
     DIMENSION LOC(NE,2),CX(NN),IFIX(ND),FINT(NE), AL(NE),
         1 GK(2 * NN,2 * NN),F(2 * NN),FF(NE)
     COMMON NN,NE,ND,NFIX,E
C    输入基本参数,单元结点编号,横截面面积
     OPEN(5,FILE = 'T1.DAT',STATUS = 'OLD')
     OPEN(6,FILE = 'OUTT1.')
     READ(5, * ) NN,NE,ND,NFIX,E
     WRITE(6,105) NN,NE,ND,NFIX,E
105    FORMAT(2X,'NN NE ND NFIX E'/4I5,E12.5)
```

```
      READ(5,*) (LOC(I,1),LOC(I,2),FINT (I),I = 1,NE)
      WRITE(6,108)
108   FORMAT(/1X,'ELEMENT NODE1 NODE2 INERTIA')
      WRITE(6,110) (I,LOC(I,1),LOC(I,2),FINT (I),I = 1,NE)
C      输入结点坐标、结点自由度
110   FORMAT(1X,3I6,E14.4)
      READ(5,*) (CX(J), J = 1,NN)
      WRITE(6,112)
112   FORMAT(/1X,'NODE X - COORD')
      WRITE(6,115) (J,CX(J),J = 1,NN)
115   FORMAT(1X,I4,3X,E12.4)
      READ(5,*) (IFIX(K),K = 1,NFIX)
      WRITE(6,118) (IFIX(K),K = 1,NFIX)
118  FORMAT(/1X,'IFIX = ',6I4)
C    输入结点荷载,根据具体情况输入
    DO 10 I = 1,ND
10   F(I) = 0.0
     F(2) =- 10000.0
C    调用 CST 子程序,输出结点内力和结点位移
    CALL CST(LOC,CX,IFIX,AL,GK,GK1,EK1,F,F1,FR,FE,P1)
    WRITE(6,120)
120   FORMAT(/1X,'NODE',6X,'X - DISP',9X,'Y - DISP')
      WRITE(6,125) (I,F(2*I - 1),F(2*I),I = 1,NN)
125   FORMAT(1X,I4,2E14.5)
      WRITE(6,130)
130   FORMAT(/1X,'NODE',5X,'SHEAR - F', 8X, 'MOMENT')
      WRITE(6,135) (I,FR(2*I - 1),FR(2*I ), I = 1,NN)
135   FORMAT(1X,I4,2E14.5)
      WRITE(6,140)
130   FORMAT(/1X,'ELEMENT',4X,'SHEAR - F', 7X, 'MOMENT')
      DO 10 I = 1,NE
10   WRITE(6,145) I,FE(I,1),FE(I,2),FE(I,3),FE(I,4)
145   FORMAT(1X,I4,2E14.5/5X,2E14.5)
      STOP
      END
C    子程序数组维数和公共语句
    SUBROUTINE CST(LOC,CX,IFIX,FINT, AL,GK,GK1, EK1, F,F1, FR, FE,
      P1)
```

```
      DIMENSION LOC(NE,2),CX(NN),IFIX(NFIX),FINT(NE), AL(NE),
        GK(ND,ND)
      1 GK1(ND,ND), EK1(NE,4,4), F(ND),F1(ND), FR(ND), FE(NE,4),
        P1(NE,4),EK(4,4)
      COMMON NN,NE,ND,NFIX,E
      DO 2 I = 1,NE
      I1 = LOC(I,1)
      I2 = LOC(I,2)
2     AL(I) = CX(I2) - CX(I1)
C     输入集中荷载作用点个数
      READ(5, * ) NP,NVD
      IF(NP.EQ.0) GO TO 5
      DO 4 I = 1,NP
      READ(5, * ) II, F(2 * II - 1), F(2 * II)
4     CONTINUE
5     CONTINUE
C     输入均布荷载单元、荷载集度,并叠加到荷载列阵中
      IF(N VD.EQ.0) GO TO 8
      DO 6 II = 1,NVD
      READ(5, * ) I, Q
      I1 = LOC(I,1)
      I2 = LOC(I,2)
      P1(I,1) = Q * AL(I)/2
      P1(I,2) = Q * AL(I)  * * 2/12
      P1(I,3) = P1(I,1)
      P1(I,4) = - P1(I,2)
      F(2 * I1 - 1) = F(2 * I1 - 1) + Q * AL(I)/2
      F(2 * I1) = F(2 * I1) + Q * AL(I)  * * 2/12
      F(2 * I2 - 1) = F(2 * I2 - 1) + Q * AL(I)/2
      F(2 * I2) = F(2 * I2) - Q * AL(I)  * * 2/12
6     CONTINUE
8     DO 9 I = 1,ND
9     F1(I) = F(I)
      WRITE(6,160)
160     FORMAT(/4X,'NODE',4X,'Q - LOAD',6X,'M - LOAD')
        WRITE(6,165)(I, F(2 * I - 1), F(2 * I), I = 1,NN)
165   FORMAT(/1X,I4,2E13.5)
C     将整体刚度置零
```

```
      DO 10 I = 1,ND
      DO 10 J = 1,ND
10    GK(I,J) = 0.0
C     单元I,J
      DO 100 I = 1,NE
      F10 = FINT(1)
      EIL1 = E* F10/AL(I)
      EIL2 = E* F10/AL(I)**2
      EIL3 = E* F10/AL(I)**3
      EK(1,1) = 12* EIL3
      EK(2,2) = 4* EIL1
      EK(3,3) = 12* EIL3
      EK(4,4) = 4* EIL1
      EK(2,1) = 6* EIL2
      EK(3,1) =- 12* EIL3
      EK(3,2) =- 6* EIL2
      EK(4,1) = 6* EIL2
      EK(4,2) = 2* EIL1
      EK(4,3) =- 6* EIL2
      DO 50 II = 1,3
      DO 50 JJ = II + 1,4
50    EK(II,JJ) = EK(JJ,II)
      DO 55 J = 1,4
      DO 55 K = 1,4
55    EK1(I,J,K) = EK(J,K)
      WRITE(6,140) (I,K,L,EK(K,L),K = 1,4,L = 1,4)
C     输出单元刚度矩阵
140   FORMAT(1X,'I,K,L,EK',3I4,E12.5)
C     组装整体刚度矩阵
      DO 85 INODE = 1,2
      NODEI = LOC(I,INODE)
      DO 85 IDOFN = 1,2
      NROWS = (NODEI - 1)*2 + IDOFN
      NROWE = (INODE - 1)*2 + IDOFN
      DO 85 JNODE = 1,2
      NODEJ = LOC(I,JNODE)
      DO 85 JDOFN = 1,2
      NCOLS = (NODEJ - 1)*2 + JDOFN
```

```
      NCOLE = (JNODE - 1) * 2 + JDOFN
85    GK(NROWS,NCOLS) = GK(NROWS,NCOLS) + EK(NROWE,NCOLE)
100     CONTINUE
        DO 88 I = 1,ND
        DO 88 J = 1,ND
        GK1(I,J) = GK(I,J)
        WRITE(6,170) ((I,J,GK(I,J),J = 1,ND),I = 1,ND)
170   FORMAT(/1X,'IJ,GK',2I4,E12.5,2X.2I4,E12.5)
C     乘大数法引入约束条件
      DO 90 I = 1,NFIX
      IX = IFIX(I)
90    GK(IX,IX) = GK(IX,IX) * 1.0E15
C     调用解方程组程序
      CALL GAUSS(GK,F,ND)
      DO 95 I = 1,NE
      FR(I) = 0.0
      DO 95 J = 1,NE
      FR(I) = FR(I) + GK1(I,J) * F(J)
95     CONTINUE
       DO 95 I = 1,ND
       FR(I) = FR(I) - F1(I)
       计算杆的内力
       DO 96 I = 1,NE
       XX(1) = F(2 * LOC(I,1) - 1)
       XX(2) = F(2 * LOC(I,1))
       XX(3) = F(2 * LOC(I,2) - 1)
       XX(4) = F(2 * LOC(I,2))
       DO 96 I = 1,4
       FE(I,J) = 0.0
       DO 98 K = 1,4
98     FE(I,J) = FE(I,J) + EK1(I,J,K) * XX(K)
       FE(I,J) = FE(I,J) - P1(I,J)
96     CONTINUE
       RETURN
       END
C      高斯消元法求解线性方程组
       SUBROUTINE GAUSS(A,B,N)
```

```
      DIMENSION A(N,N),B(N)
      DO 1 I = 1,N
      I1 = I + 1
      DO 10 J = I1,N
10     A(I,J) = A(I,J)/A(I,I)
       B(I) = B(I)/A(I,I)
       A(I,I) = 1.0
       DO 20 J = I1,N
       DO 30 M = I1,N
30    A(J,M) = A(J,M) - A(J,I) * A(I,M)
20    B(J) = B(J) - A(J,I) * B(I)
1     CONTINUE
      DO 40 I = N - 1,1, - 1
      DO 50 J = I + 1,N
50    B(I) = B(I) - A(I,J) * B(J)
40     CONTINUE
       RETURN
       END
```

7.4　平面刚架单元

7.4.1　局部坐标系下的刚架单元

在同一平面内的若干杆件以焊接或铆接等方式连接起来的结构,若其所承受的荷载也在该平面内,称此结构为平面杆件系统。因外荷载都在同一平面内,所以梁单元总是处于轴向拉压和平面弯曲的组合变形状态。

取结点为 i 和 j 之间的梁为梁单元,在结点 i 和 j 上所受到的结点力为轴力、剪力和弯矩,即 N_i、Q_i、M_i 和 N_j、Q_j、M_j;与之相对应的结点位移分别为 u_i、v_i、θ_i 和 u_j、v_j、θ_j,如图 7.6 所示。

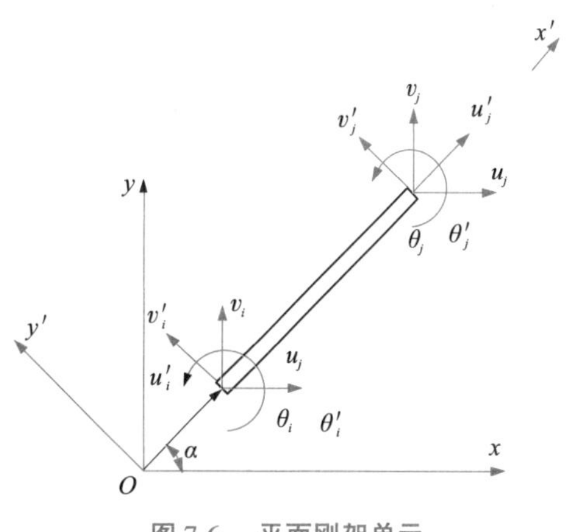

图 7.6　平面刚架单元

(1) 单元的位移模式　轴向位移 u' 位移模式可取 x' 的线性函数,而挠度 v' 则可用 x' 的三次多项式来表示,即

$$\left.\begin{aligned} u' &= a_0 + a_1 x' \\ v' &= b_0 + b_1 x' + b_2 x'^2 + b_3 x'^3 \end{aligned}\right\} \tag{7.41}$$

其中

$$\left.\begin{aligned}&\{u'\} = [u'_i \quad u'_j]^{\mathrm{T}}\\&\{v'\} = [v'_i \quad \theta'_i \quad v'_j \quad \theta'_j]^{\mathrm{T}}\\&[h(x')] = [1 \quad x']\\&[H(x')] = [1 \quad x' \quad x'^2 \quad x'^3]\\&\{a\} = [a_0 \quad a_1]^{\mathrm{T}}\\&\{b\} = [b_0 \quad b_1 \quad b_2 \quad b_3]^{\mathrm{T}}\end{aligned}\right\} \tag{7.42}$$

$$\left.\begin{aligned}&\{v'\} = [A_2]\{b\}\\&\{u'\} = [A_1]\{a\}\end{aligned}\right\} \tag{7.43}$$

$$[A_1] = \begin{bmatrix}1 & 0\\1 & l\end{bmatrix}, \quad [A_2] = \begin{bmatrix}1 & 0 & 0 & 0\\0 & 1 & 0 & 0\\1 & l & l^2 & l^3\\0 & 1 & 2l & 3l^2\end{bmatrix} \tag{7.44}$$

由结点位移可以求得位移模式中的全部参数$\{a\}$和$\{b\}$。于是,梁单元的位移模式便可用结点位移来表示,其矩阵形式为

$$\left.\begin{aligned}&u' = [h(x')][A_1]^{-1}\{u'\} = [N_u]\{u'\}^e\\&v' = [H(x')][A_2]^{-1}\{v\} = [N_v]\{v'\}^e\end{aligned}\right\} \tag{7.45}$$

式中,$[N_u] = [h(x')][A_1]^{-1}$, $[N_v] = [H(x')][A_2]^{-1}$。

若将梁单元的结点位移记为$\{\delta'\}^e = [\delta_i'^{\mathrm{T}} \quad \delta_j'^{\mathrm{T}}]^{\mathrm{T}}$,其中结点$i$和$j$的位移记为

$$\{\delta'_i\} = [u'_i \quad v'_i \quad \theta'_i]^{\mathrm{T}}, \quad \{\delta'_j\} = [u'_j \quad v'_j \quad \theta'_j]^{\mathrm{T}}$$

则

$$\{f'\} = \begin{Bmatrix}u'\\v'\end{Bmatrix} = \begin{bmatrix}H_{u'}(x')\\H_{v'}(x')\end{bmatrix}[A]\{\delta'\}^e = [N]\{\delta'\}^e \tag{7.46}$$

式中

$$[H_u(x')] = [1 \quad 0 \quad 0 \quad x' \quad 0 \quad 0]$$

$$[H_v(x')] = [0 \quad 1 \quad x' \quad 0 \quad x'^2 \quad x'^3]$$

$$[A] = \begin{bmatrix}1 & 0 & 0 & 0 & 0 & 0\\0 & 1 & 0 & 0 & 0 & 0\\0 & 0 & 1 & 0 & 0 & 0\\-1/l & 0 & 0 & 1/l & 0 & 0\\0 & -3/l^2 & -2/l & 0 & 3/l^2 & -1/l\\0 & 2/l^3 & 1/l^2 & 0 & -2/l^3 & 1/l^2\end{bmatrix}$$

则形函数表示为

$$[N]=\begin{bmatrix}1 & 0 & 0 & x' & 0 & 0\\ 0 & 1 & x' & 0 & x'^2 & x'^3\end{bmatrix}\begin{bmatrix}1 & 0 & 0 & 0 & 0 & 0\\ 0 & 1 & 0 & 0 & 0 & 0\\ 0 & 0 & 1 & 0 & 0 & 0\\ -1/l & 0 & 0 & 1/l & 0 & 0\\ 0 & -3/l^2 & -2/l & 0 & 3/l^2 & -1/l\\ 0 & 2/l^3 & 1/l^2 & 0 & -2/l^3 & 1/l^2\end{bmatrix}$$

$$=\begin{bmatrix}1-\dfrac{x'}{l} & 0 & 0 & \dfrac{x'}{l} & 0 & 0\\ 0 & 1-\dfrac{3x'^2}{l^2}+\dfrac{2x'^3}{l^3} & x'-\dfrac{2x'^2}{l}+\dfrac{x'^3}{l^2} & 0 & \dfrac{3x'^2}{l^2}-\dfrac{2x'^3}{l^3} & -\dfrac{x'^2}{l}+\dfrac{x'^3}{l^2}\end{bmatrix} \tag{7.47}$$

（2）单元的应变和应力　梁单元受到拉压和弯曲变形后，其线应变可分为两部分：拉压应变 ε_0、弯曲应变 ε_b。

剪切应变对梁挠度的影响是微小的，可以忽略不计，则

$$\{\varepsilon\}=\begin{Bmatrix}\varepsilon_0\\ \varepsilon_b\end{Bmatrix}=\begin{Bmatrix}\dfrac{du_i'}{dx}\\ -y\dfrac{d^2v'}{dx^2}\end{Bmatrix}=\begin{bmatrix}H'_u(x')\\ -yH''_v(x')\end{bmatrix}[A]\{\delta'\}^e=[B]\{\delta'\}^e \tag{7.48}$$

式中

$$[H'_u(x)]=[0\quad 0\quad 0\quad 1\quad 0\quad 0]$$
$$[H''_v(x)]=[0\quad 0\quad 0\quad 0\quad 2\quad 6x]$$

则应力表示为

$$\{\sigma\}=\begin{Bmatrix}\sigma_0\\ \sigma_b\end{Bmatrix}=E\{\varepsilon\}=E[B]\{\delta'\}^e \tag{7.49}$$

（3）单元的刚度矩阵　梁单元内的应力由于虚应变所做的虚功为

$$\delta U^e=\iiint\{\varepsilon^*\}^{\mathrm T}\{\sigma\}\,dV=E\left(\{\delta'^*\}^e\right)^{\mathrm T}\iiint[B]^{\mathrm T}[B]\,dV\{\delta'\}^e$$

而单元所受外力（集中力 $\{F\}^e$ 和沿轴线作用的分布荷载 $\{q\}$）在虚位移上所做的功为

$$\delta W^e=\int\{f^*\}^{\mathrm T}\{q\}\,dx+\left(\{\delta'^*\}^e\right)^{\mathrm T}\{F'\}^e=\left(\{\delta'^*\}^e\right)^{\mathrm T}\left(\int[N]^{\mathrm T}\{q\}\,dx+\{F\}^e\right)$$

由虚位移原理，得

$$\int[N]^{\mathrm T}\{q\}\,dx+\{F\}^e=E\iiint[B]^{\mathrm T}[B]\,dV\{\delta'\}^e$$

令

$$\{R\}^e=\int[N]^{\mathrm T}\{q\}\,dx+\{F\}^e=\{Q\}^e+\{F\}^e$$

$$[k'] = E\iiint [B]^{\mathrm{T}}[B]\,\mathrm{d}V$$

则

$$\{R'\}^e = [k']\{\delta'\}^e \tag{7.50}$$

其中

$$\{R'\}^e = \begin{bmatrix} R'_{xi} & R'_{yi} & M'_i & R'_{xj} & R'_{yj} & M'_j \end{bmatrix}^{\mathrm{T}}, \quad \{\delta'\}^e = \begin{bmatrix} u'_i & v'_i & \theta'_i & u'_j & v'_j & \theta'_j \end{bmatrix}^{\mathrm{T}}$$

则单元刚度矩阵可表示为

$$[k] = \begin{bmatrix} \frac{EA}{l} & 0 & 0 & -\frac{EA}{l} & 0 & 0 \\ 0 & \frac{12EI}{l^3} & \frac{6EI}{l^2} & 0 & -\frac{12EI}{l^3} & \frac{6EI}{l^2} \\ 0 & \frac{6EI}{l^2} & \frac{4EI}{l} & 0 & -\frac{6EI}{l^2} & \frac{2EI}{l} \\ -\frac{EA}{l} & 0 & 0 & \frac{EA}{l} & 0 & 0 \\ 0 & -\frac{12EI}{l^3} & -\frac{6EI}{l^2} & 0 & \frac{12EL}{l^3} & -\frac{6EI}{l^2} \\ 0 & \frac{6EI}{l^2} & \frac{2EI}{l} & 0 & -\frac{6EI}{l^2} & \frac{4EI}{l} \end{bmatrix} \tag{7.51}$$

式中，$I = \iint y^2\mathrm{d}A$ 是梁截面对主轴的惯性矩，A 为梁截面面积。

当梁截面的高度大于梁长度的 1/5 时，剪切应变对挠度的影响就必须予以考虑，尤其是在薄壁截面的情形，剪切对挠度的影响将是巨大的。考虑剪切影响时，只需对梁单元的刚度矩阵作如下修正：

$$[k'] = \begin{bmatrix} \frac{EA}{l} & 0 & 0 & -\frac{EA}{l} & 0 & 0 \\ 0 & \frac{12EI}{l^3(1+\phi)} & \frac{6EI}{l^2(1+\phi)} & 0 & -\frac{12EI}{l^3(1+\phi)} & \frac{6EI}{l^2(1+\phi)} \\ 0 & \frac{6EI}{l^2(1+\phi)} & \frac{(4+\phi)EI}{l(1+\phi)} & 0 & -\frac{6EI}{l^2(1+\phi)} & \frac{(2-\phi)EI}{l(1+\phi)} \\ -\frac{EA}{l} & 0 & 0 & \frac{EA}{l} & 0 & 0 \\ 0 & -\frac{12EI}{l^3(1+\phi)} & -\frac{6EI}{l^2(1+\phi)} & 0 & \frac{12EI}{l^3(1+\phi)} & -\frac{6EI}{l^2(1+\phi)} \\ 0 & \frac{6EI}{l^2(1+\phi)} & \frac{(2-\phi)EI}{l(1+\phi)} & 0 & -\frac{6EI}{l^2(1+\phi)} & \frac{(4+\phi)EI}{l(1+\phi)} \end{bmatrix} \tag{7.52}$$

式中，$\phi = 12EI/(GA_s l^2)$ 为剪切影响系数；A_s 为有效抗剪面积。

7.4.2　整体坐标系中平面刚架单元的刚度矩阵

在整体坐标系下单元的平衡方程可写为

$$\{R\}^e = [k]\{\delta\}^e \tag{7.53}$$

在整体坐标系和局部坐标系下的位移和荷载列阵的变换公式与桁架变换式(7.16)、式(7.18)类似，即

$$\{\delta\}^e = [T]\{\delta'\}^e \tag{7.54}$$

$$\{R\}^e = [T]\{R'\}^e \tag{7.55}$$

其中

$$\{R'\}^e = \begin{bmatrix} R'_{xi} & R'_{yi} & M'_i & R'_{xj} & R'_{yj} & M'_j \end{bmatrix}^{\mathrm{T}}, \quad \{\delta'\}^e = \begin{bmatrix} u'_i & v'_i & \theta'_i & u'_j & v'_j & \theta'_j \end{bmatrix}^{\mathrm{T}}$$

式中的转换矩阵 $[T]$ 为

$$[T] = \begin{bmatrix} \cos\alpha & -\sin\alpha & 0 & 0 & 0 & 0 \\ \sin\alpha & \cos\alpha & 0 & 0 & 0 & 0 \\ 0 & 0 & 1 & 0 & 0 & 0 \\ 0 & 0 & 0 & \cos\alpha & -\sin\alpha & 0 \\ 0 & 0 & 0 & \sin\alpha & \cos\alpha & 0 \\ 0 & 0 & 0 & 0 & 0 & 1 \end{bmatrix} \tag{7.56}$$

在整体坐标系和局部坐标系下的单元刚度矩阵关系可表达为

$$[k] = [T][k'][T]^{\mathrm{T}} \tag{7.57}$$

整体平衡方程表示为

$$\{R\}^e = [K]\{\delta\}^e \tag{7.58}$$

引入约束条件即可求出整体坐标系下的结点位移和约束反力。

单元杆端内力必须在局部坐标系下计算。由式(7.54)，且由 $[T]^{-1} = [T]^{\mathrm{T}}$，得

$$\{\delta'\}^e = [T]^{\mathrm{T}}\{\delta\}^e$$

再由式(7.50)求出 $\{R'\}^e$。其中 $\{R'\}^e$ 为杆端内力 $\{R'_e\}^e$ 与非结点荷载产生的单元结点荷载 $\{R'_d\}^e$ 之和，即

$$\{R'\}^e = \{R'_e\}^e + \{R'_d\}^e$$

则单元杆端内力为

$$\{R'_e\}^e = \{R'\}^e - \{R'_d\}^e = [k']\{\delta'\}^e - \{R'_d\}^e \tag{7.59}$$

例 7.2　求图 7.7 所示刚架的结点位移，已知截面面积为 0.5 m²，惯性矩为 $\frac{1}{24}$ m⁴。

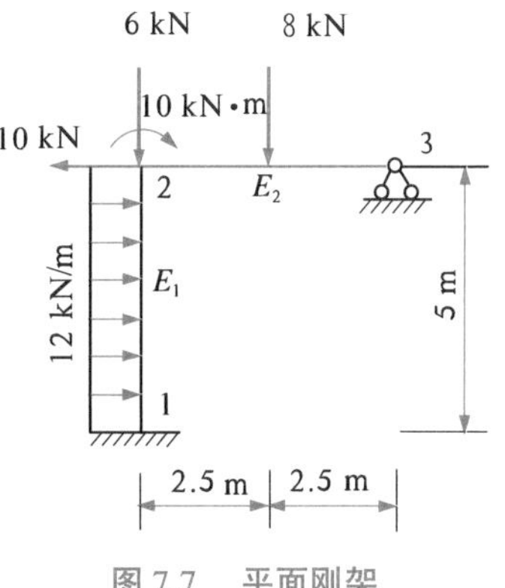

图 7.7　平面刚架

解：(1) 单元刚度。由式(7.51)、式(7.56)、式(7.57)可得单元刚度矩阵为

$$[k]^{①}=\begin{bmatrix}12&0&-30&-12&0&-30\\0&300&0&0&-300&0\\-30&0&100&30&0&50\\-12&0&30&12&0&30\\0&-300&0&0&300&0\\-30&0&50&30&0&100\end{bmatrix}\times 10^4$$

$$[k]^{②}=\begin{bmatrix}300&0&0&-300&0&0\\0&12&30&0&-12&30\\0&30&100&0&-30&50\\-300&0&0&300&0&0\\0&-12&-30&0&12&-30\\0&30&50&0&-30&100\end{bmatrix}\times 10^4$$

(2) 整体刚度。

$$[K]=\begin{bmatrix}12&0&-30&-12&0&-30&0&0&0\\0&300&0&0&-300&0&0&0&0\\-30&0&100&30&0&50&0&0&0\\-12&0&30&312&0&30&-300&0&0\\0&-300&0&0&312&30&0&-12&30\\-30&0&50&30&30&200&0&-30&50\\0&0&0&-300&0&0&300&0&0\\0&0&0&0&-12&-30&0&12&-30\\0&0&0&0&30&50&0&-30&100\end{bmatrix}\times 10^4$$

(3) 计算等效结点力。

单元等效结点力为

$$[F]^{①}=\begin{bmatrix}30&0&25&30&0&-25\end{bmatrix}^{\mathrm{T}}$$

$$[F]^{②}=\begin{bmatrix}0&4&5&0&4&-5\end{bmatrix}^{\mathrm{T}}$$

则刚架结构的等效结点力为

$$[F]=[30\quad 0\quad 25\quad 30\quad 4\quad -20\quad 0\quad 4\quad -5]^{\mathrm{T}}$$

(4) 建立整体平衡方程。

$$[K]\{\delta\}=\{F\}$$

则

$$
\begin{bmatrix}
12 & 0 & -30 & -12 & 0 & -30 & 0 & 0 & 0 \\
0 & 300 & 0 & 0 & -300 & 0 & 0 & 0 & 0 \\
-30 & 0 & 100 & 30 & 0 & 50 & 0 & 0 & 0 \\
-12 & 0 & 30 & 312 & 0 & 30 & -300 & 0 & 0 \\
0 & -300 & 0 & 0 & 312 & 30 & 0 & -12 & 30 \\
-30 & 0 & 50 & 30 & 30 & 200 & 0 & -30 & 50 \\
0 & 0 & 0 & -300 & 0 & 0 & 300 & 0 & 0 \\
0 & 0 & 0 & 0 & -12 & -30 & 0 & 12 & -30 \\
0 & 0 & 0 & 0 & 30 & 50 & 0 & -30 & 100
\end{bmatrix} \times 10^4 \times \begin{Bmatrix} u_1 \\ v_1 \\ \theta_1 \\ u_2 \\ v_2 \\ \theta_2 \\ u_3 \\ v_3 \\ \theta_3 \end{Bmatrix} = \begin{Bmatrix} 30 \\ 0 \\ 25 \\ 30 \\ 4 \\ -20 \\ 0 \\ 4 \\ -5 \end{Bmatrix}
$$

（5）求解。采用划行划列法求解，由于 $u_1 = v_1 = \theta_1 = u_3 = v_3 = 0$，划去相应的行和列，则有

$$
10^4 \times \begin{bmatrix} 312 & 0 & 30 & 0 \\ 0 & 312 & 30 & 30 \\ 30 & 30 & 200 & 50 \\ 0 & 30 & 50 & 100 \end{bmatrix} \begin{Bmatrix} u_2 \\ v_2 \\ \theta_2 \\ \theta_3 \end{Bmatrix} = \begin{Bmatrix} 30 \\ 4 \\ -20 \\ -5 \end{Bmatrix}
$$

计算后可得结点位移为

$$
\begin{Bmatrix} u_2 \\ v_2 \\ \theta_2 \\ \theta_3 \end{Bmatrix} = \begin{Bmatrix} 6.065 \\ 3.973 \\ -3.586 \\ 4.398 \end{Bmatrix} \times 10^{-3}
$$

7.5　空间杆件系统

一般情况下，空间梁单元的每个结点的位移具有 6 个自由度，对应于 6 个结点力，如图 7.8 所示。

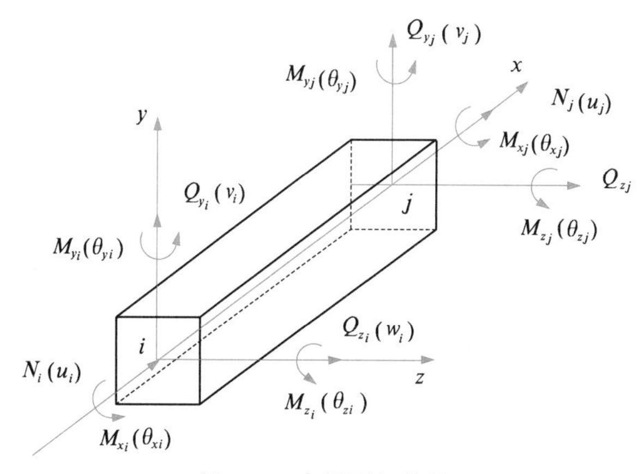

图 7.8　空间刚架单元

记单元结点位移为$\{\delta\}^e = \begin{bmatrix} \delta_i^{\mathrm{T}} & \delta_j^{\mathrm{T}} \end{bmatrix}^{\mathrm{T}}$,其中两结点的位移分别为

$$\{\delta_i\} = \begin{bmatrix} u_i & v_i & w_i & \theta_{xi} & \theta_{yi} & \theta_{zi} \end{bmatrix}^{\mathrm{T}}$$

$$\{\delta_j\} = \begin{bmatrix} u_j & v_j & w_j & \theta_{xj} & \theta_{yj} & \theta_{zj} \end{bmatrix}^{\mathrm{T}}$$

记单元结点力为$\{F\}^e = \begin{bmatrix} F_i^{\mathrm{T}} & F_j^{\mathrm{T}} \end{bmatrix}^{\mathrm{T}}$,其中两结点力分别为

$$\{F_i\} = \begin{bmatrix} N_i & Q_{yi} & Q_{zi} & M_{xi} & M_{yi} & M_{zi} \end{bmatrix}^{\mathrm{T}}$$

$$\{F_j\} = \begin{bmatrix} N_j & Q_{yj} & Q_{zj} & M_{xj} & M_{yj} & M_{zj} \end{bmatrix}^{\mathrm{T}}$$

式中,N_i 和 N_j 表示作用于结点 i 和 j 的轴向力;Q_{yi}、Q_{yj}、Q_{zi}、Q_{zj} 表示 y 方向和 z 方向的剪力;M_{xi}、M_{xj} 表示扭矩;M_{yi}、M_{yj}、M_{zi}、M_{zj} 表示绕 y 轴和 z 轴的弯矩。

7.5.1 局部坐标系中的单元刚度矩阵

空间梁单元的单元刚度矩阵为

$$[k] = \begin{bmatrix}
\frac{EA}{l} & 0 & 0 & 0 & 0 & 0 & -\frac{EA}{l} & 0 & 0 & 0 & 0 & 0 \\
0 & \frac{12EI_z}{l^3(1+\phi_y)} & 0 & 0 & 0 & \frac{6EI_z}{l^2(1+\phi_y)} & 0 & -\frac{12EI_z}{l^3(1+\phi_y)} & 0 & 0 & 0 & \frac{6EI_z}{l^2(1+\phi_y)} \\
0 & 0 & \frac{12EI_y}{l^3(1+\phi_z)} & 0 & \frac{6EI_y}{l^2(1+\phi_z)} & 0 & 0 & 0 & -\frac{12EI_y}{(1+\phi_z)} & 0 & -\frac{6EI_y}{l^2(1+\phi_z)} & 0 \\
0 & 0 & 0 & \frac{GJ_k}{l} & 0 & 0 & 0 & 0 & 0 & -\frac{GJ_k}{l} & 0 & 0 \\
0 & 0 & \frac{6EI_y}{l^2(1+\phi_z)} & 0 & \frac{(4+\phi_z)EI_y}{l(1+\phi_z)} & 0 & 0 & 0 & \frac{6EI_y}{l^2(1+\phi_z)} & 0 & \frac{(2-\phi_z)EI_y}{l(1+\phi_z)} & 0 \\
0 & \frac{6EI_z}{l^2(1+\phi_y)} & 0 & 0 & 0 & \frac{(4+\phi_y)EI_z}{l(1+\phi_y)} & 0 & \frac{6EI_z}{l^2(1+\phi_y)} & 0 & 0 & 0 & \frac{(2-\phi_y)EI_z}{l(1+\phi_y)} \\
-\frac{EA}{l} & 0 & 0 & 0 & 0 & 0 & \frac{EA}{l} & 0 & 0 & 0 & 0 & 0 \\
0 & -\frac{12EI_z}{l^3(1+\phi_y)} & 0 & 0 & 0 & \frac{6EI_z}{l^2(1+\phi_y)} & 0 & \frac{12EI_z}{l^3(1+\phi_y)} & 0 & 0 & 0 & -\frac{6EI_z}{l^2(1+\phi_y)} \\
0 & 0 & -\frac{12EI_y}{l^3(1+\phi_z)} & 0 & \frac{6EI_y}{l^2(1+\phi_z)} & 0 & 0 & 0 & \frac{12EI_y}{l^3(1+\phi_z)} & 0 & \frac{6EI_y}{l^2(1+\phi_z)} & 0 \\
0 & 0 & 0 & -\frac{GJ_k}{l} & 0 & 0 & 0 & 0 & 0 & \frac{GJ_k}{l} & 0 & 0 \\
0 & 0 & -\frac{6EI_y}{l^2(1+\phi_z)} & 0 & \frac{(2-\phi_z)EI_y}{l(1+\phi_z)} & 0 & 0 & 0 & \frac{6EI_y}{l^2(1+\phi_z)} & 0 & \frac{(4+\phi_z)EI_y}{l(1+\phi_z)} & 0 \\
0 & \frac{6EI_z}{l^2(1+\phi_y)} & 0 & 0 & 0 & \frac{(2-\phi_y)EI_z}{l(1+\phi_y)} & 0 & -\frac{6EI_z}{l^2(1+\phi_y)} & 0 & 0 & 0 & \frac{(4+\phi_y)EI_z}{l(1+\phi_y)}
\end{bmatrix} \tag{7.60}$$

式中,I_y、I_z 是对 y 轴和 z 轴的主惯性矩;$\phi_y=\dfrac{12EI_z}{GAl^2}$、$\phi_z=\dfrac{12EI_y}{GAl^2}$ 是对 y 轴和 z 轴方向的剪切影响系数;J_k 是对 x 轴的扭转惯性矩;A_y、A_z 是梁截面沿 y 轴和 z 轴方向的有效抗剪面积。

7.5.2　整体坐标系中的单元刚度矩阵

前面给出的单元刚度矩阵是局部坐标系下表达式,即坐标方向是由单元方向确定的。在这种坐标系下,各种不同方向的梁单元都具有统一形式的单元刚度矩阵。在组装整体刚度矩阵时,并不能把局部坐标系下的单元刚度矩阵进行简单叠加,必须建立一个统一的整体坐标系后,将所有单元上的结点力、结点位移和单元刚度矩阵都进行坐标变换,变成整体坐标系下的表达式之后,才可按叠加规则组装整体刚度矩阵。

设 $\{R'\}^e$、$\{\delta'\}^e$、$[k']$ 分别表示局部坐标系 $Ox'y'z'$ 下的单元结点力(包括等效结点力)、结点位移和刚度矩阵;$\{R\}^e$、$\{\delta\}^e$、$[k]$ 分别表示整体坐标系 $Oxyz$ 下的单元结点力、结点位移和刚度矩阵;$[T]$ 是两种坐标系之间的转换矩阵。则

$$\{R\}^e=[T]\{R'\}^e,\quad \{\delta\}^e=[T]\{\delta'\}^e,\quad [k]=[T][k'][T]^{-1}$$

其中

$$[T]=\begin{bmatrix} t & 0 & 0 & 0\\ 0 & t & 0 & 0\\ 0 & 0 & t & 0\\ 0 & 0 & 0 & t\end{bmatrix},\quad [t]=\begin{bmatrix} l_1 & l_2 & l_3\\ m_1 & m_2 & m_3\\ n_1 & n_2 & n_3\end{bmatrix}$$

而 l_i、m_i 和 $n_i(i=1,2,3)$ 分别是局部坐标系对整体坐标系 x 轴、y 轴、z 轴的方向余弦。可以证明,转换矩阵$[T]$ 的逆矩阵等于它的转置矩阵,所以

$$[k]=[T][k'][T]^{\mathrm{T}} \tag{7.61}$$

本章小结

1.一维杆单元的单元刚度矩阵:

$$[k]^e=\frac{AE}{l}\begin{bmatrix} 1 & -1\\ -1 & 1\end{bmatrix}$$

2.平面桁架单元的转换矩阵:

$$[k]=[T][k'][T]^{\mathrm{T}}$$

$$[T]^e=\begin{bmatrix} \cos\alpha & -\sin\alpha & 0 & 0\\ \sin\alpha & \cos\alpha & 0 & 0\\ 0 & 0 & \cos\alpha & -\sin\alpha\\ 0 & 0 & \sin\alpha & \cos\alpha\end{bmatrix},\quad [k']^e=\frac{AE}{l}\begin{bmatrix} 1 & 0 & -1 & 0\\ 0 & 0 & 0 & 0\\ -1 & 0 & 1 & 0\\ 0 & 0 & 0 & 0\end{bmatrix}$$

3.平面梁单元的单元刚度矩阵:

$$[k]=\iiint_V [B]^{\mathrm{T}}[D][B]\mathrm{d}V=\iiint_V [B]^{\mathrm{T}}[D][B]A\mathrm{d}x$$

$$
=\frac{EI}{l^3}\begin{bmatrix} 12 & 6l & -12 & 6l \\ 6l & 4l^2 & -6l & 2l^2 \\ -12 & -6l & 12 & -6l \\ 6l & 2l^2 & -6l & 4l^2 \end{bmatrix}
$$

4.平面刚架单元的转换矩阵：

$$
[k]=[T][k'][T]^{\mathrm{T}}
$$

$$
[T]=\frac{AE}{l}\begin{bmatrix} \cos\alpha & -\sin\alpha & 0 & 0 & 0 & 0 \\ \sin\alpha & \cos\alpha & 0 & 0 & 0 & 0 \\ 0 & 0 & 1 & 0 & 0 & 0 \\ 0 & 0 & 0 & \cos\alpha & -\sin\alpha & 0 \\ 0 & 0 & 0 & \sin\alpha & \cos\alpha & 0 \\ 0 & 0 & 0 & 0 & 0 & 1 \end{bmatrix}
$$

$$
[k]=\begin{bmatrix} \frac{EA}{l} & 0 & 0 & -\frac{EA}{l} & 0 & 0 \\ 0 & \frac{12EI}{l^3} & \frac{6EI}{l^2} & 0 & -\frac{12EI}{l^3} & \frac{6EI}{l^2} \\ 0 & \frac{6EI}{l^2} & \frac{4EI}{l} & 0 & -\frac{6EI}{l^2} & -\frac{2EI}{l} \\ -\frac{EA}{l} & 0 & 0 & \frac{EA}{l} & 0 & 0 \\ 0 & -\frac{12EI}{l^3} & -\frac{6EI}{l^2} & 0 & \frac{12EI}{l^3} & -\frac{6EI}{l^2} \\ 0 & \frac{6EI}{l^2} & -\frac{2EI}{l} & 0 & -\frac{6EI}{l^2} & \frac{4EI}{l} \end{bmatrix}
$$

习题

1.如图所示，在顶部受有轴心压力 $P=1\ 000$ kN 的混凝土阶梯柱，截面面积分别为 $A_1=0.5\ \mathrm{m}^2$，$A_2=0.6\ \mathrm{m}^2$。若混凝土的容重为 $\gamma=22\ \mathrm{kN/m}^3$，弹性模量 $E=2\times10^4$ MPa，试计算柱顶的位移。

2. 如图所示桁架，三杆的弹性模量相同，截面面积分别为 $A_1=100\ \mathrm{mm}^2$，$A_2=150\ \mathrm{mm}^2$，$A_3=200\ \mathrm{mm}^2$；在 A 点作用有一向下的荷载 $P=10$ kN。试用桁架有限元程序计算 A 点的位移和各杆内力。

3.试用梁的有限元程序计算题图所示阶梯梁端的约束反力。

4.已知 $E_1=E_2=30$ MPa，$A=0.5\ \mathrm{m}^2$，$I=\frac{1}{24}\ \mathrm{m}^4$，试用平面刚架单元计算图示刚架的结点位移。

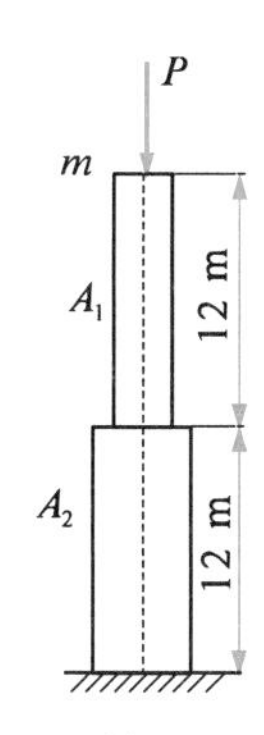

习题第 1 题图

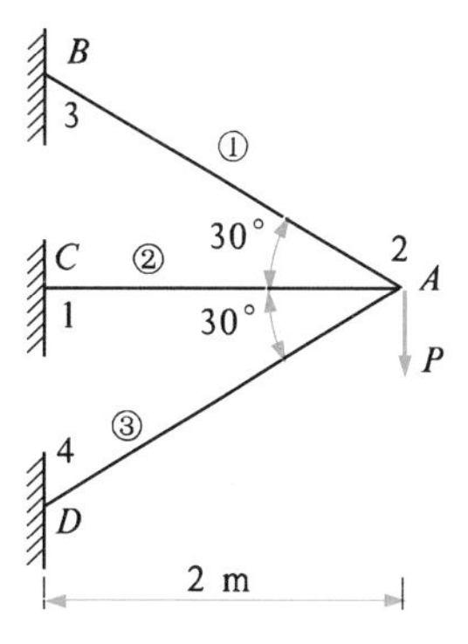

习题第 2 题图

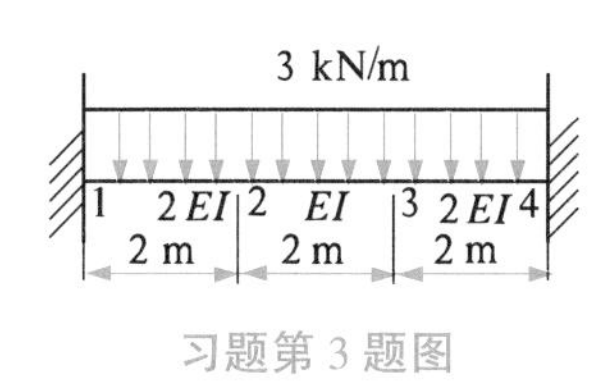

习题第 3 题图

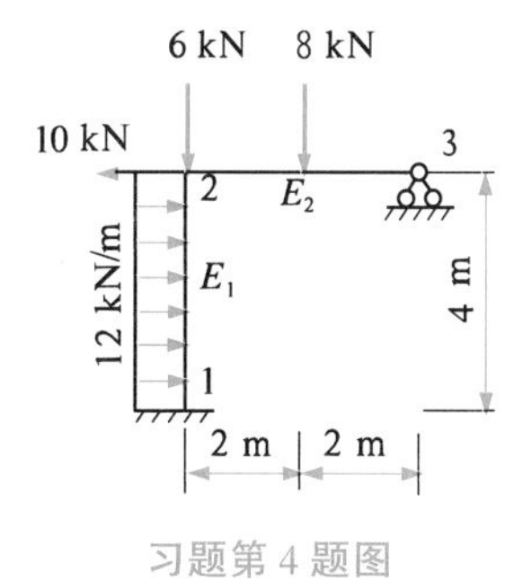

习题第 4 题图

习题答案

第 8 章　轴对称问题的有限元法

工程上常遇到轴对称几何形状的物体，其特征是具有一个对称轴，而通过此轴的任何一个平面都是它的对称面，整个物体可看作过此轴的子午面内某个图形绕此轴回转而成的回转体(图 8.1)。如球壳、圆柱形壳，或其他形状的旋转壳，以及机械上许多车制而成的零件等。

当轴对称物体受到轴对称的荷载或其他外界因素(如温度变化)作用，而且约束情况也对称于此轴时，其位移、应变和应力也将是轴对称的，这类问题称为轴对称问题。

对轴对称问题进行分析时，用圆柱坐标(r,θ,z)比用直角坐标系(x,y,z)方便得多，设z为对称轴，根据轴对称的特点，子午面上任一点变形后仍在此子午面上，没有θ方向的位移，因而物体上任一点处的位移、应变和应力等都与θ角无关，而只是坐标r、z的函数，于是一个本来是三维的问题，可以化简为一个以r、z为自变量的二维问题，从而类似于平面问题进行求解。

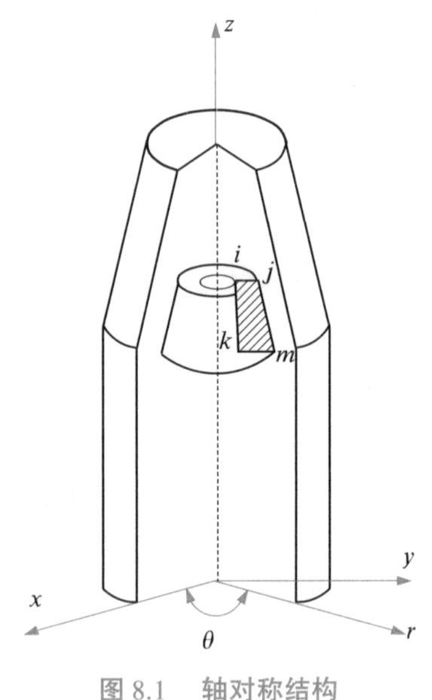

图 8.1　轴对称结构

8.1　位移模式和单元应变

8.1.1　轴对称问题的离散

在用有限元法求解轴对称问题时，采用的单元是一些整圆环，如图 8.1 所示。它们是和子午面rz面相交的截面，可以是直边三角形、矩形，也可以是任意四边形、曲边三角形、曲边四边形等。各个单元之间以圆环形的铰相互连接，而每一个铰与子午面rz面的交点就称为结点，如图 8.1 上的i、j、m、k等。所有单元将在子午面rz面上形成有限元网格，与在平面问题中形成的网格一样。因为在轴对称问题中采用的单元是一个整圆环，所以在计算单元的体积时要注意到这一点。下面以三角形截面为例，推导有限元法解轴对称问题的形函数$[N]$、应变函数$[B]$、应力函数$[S]$、单元刚度矩阵$[k]$和等效荷载列阵$\{R\}^e$等相应矩阵。

8.1.2　位移模式

图 8.2 所示为子午面 rz 面上的一个三角形单元,设单元上任一点的径向位移(沿 r 向位移) 分量为 u,轴向位移(沿 z 向位移) 分量为 w。由于这两个位移分量仅是 r、z 的函数,故其位移模式可与平面问题一样地建立, 即令

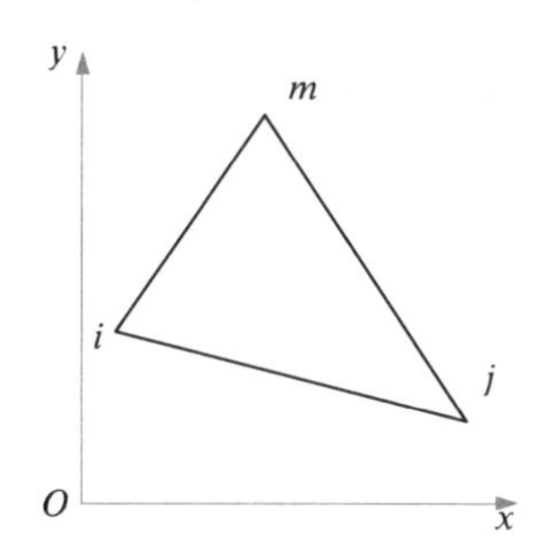

图 8.2　子午面 rz 面上的三角形单元

$$u = \alpha_1 + \alpha_2 r + \alpha_3 z, \quad w = \alpha_4 + \alpha_5 r + \alpha_6 z \tag{8.1}$$

与平面问题一样,可将位移用形函数及结点位移表示为

$$\left.\begin{aligned} u &= N_i u_i + N_j u_j + N_m u_m \\ w &= N_i w_i + N_j w_j + N_m w_m \end{aligned}\right\} \tag{8.2}$$

即

$$\{f\} = \begin{Bmatrix} u \\ w \end{Bmatrix} = [N]\{\delta\}^e = [IN_i \quad IN_j \quad IN_m]\{\delta\}^e \tag{8.3}$$

式中,I 为二阶单位矩阵;N_i、N_j、N_m 为形函数矩阵。其中

$$N_i = \frac{1}{2\Delta}(a_i + b_i r + c_i z) \quad (i,j,m \text{ 轮换}) \tag{8.4}$$

而

$$2\Delta = \begin{vmatrix} 1 & r_i & z_i \\ 1 & r_j & z_j \\ 1 & r_m & z_m \end{vmatrix}$$

$$a_i = \begin{vmatrix} r_j & z_j \\ r_m & z_m \end{vmatrix} = r_j z_m - r_m z_j \quad (i,j,m \text{ 轮换})$$

$$b_i = -\begin{vmatrix} 1 & z_j \\ 1 & z_m \end{vmatrix} = z_j - z_m \quad (i,j,m \text{ 轮换})$$

$$c_i = \begin{vmatrix} 1 & r_j \\ 1 & r_m \end{vmatrix} = -(r_j - r_m) \quad (i,j,m \text{ 轮换})$$

8.1.3　单元应变

由弹性力学知,轴对称问题中除有在平面内的应变分量 ε_r、ε_z、γ_{zr} 外,还有环向应变

ε_θ,其几何方程为

$$\{\varepsilon\} = \begin{Bmatrix} \varepsilon_r \\ \varepsilon_\theta \\ \varepsilon_z \\ \gamma_{zr} \end{Bmatrix} = \begin{Bmatrix} \dfrac{\partial u}{\partial r} \\ \dfrac{u}{r} \\ \dfrac{\partial w}{\partial z} \\ \dfrac{\partial w}{\partial r} + \dfrac{\partial u}{\partial z} \end{Bmatrix} \tag{8.5}$$

将式(8.2)、式(8.3) 代入式(8.5),即可得到用结点位移表示的单元内应变的表达式

$$\{\varepsilon\} = [B]\{\delta\}^e = [B_i \quad B_j \quad B_m]\{\delta\}^e \tag{8.6}$$

其中

$$[B_i] = \begin{bmatrix} \dfrac{\partial N_i}{\partial r} & 0 \\ \dfrac{N_i}{r} & 0 \\ 0 & \dfrac{\partial N_i}{\partial z} \\ \dfrac{\partial N_i}{\partial z} & \dfrac{\partial N_i}{\partial r} \end{bmatrix} = \frac{1}{2\Delta}\begin{bmatrix} b_i & 0 \\ \dfrac{a_i}{r} + b_i + \dfrac{c_i z}{r} & 0 \\ 0 & c_i \\ c_i & b_i \end{bmatrix} \tag{8.7}$$

应变矩阵$[B]$中的元素不全是常量,因此单元内的应变也不是常量,这是因为轴对称问题中采用的单元是圆环,径向的位移u必引起环向应变ε_θ,而此应变的大小又和点的位置有关。由于$[B]$中含有$\dfrac{1}{r}$项,使单元应变、单元应力及单元刚度矩阵的计算比平面问题复杂得多。

8.1.4 单元应力

根据弹性力学,均匀各向同性材料的轴对称问题,其应力应变关系,可以从三维问题的广义胡克定律得到。改用应变表示应力,可得以下矩阵形式:

$$\{\sigma\} = [D]\{\varepsilon\} \tag{8.8}$$

其中

$$\{\sigma\} = [\sigma_r \quad \sigma_\theta \quad \sigma_z \quad \sigma_{rz}]^{\mathrm{T}}$$

而弹性矩阵是

$$[D]=\frac{E(1-\mu)}{(1+\mu)(1-2\mu)}\begin{bmatrix}1 & \frac{\mu}{1-\mu} & \frac{\mu}{1-\mu} & 0\\ \frac{\mu}{1-\mu} & 1 & \frac{\mu}{1-\mu} & 0\\ \frac{\mu}{1-\mu} & \frac{\mu}{1-\mu} & 1 & 0\\ 0 & 0 & 0 & \frac{1-2\mu}{2(1-\mu)}\end{bmatrix} \tag{8.9}$$

8.1.5　单元刚度矩阵

根据虚功原理或最小位能原理,可以和平面问题一样推得其单元刚度矩阵的表达式为

$$[k]=\iiint\limits_V [B]^{\mathrm{T}}[D][B]\mathrm{d}V$$

在轴对称问题中,由于单元是一圆环,上述积分式中的微分体积 $\mathrm{d}V$ 可取为微分圆环的体积,即

$$\mathrm{d}V=2\pi r\mathrm{d}r\mathrm{d}z$$

故单元刚度矩阵为

$$[k]=2\pi\iint\limits_A [B]^{\mathrm{T}}[D][B]r\mathrm{d}r\mathrm{d}z \tag{8.10}$$

A 为子午面上单元的截面积。

与平面问题一样,单元刚度矩阵$[k]$是一个 6×6 阶的方阵,由式(8.6)可知矩阵$[B]$可分成三块,故$[k]$也可分成 3×3 个子矩阵,每个子矩阵为 6×6 阶的方阵,其表达式为

$$[k_{st}]=2\pi\iint\limits_A [B_s]^{\mathrm{T}}[D][B_t]r\mathrm{d}r\mathrm{d}z\quad (s,t=i,j,m) \tag{8.11}$$

因为矩阵$[B_s]$等与坐标有关,且坐标 r 处于分母上,因此积分不像平面问题中那么简单。一般可以采用两种办法进行,即显式积分和数值积分。

8.1.5.1　显式积分

为便于进行显示积分,可将子矩阵$[B_s]$进行分解,即令

$$[B_s]=\frac{1}{2A}\begin{bmatrix}b_s & 0\\ \frac{a_s}{r}+b_s+\frac{c_s z}{r} & 0\\ 0 & c_s\\ 0 & b_s\end{bmatrix}=\frac{1}{2A}\begin{bmatrix}b_s & 0\\ \frac{a_s}{\bar r}+b_s+\frac{c_s\bar z}{r} & 0\\ 0 & c_s\\ 0 & b_s\end{bmatrix}+\frac{1}{2A}\begin{bmatrix}0 & 0\\ \frac{a_s+c_s z}{r}-\frac{a_s+c_s\bar z}{\bar r} & 0\\ 0 & 0\\ 0 & 0\end{bmatrix}$$

其中,$\bar r=\frac{1}{3}(r_i+r_j+r_m)$,$\bar z=\frac{1}{3}(z_i+z_j+z_m)$为三个结点坐标的平均值,也可看作三角形截面形心的坐标。

令

$$[\bar{B}_s]=\frac{1}{2A}\begin{bmatrix} b_s & 0 \\ \frac{a_s}{\bar{r}}+b_s+\frac{c_s\bar{z}}{r} & 0 \\ 0 & c_s \\ 0 & b_s \end{bmatrix}\quad (s=i,j,m)$$

$$[B'_s]=\frac{1}{2A}\begin{bmatrix} 0 & 0 \\ \frac{a_s+c_sz}{r}-\frac{a_s+c_s\bar{z}}{\bar{r}} & 0 \\ 0 & 0 \\ 0 & 0 \end{bmatrix}\quad (s=i,j,m)$$

则

$$[B_s]=[\bar{B}_s]+[B'_s]\quad (s=i,j,m) \tag{a}$$

将式(a)代入式(8.11)并展开得

$$\begin{aligned}[k_{st}]&=2\pi\iint_A\left([\bar{B}_s]+[B'_s]\right)^{\mathrm{T}}[D]\left([\bar{B}_t]+[B'_t]\right)r\mathrm{d}r\mathrm{d}z\\&=2\pi\iint_A\left([\bar{B}_s]^{\mathrm{T}}[D][\bar{B}_t]+[B'_s]^{\mathrm{T}}[D][B'_t]+[\bar{B}_s]^{\mathrm{T}}[D][B'_t]+[B'_s]^{\mathrm{T}}[D][\bar{B}_t]\right)r\mathrm{d}r\mathrm{d}z\end{aligned}$$

积分号内共有四项，现分别加以计算。

把第一项积分记为

$$[\bar{k}_{st}]=2\pi\iint_A[\bar{B}_s]^{\mathrm{T}}[D][\bar{B}_t]r\mathrm{d}r\mathrm{d}z$$

由于$[\bar{B}_s]$和$[\bar{B}_t]$中的单元均为常量，因此上式成为

$$[\bar{k}_{st}]=2\pi[\bar{B}_s]^{\mathrm{T}}[D][\bar{B}_t]\iint_A r\mathrm{d}r\mathrm{d}z$$

由均质等厚(单位厚度为1)板块的形心公式

$$\iint_A r\mathrm{d}r\mathrm{d}z=\frac{1}{3}(r_i+r_j+r_m)A=\bar{r}A$$

故

$$[\bar{k}_{st}]=2\pi[\bar{B}_s]^{\mathrm{T}}[D][\bar{B}_t]\bar{r}A$$

将$[\bar{B}_s]$、$[D]$等的表达式代入上式可得

$$[\bar{k}_{st}]=\frac{\pi E(1-\mu)\bar{r}}{2(1+\mu)(1-2\mu)A}\begin{bmatrix} b_sb_t+\bar{f}_s\bar{f}_t+A_1(b_s\bar{f}_t+\bar{f}_sb_t)+A_2c_sc_t & A_1(b_sc_t+\bar{f}_sc_t)+A_2c_sb_t \\ A_1(b_sc_t+c_s\bar{f}_t)+A_2b_sc_t & c_sc_t+A_2b_sb_t \end{bmatrix}$$

$$(s,t=i,j,m) \tag{8.12}$$

式中

$$\bar{f}=\frac{a_s}{\bar{r}}+b_s+\frac{c_s\bar{z}}{\bar{r}},\quad A_1=\frac{\mu}{1-\mu},\quad A_2=\frac{1-2\mu}{2(1-\mu)}$$

第二项积分记为

$$[k'_{st}] = 2\pi\iint_A [B'_s]^{\mathrm{T}}[D][B'_t]r\mathrm{d}r\mathrm{d}z \tag{b}$$

将$[B'_s]$、$[D]$代入，可得

$$[k'_{st}] = \frac{2\pi}{(2A)^2}\begin{bmatrix}0 & 1 & 0 & 0\\0 & 0 & 0 & 0\end{bmatrix}[D]\begin{bmatrix}0 & 0\\1 & 0\\0 & 0\\0 & 0\end{bmatrix}\iint_A\left[\frac{a_s+c_sz}{r}-\frac{a_s+c_s\bar{z}}{\bar{r}}\right]\left[\frac{a_t+c_tz}{r}-\frac{a_t+c_t\bar{z}}{\bar{r}}\right]r\mathrm{d}r\mathrm{d}z$$

$$= \begin{bmatrix}1 & 0\\0 & 0\end{bmatrix}\frac{\pi E(1-\mu)}{2A(1+\mu)(1-2\mu)}\left[a_sa_t\left(I_1-\frac{1}{\bar{r}}\right)+(a_sc_t+a_tc_s)\left(I_2-\frac{\bar{z}}{\bar{r}}\right)+c_tc_s\left(I_3-\frac{\bar{z}^2}{\bar{r}}\right)\right]$$

$$(s,t=i,j,m) \tag{8.13}$$

式中

$$\left.\begin{aligned}I_1 &= \frac{1}{A}\iint_A\frac{1}{r}\mathrm{d}r\mathrm{d}z\\ I_2 &= \frac{1}{A}\iint_A\frac{z}{r}\mathrm{d}r\mathrm{d}z\\ I_3 &= \frac{1}{A}\iint_A\frac{z^2}{r}\mathrm{d}r\mathrm{d}z\end{aligned}\right\} \tag{c}$$

式(c)可统一写成

$$I_n = \frac{1}{A}\iint_A\frac{z^{n-1}}{r}\mathrm{d}r\mathrm{d}z \quad (n=1,2,3) \tag{d}$$

第三项积分为

$$[k''_{st}] = 2\pi\iint_A[\overline{B_s}]^{\mathrm{T}}[D][B'_t]r\mathrm{d}r\mathrm{d}z = 2\pi[\overline{B_s}]^{\mathrm{T}}[D]\iint_A[B'_t]r\mathrm{d}r\mathrm{d}z \tag{e}$$

将式$[B'_t]$代入积分，得

$$\begin{aligned}\iint_A[B'_t]r\mathrm{d}r\mathrm{d}z &= \frac{1}{2A}\begin{bmatrix}0 & 0\\1 & 0\\0 & 0\\0 & 0\end{bmatrix}\iint_A\left[\frac{1}{r}(a_t+c_tz)-\frac{1}{\bar{r}}(a_t+c_t\bar{z})\right]r\mathrm{d}r\mathrm{d}z\\ &= \frac{1}{2A}\begin{bmatrix}0 & 0\\1 & 0\\0 & 0\\0 & 0\end{bmatrix}\left[(a_t+c_t\bar{z})A-\frac{1}{\bar{r}}(a_t+c_t\bar{z})\iint_A r\mathrm{d}r\mathrm{d}z\right]\\ &= 0\end{aligned} \tag{f}$$

于是第三项积分为$[k''_{st}] = 0$。

同理可得第四项积分

$$[k''_{st}] = 2\pi\iint_A[B'_s]^{\mathrm{T}}[D][\overline{B_t}]r\mathrm{d}r\mathrm{d}z = 0 \tag{g}$$

因此

$$[k_{st}] = [\bar{k}_{st}] + [k'_{st}] \tag{8.14}$$

通常,作为近似,常用$[\bar{k}_{st}]$替代$[k'_{st}]$,因为$[\bar{k}_{st}]$中含三角形形心处的坐标$\bar{r}$、$\bar{z}$代替任一点的坐标,所以其各单元均为常量,不必进行繁杂的积分运算,当单元相对较小、距对称轴较远时,则可以得到满意的结果。$[k'_{st}]$的计算涉及式(c)中r的三个积分,由于这三个积分的被积函数都含$\frac{1}{r}$因子,如果其单元有结点落在对称轴z上,就会出现$r=0$的情况,这时积分将呈奇性,从而使问题变得复杂起来。

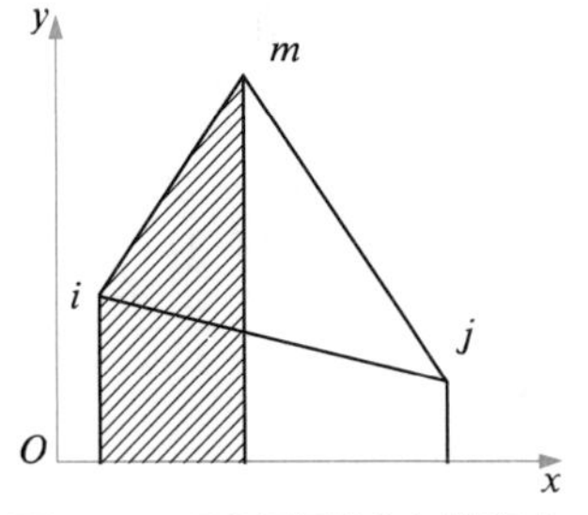

图 8.3 三角形区域上的积分

为求式(c)中三个三角形区域上的积分,可把三角形区域上的积分看作在im线下区域的积分(如图 8.3 中阴影区域)与jm线以及ij线下区域积分的叠加。

如我们求典型域im线下区域上的积分,im线的方程为

$$z = A_{im} + B_{im}r \tag{h}$$

其中

$$A_{im} = \frac{r_m z_i - r_i z_m}{r_m - r_i}, \quad B_{im} = \frac{z_m - z_i}{r_m - r_i}$$

故im线下阴影区上的积分为

$$\int_{r=r_i}^{r=r_m}\int_{z=0}^{z=A_{im}+B_{im}r}\frac{1}{r}\mathrm{d}r\mathrm{d}z = \int_{r=r_i}^{r=r_m}\frac{1}{r}(A_{im} + B_{im}r)\,\mathrm{d}r = A_{im}\ln\frac{r_m}{r_i} + B_{im}(r_m - r_i) \tag{8.15}$$

$$\begin{aligned}\int_{r=r_i}^{r=r_m}\int_{z=0}^{z=A_{im}+B_{im}r}\frac{z}{r}\mathrm{d}r\mathrm{d}z &= \int_{r=r_i}^{r=r_m}\frac{1}{2r}(A_{im} + B_{im}r)^2\mathrm{d}r \\ &= \frac{A_{im}^2}{2}\ln\frac{r_m}{r_i} + A_{im}B_{im}(r_m - r_i) + \frac{B_{im}^2}{4}(r_m^2 - r_i^2)\end{aligned} \tag{8.16}$$

$$\begin{aligned}&\int_{r=r_i}^{r=r_m}\int_{z=0}^{z=A_{im}+B_{im}r}\frac{z^2}{r}\mathrm{d}r\mathrm{d}z \\ &= \int_{r=r_i}^{r=r_m}\frac{1}{3r}(A_{im} + B_{im}r)^3\mathrm{d}r \\ &= \frac{1}{3}A_{im}^3\ln\frac{r_m}{r_i} + A_{im}^2B_{im}(r_m - r_i) + \frac{A_{im}B_{im}^3}{2}(r_m^2 - r_i^2) + \frac{B_{im}^3}{9}(r_m^3 - r_i^3)\end{aligned} \tag{8.17}$$

同理可得mj、ij线下阴影区上的积分,则式(c)的积分为

$$AI_1 = A_{im}\ln\frac{r_m}{r_i} + A_{mj}\ln\frac{r_j}{r_m} + A_{ji}\ln\frac{r_i}{r_j} = (A_{ji} - A_{im})\ln r_i + (A_{mj} - A_{ji})\ln r_j + (A_{im} - A_{mj})\ln r_m \tag{8.18}$$

$$AI_2 = \frac{1}{2}\left[(A_{ji}^2 - A_{im}^2)\ln r_i + (A_{mj}^2 - A_{ji}^2)\ln r_j + (A_{im}^2 - A_{mj}^2)\ln r_m\right] + A_{im}B_{im}(r_m - r_i) + A_{mj}B_{mj}(r_j - r_m) + A_{ji}B_{ji}(r_i - r_j) + \frac{1}{4}\left[B_{im}^2(r_m^2 - r_i^2) + B_{mj}^2(r_j^2 - r_m^2) + B_{ji}^2(r_i^2 - r_j^2)\right] \tag{8.19}$$

$$AI_3 = \frac{1}{3}\left[(A_{ji}^3 - A_{im}^3)\ln r_i + (A_{mj}^3 - A_{ji}^3)\ln r_j + (A_{im}^3 - A_{mj}^3)\ln r_m\right] + A_{im}^2B_{im}(r_m - r_i) + A_{mj}^2B_{mj}(r_j - r_m) + A_{ji}^2B_{ji}(r_i - r_j) + \frac{1}{2}\left[A_{im}B_{im}^2(r_m^2 - r_i^2) + A_{mj}B_{mj}^2(r_j^2 - r_m^2) + A_{ji}B_{ji}^2(r_i^2 - r_j^2)\right] + \frac{1}{9}\left[B_{im}^3(r_m^3 - r_i^3) + B_{mj}^3(r_j^3 - r_m^3) + B_{ji}^3(r_i^3 - r_j^3)\right] \tag{8.20}$$

式(8.18) ~ 式(8.20) 三式中都含有

$$(A_{ji}^n - A_{im}^n)\ln r_i = \left[\left(\frac{r_iz_j - r_jz_i}{r_i - r_j}\right)^n - \left(\frac{r_mz_i - r_iz_m}{r_m - r_i}\right)^n\right]\ln r_i \quad (i,j,m \text{ 轮换}) \quad (n = 1,2,3) \tag{i}$$

如单元的某一结点,例如 i 结点,在对称轴上,则此结点的坐标 $r_i = 0$,此时式(i) 中 $\ln r_i$ 无定义,I_1、I_2、I_3 应按广义积分计算。但根据洛比达法则可以确定,当 $r_i \to 0$ 时,式(i) 的极限为零。因此在这样的情况下,只要令相应的对数项为零即可。在编排程序时,不难实现这一要求。

又如单元的某一边界与对称轴 z 平行,即单元上有两个结点的径向坐标相等,此时式(h) 中两个系数 A、B 将变成无穷大,但因这种线下的区域无须进行积分,所以,可以令相应的 A、B 等于零。例如:若 im 平行 z 轴,我们无须计算 im 线下阴影区上的积分。因此在计算程序中当 $r_i = r_m$ 时,可令 I_1、I_2、I_3 三个积分式中的 $A_{im} = B_{im} = 0$。这一点很容易实现。

8.1.5.2　数值积分

由以上可见,显式积分不仅冗长繁杂,而且由于式(8.18) ~ 式(8.20) 三积分结果都有 $\ln\frac{r_i}{r_m}$ 这一类对称项,当单元远离轴线时 $\frac{r_i}{r_m}$ 趋近 1,这一类对数不易精确计算,因此,大部分实用程序都采用数值积分方法,即用被积函数在单元内几个点(积分点或样点) 处的数值乘以相应的权系数,然后叠加得到积分的近似值。在三角形区域上进行数值积分时,一般采用面积坐标将积分式化为以下形式的求和表达式:

$$I = \int_0^1\int_0^{1-l_i} f(L_i,L_j,L_m)\,\mathrm{d}L_i\mathrm{d}L_j = \sum_{k=1}^{m} w_k f(L_i^{(k)},L_j^{(k)},L_m^{(k)}) \tag{j}$$

如被积函数原来用直角坐标表示,则应利用两种坐标之间的关系式将其转换成面积坐标表示。

由 $r=\sum_{i=i,j,m} L_i r_i$、$z=\sum_{i=i,j,m} L_i z_i$ 和 $\mathrm{d}r\mathrm{d}z=|J|\mathrm{d}L_i\mathrm{d}L_j$,其中

$$|J|=\begin{vmatrix}\dfrac{\partial r}{\partial L_i} & \dfrac{\partial z}{\partial L_i}\\ \dfrac{\partial r}{\partial L_j} & \dfrac{\partial z}{\partial L_j}\end{vmatrix}=\begin{vmatrix}c_j & -b_j\\ -c_i & b_i\end{vmatrix}=2A$$

是变换的 Jacobian 行列式,可得

$$\begin{aligned}I&=\iint_A f(r,z)\mathrm{d}r\mathrm{d}z=2A\int_{L_i}\int_{L_j} f\Big(\sum_{i=i,j,m} L_i r_i \sum_{i=i,j,m} L_i z_i\Big)\mathrm{d}L_i\mathrm{d}L_j\\&=2A\int_{L_i}\int_{L_j} F(L_i,L_j,L_m)\mathrm{d}L_i\mathrm{d}L_j\\&=2A\sum_{k=1}^{m} F(L_i^k,L_j^k,L_m^k)w_k\end{aligned}\tag{8.21}$$

式中,$L_i^{(k)}$、$L_j^{(k)}$、$L_m^{(k)}$ 是第 k 个积分点的面积坐标值;w_k 为相应的权系数;m 为积分点总数。表 8.1 列出 Hammer 等人给出的一系列积分点的面积坐标及权系数。事实上,式(8.12) 所示的$[\bar{k}_{st}]$ 可以看作对式(8.11) 使用最简单的数值积分的结果。由表 8.1 可知,最简单的数值积分仅有一个积分点,此点位于三角形形心,面积坐标为

$$L_i^{(1)}=L_j^{(1)}=L_m^{(1)}=\frac{1}{3}$$

而相应的权系数为 1。因此 $r=\sum_{i=i,j,m} L_i r_i=\frac{1}{3}(r_i+r_j+r_m)$,这与用形心处的坐标$\bar{r}=\sum_{i=i,j,m} L_i r_i=\frac{1}{3}(r_i+r_j+r_m)$ 代替式中的 r(z 也是如此) 所得结果是一致的。

如用数值积分计算式(c) 中的三个积分,则它们可表示为

$$\left.\begin{aligned}I_1&=\frac{1}{A}\iint_A \frac{1}{r}\mathrm{d}r\mathrm{d}z=\sum_{k=1}^{m} 2w_k\frac{1}{L_i^{(k)}r_i+L_j^{(k)}r_j+L_m^{(k)}r_m}\\I_2&=\frac{1}{A}\iint_A \frac{z}{r}\mathrm{d}r\mathrm{d}z=\sum_{k=1}^{m} 2w_k\frac{L_i^{(k)}z_i+L_j^{(k)}z_j+L_m^{(k)}z_m}{L_i^{(k)}r_i+L_j^{(k)}r_j+L_m^{(k)}r_m}\\I_3&=\frac{1}{A}\iint_A \frac{z^2}{r}\mathrm{d}r\mathrm{d}z=\sum_{k=1}^{m} 2w_k\frac{\left(L_i^{(k)}z_i+L_j^{(k)}z_j+L_m^{(k)}z_m\right)^2}{L_i^{(k)}r_i+L_j^{(k)}r_j+L_m^{(k)}r_m}\end{aligned}\right\}\tag{8.22}$$

表 8.1　三角形积分点面积坐标及权系数

阶次	图形	积分点	面积坐标	权系数	误差
线性		a	$\frac{1}{3},\frac{1}{3},\frac{1}{3}$	1	$R=o(h^2)$
二次		a b c	$\frac{1}{2},\frac{1}{2},0$ $0,\frac{1}{2},\frac{1}{2}$ $\frac{1}{2},0,\frac{1}{2}$	$\frac{1}{3}$ $\frac{1}{3}$ $\frac{1}{3}$	$R=o(h^3)$
三次		a b c d	$\frac{1}{3},\frac{1}{3},\frac{1}{3}$ 0.6,0.2,0.2 0.2,0.6,0.2 0.2,0.2,0.6	$-\frac{27}{48}$ $\frac{25}{48}$	$R=o(h^4)$
四次		a b c d e f g	$\frac{1}{3},\frac{1}{3},\frac{1}{3}$ α_1,β_1,β_1 β_1,α_1,β_1 β_1,β_1,α_1 α_2,β_2,β_2 β_2,α_2,β_2 β_2,β_2,α_2	0.2250000000 0.1323941527 0.1259391805	$R=o(h^6)$
		其中 $\alpha_1=0.0597158717$ $\beta_1=0.4701420641$ $\alpha_2=0.7974269853$ $\beta_2=0.1012865073$			

8.2　荷载移置

与平面问题一样,无论使用虚功原理或最小位能原理都可以得到相同的荷载移置公式,其形式与平面问题相似。

8.2.1　集中荷载

轴对称问题中的集中荷载实质上是沿着圆周线作用,均匀分布的一圈力。在子午面

单元上任一点(r_C,z_C)处作用的集中力为

$$\{P\}=[P_r \quad P_z]^{\mathrm{T}}$$

其中P_r、P_z实为单位弧长上分布力的合力，则其对应的单元结点荷载列阵为

$$\{R\}_P^e=[R_i \quad Z_i \quad R_j \quad Z_j \quad R_m \quad Z_m]^{\mathrm{T}}=2\pi r_C[N]^{\mathrm{T}}\{P\} \tag{8.23}$$

8.2.2 体积力

设单元是分布体力

$$\{p\}=[p_r \quad p_z]^{\mathrm{T}}$$

p_r、p_z为单位体积的体力分量，由上式积分可得单元结点荷载列阵为

$$\{R\}_p^e=\iiint_V[N]^{\mathrm{T}}\{p\}\mathrm{d}V=2\pi\iint_A[N]^{\mathrm{T}}\{p\}r\mathrm{d}r\mathrm{d}z \tag{8.24}$$

例如，在体力为自重的情况下，有$p_r=0$、$p_z=-\gamma$，其中γ为容重，于是有

$$\begin{aligned}\{R\}_p^e&=2\pi\iint_A\begin{bmatrix}N_i & 0 & N_j & 0 & N_m & 0\\ 0 & N_i & 0 & N_j & 0 & N_m\end{bmatrix}^{\mathrm{T}}\begin{Bmatrix}0\\ -\gamma\end{Bmatrix}r\mathrm{d}r\mathrm{d}z\\ &=-2\pi\gamma\iint_A\begin{bmatrix}0 & N_i & 0 & N_j & 0 & N_m\end{bmatrix}^{\mathrm{T}}\begin{Bmatrix}0\\ -\gamma\end{Bmatrix}r\mathrm{d}r\mathrm{d}z\end{aligned} \tag{a}$$

式中，形函数可用直角坐标表示

$$N_i=\frac{1}{2A}(a_i+b_ir+c_iz) \tag{b}$$

代入式(a)即可进行积分，但计算比较麻烦。对三角形单元，形函数也可用面积坐标表示，在三结点三角形情况下有

$$L_i=N_i$$

任一点的坐标可用面积坐标表示为

$$r=r_iL_i+r_jL_j+r_mL_m \tag{c}$$

代入式(a)，即得

$$\{R\}_p^e=-\frac{\pi\gamma A}{6}\begin{bmatrix}0 & 2r_i+r_j+r_m & 0 & 2r_j+r_i+r_m & 0 & 2r_m+r_j+r_i\end{bmatrix}^{\mathrm{T}} \tag{8.25}$$

8.2.3 分布面力

分布面力可表示为

$$\{q\}=\begin{bmatrix}q_r & q_z\end{bmatrix}^{\mathrm{T}}$$

单元结点荷载列阵是

$$\Big\{R\Big\}_q^e=2\pi\iint_\Omega[N]^{\mathrm{T}}\{q\}\mathrm{d}\Omega=2\pi\int_S[N]^{\mathrm{T}}\{q\}r\mathrm{d}S \tag{8.26}$$

其中$\mathrm{d}S$为三角形受力面一边上的微分长度。例如设ij边上有线性变化的径向面力，在i为q、j为零（图8.4）时，则有$q_r=qL_i$、$q_z=0$，由式(8.26)可得

$$\{R\}_p^e = 2\pi\int_{L_{ij}}\begin{bmatrix} N_i & 0 & N_j & 0 & N_m & 0 \\ 0 & N_i & 0 & N_j & 0 & N_m \end{bmatrix}^{\mathrm{T}}\begin{Bmatrix} qL_i \\ 0 \end{Bmatrix} r\mathrm{d}S$$

$$= 2\pi q\int_{L_{ij}}\begin{bmatrix} N_i & 0 & N_j & 0 & N_m & 0 \end{bmatrix}^{\mathrm{T}} L_i r\mathrm{d}S$$

$$= 2\pi q\int_{L_{ij}}\begin{bmatrix} L_i & 0 & L_j & 0 & L_m & 0 \end{bmatrix}^{\mathrm{T}} L_i r\mathrm{d}S$$

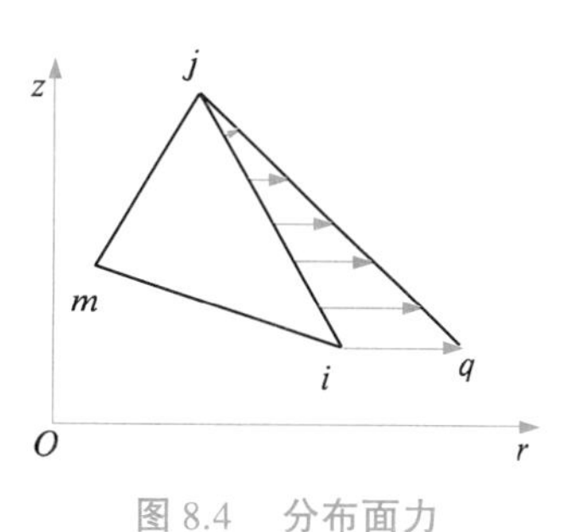

图 8.4　分布面力

在 ij 边界上有 $L_m = 0$，将式(c) 代入上式，可得

$$\{R\}_p^e = 2\pi\int_{L_{ij}}\begin{bmatrix} N_i & 0 & N_j & 0 & N_m & 0 \\ 0 & N_i & 0 & N_j & 0 & N_m \end{bmatrix}^{\mathrm{T}}\begin{Bmatrix} qL_i \\ 0 \end{Bmatrix} r\mathrm{d}S$$

$$= 2\pi q\int_{L_{ij}}\begin{bmatrix} N_i & 0 & N_j & 0 & N_m & 0 \end{bmatrix}^{\mathrm{T}} L_i r\mathrm{d}S$$

$$= 2\pi q\int_{L_{ij}}\begin{bmatrix} L_i & 0 & L_j & 0 & L_m & 0 \end{bmatrix}^{\mathrm{T}} L_i r\mathrm{d}S$$

$$= 2\pi q\int_{L_{ij}}\begin{bmatrix} r_iL_i^3 + r_jL_i^2L_j & 0 & r_iL_i^2L_j + r_jL_iL_j^2 & 0 & 0 & 0 \end{bmatrix}^{\mathrm{T}} \mathrm{d}S$$

$$= \frac{2\pi ql}{6}\begin{bmatrix} 3r_i + r_j & 0 & r_i + r_j & 0 & 0 & 0 \end{bmatrix}^{\mathrm{T}}$$

本章小结

1.轴对称单元的单元刚度矩阵：

$$[k] = 2\pi\iint_A [B]^{\mathrm{T}}[D][B] r\mathrm{d}r\mathrm{d}z$$

$$[k_{st}] = 2\pi\iint_A [B_s]^{\mathrm{T}}[D][B_t] r\mathrm{d}r\mathrm{d}z \quad (s,t = i,j,m)$$

2.轴对称单元的位移：

$$\{f\} = \begin{Bmatrix} u \\ w \end{Bmatrix} = [N]\{\delta\}^e = [IN_i \quad IN_j \quad IN_m]\{\delta\}^e$$

$$N_i = \frac{1}{2\Delta}(a_i + b_ir + c_iz) \quad (i,j,m \text{ 轮换})$$

$$2\Delta = \begin{vmatrix} 1 & r_i & z_i \\ 1 & r_j & z_j \\ 1 & r_m & z_m \end{vmatrix}$$

$$a_i = \begin{vmatrix} r_j & z_j \\ r_m & z_m \end{vmatrix} = r_jz_m - r_mz_j \quad (i,j,m \text{ 轮换})$$

$$b_i = -\begin{vmatrix} 1 & z_j \\ 1 & z_m \end{vmatrix} = z_j - z_m \quad (i,j,m \text{ 轮换})$$

$$c_i = -\begin{vmatrix} 1 & r_j \\ 1 & r_m \end{vmatrix} = -(r_j - r_m) \quad (i,j,m \text{ 轮换})$$

3.轴对称单元的应变：

$$\{\varepsilon\} = [B]\{\delta\}^e = [B_i \quad B_j \quad B_m]\{\delta\}^e$$

$$[B_i] = \begin{bmatrix} \dfrac{\partial N_i}{\partial r} & 0 \\ \dfrac{N_i}{r} & 0 \\ 0 & \dfrac{\partial N_i}{\partial z} \\ \dfrac{\partial N_i}{\partial z} & \dfrac{\partial N_i}{\partial r} \end{bmatrix} = \frac{1}{2\Delta}\begin{bmatrix} b_i & 0 \\ \dfrac{a_i}{r} + b_i + \dfrac{c_i z}{r} & 0 \\ 0 & c_i \\ c_i & b_i \end{bmatrix}$$

4.轴对称单元的应力：

$$\{\sigma\} = [D]\{\varepsilon\}$$

$$[D] = \frac{E(1-\mu)}{(1+\mu)(1-2\mu)}\begin{bmatrix} 1 & \dfrac{\mu}{1-\mu} & \dfrac{\mu}{1-\mu} & 0 \\ \dfrac{\mu}{1-\mu} & 1 & \dfrac{\mu}{1-\mu} & 0 \\ \dfrac{\mu}{1-\mu} & \dfrac{\mu}{1-\mu} & 1 & 0 \\ 0 & 0 & 0 & \dfrac{1-2\mu}{2(1-\mu)} \end{bmatrix}$$

习题

1.已知两个轴对称的三角形单元，其形状、大小、方位均相同，但位置不同，如图所示，$OO' = \dfrac{3}{2}$，设材料的弹性模量为 E，泊松比 $\mu = 0.3$，试计算单元①和单元②的刚度矩阵。

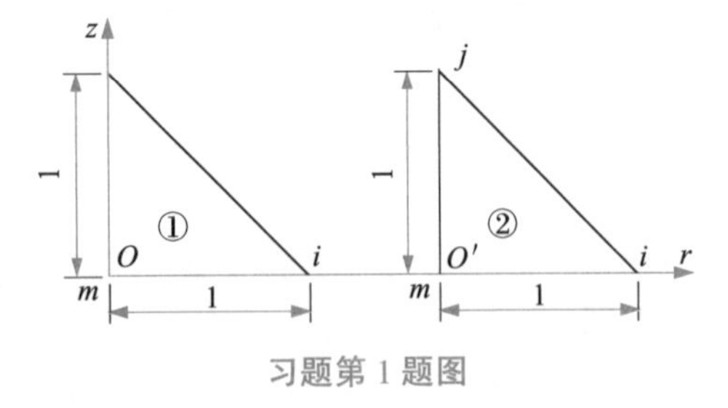

习题第1题图

习题答案

第9章 空间问题的有限元法

9.1 四面体单元有限元分析

9.1.1 单元划分及位移模式

将要研究的空间结构划分为一系列有限个不相互重叠的四面体。每个四面体为一个单元,四面体的顶点即为结点。这样连续空间结构就被离散为由四面体单元所组成的有限元网格。

如图9.1所示的四面体单元结点的编码为 i、j、m、n。每个结点具有三个位移分量 u、v、w。这样单元结点的位移列阵可表示成

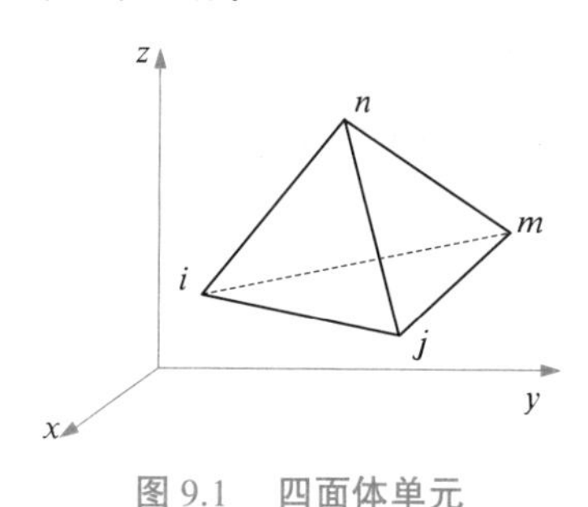

图9.1 四面体单元

$$\{\delta\}^e = \begin{Bmatrix} \delta_i \\ \delta_j \\ \delta_m \\ \delta_n \end{Bmatrix} = \left\{ u_i \quad v_i \quad w_i \quad u_j \quad v_j \quad w_j \quad u_m \quad v_m \quad w_n \quad u_n \quad v_n \quad w_n \right\}^{\mathrm{T}} \tag{9.1}$$

单元的位移模式采用线性多项式,即

$$\left.\begin{aligned} u &= \alpha_1 + \alpha_2 x + \alpha_3 y + \alpha_4 z \\ v &= \alpha_5 + \alpha_6 x + \alpha_7 y + \alpha_8 z \\ w &= \alpha_9 + \alpha_{10} x + \alpha_{11} y + \alpha_{12} z \end{aligned}\right\} \tag{9.2}$$

将单元上4个结点坐标代入上式,单元内任一点的位移可用结点位移和形函数表示为

$$
\left.\begin{aligned}
u &= N_i u_i + N_j u_j + N_m u_m + N_n u_n \\
v &= N_i v_i + N_j v_j + N_m v_m + N_n v_n \\
w &= N_i w_i + N_j w_j + N_m w_m + N_n w_n
\end{aligned}\right\} \tag{9.3}
$$

用矩阵表示为

$$
f = \begin{Bmatrix} u \\ v \\ w \end{Bmatrix} = \begin{bmatrix} N_i & 0 & 0 & N_j & 0 & 0 & N_m & 0 & 0 & N_n & 0 & 0 \\ 0 & N_i & 0 & 0 & N_j & 0 & 0 & N_m & 0 & 0 & N_n & 0 \\ 0 & 0 & N_i & 0 & 0 & N_j & 0 & 0 & N_m & 0 & 0 & N_n \end{bmatrix} \begin{Bmatrix} \delta_i \\ \delta_j \\ \delta_m \\ \delta_n \end{Bmatrix} = [N]\{\delta\}^e
$$

$$
= [N_i I \quad N_j I \quad N_m I \quad N_n I]\{\delta\}^e \tag{9.4}
$$

式中,$[I]$ 为三阶单位矩阵,$[N]$ 为形函数矩阵。

上式即为单元结点位移和单元任意点位移之间的关系。其中:

$$
\left.\begin{aligned}
N_i &= \frac{1}{6V}(a_i + b_i x + c_i y + d_i z) \\
N_j &= \frac{1}{6V}(a_j + b_j x + c_j y + d_j z) \\
N_m &= \frac{1}{6V}(a_m + b_m x + c_m y + d_m z) \\
N_n &= \frac{1}{6V}(a_n + b_n x + c_n y + d_n z)
\end{aligned}\right\} \tag{9.5}
$$

N_i、N_j、N_m、N_n 为四面体单元的形函数,式中各系数表示如下:

$$
\left.\begin{aligned}
& a_i = \begin{vmatrix} x_j & y_j & z_j \\ x_m & y_m & z_m \\ x_n & y_n & z_n \end{vmatrix}, \quad b_i = -\begin{vmatrix} 1 & y_j & z_j \\ 1 & y_m & z_m \\ 1 & y_n & z_n \end{vmatrix}, \quad c_i = \begin{vmatrix} x_j & 1 & z_j \\ x_m & 1 & z_m \\ x_n & 1 & z_n \end{vmatrix}, \\
& d_i = -\begin{vmatrix} x_j & y_j & 1 \\ x_m & y_m & 1 \\ x_n & y_n & 1 \end{vmatrix} \quad (i,j,m,n\text{ 轮换}), \quad V = \begin{vmatrix} 1 & x_i & y_i & z_i \\ 1 & x_j & y_j & z_j \\ 1 & x_m & y_m & z_m \\ 1 & x_n & y_n & z_n \end{vmatrix}
\end{aligned}\right\} \tag{9.6}
$$

V 是四面体的体积,为了使 V 不为负值,单元的 4 个结点 i、j、m、n 按照 i、j、m 的转向转动时,大拇指指向 n 方向,见图 9.1。

9.1.2 单元应变和应力

根据几何方程可得

$$
\{\varepsilon\} = [B]\{\delta\}^e = \begin{bmatrix} B_i & -B_j & B_m & -B_n \end{bmatrix}\{\delta\}^e \tag{9.7}
$$

$$[B_i]=\begin{bmatrix}\frac{\partial N_i}{\partial x} & 0 & 0\\ 0 & \frac{\partial N_i}{\partial y} & 0\\ 0 & 0 & \frac{\partial N_i}{\partial z}\\ \frac{\partial N_i}{\partial y} & \frac{\partial N_i}{\partial x} & 0\\ 0 & \frac{\partial N_i}{\partial z} & \frac{\partial N_i}{\partial y}\\ \frac{\partial N_i}{\partial z} & 0 & \frac{\partial N_i}{\partial x}\end{bmatrix}=\frac{1}{6V}\begin{bmatrix}b_i & 0 & 0\\ 0 & c_i & 0\\ 0 & 0 & d_i\\ c_i & b_i & 0\\ 0 & d_i & c_i\\ d_i & 0 & b_i\end{bmatrix}\quad (i,j,m,n\text{ 轮换})\tag{9.8}$$

由于单元中的应变是常量,所以四面体单元是常应变单元。

由物理方程可得到单元的应力列阵:

$$[\sigma]=[D]\{\varepsilon\}=[D][B]\{\delta\}^e=[S]\{\delta\}^e=\begin{bmatrix}S_i & -S_j & S_m & -S_n\end{bmatrix}\{\delta\}^e\tag{9.9}$$

$[D]$ 为空间问题的弹性矩阵,表示为

$$[D]=\begin{bmatrix}1 & \frac{\mu}{1-\mu} & \frac{\mu}{1-\mu} & 0 & 0 & 0\\ \frac{\mu}{1-\mu} & 1 & \frac{\mu}{1-\mu} & 0 & 0 & 0\\ \frac{\mu}{1-\mu} & \frac{\mu}{1-\mu} & 1 & 0 & 0 & 0\\ 0 & 0 & 0 & \frac{1-2\mu}{2(1-\mu)} & 0 & 0\\ 0 & 0 & 0 & 0 & \frac{1-2\mu}{2(1-\mu)} & 0\\ 0 & 0 & 0 & 0 & 0 & \frac{1-2\mu}{2(1-\mu)}\end{bmatrix}\tag{9.10}$$

$[S]$ 为四面体单元的应力矩阵,表示为

$$[S_i]=\frac{A_3}{6V}\begin{bmatrix}b_i & A_1c_i & A_1d_i\\ A_1b_i & c_i & A_1d_i\\ A_1b_i & A_1c_i & d_i\\ A_2c_i & A_2b_i & 0\\ 0 & A_2d_i & A_2c_i\\ A_2d_i & 0 & A_2b_i\end{bmatrix}\quad (i,j,m,n\text{ 轮换})\tag{9.11}$$

其中

$$A_1 = \frac{\mu}{1-\mu},\quad A_2 = \frac{1-2\mu}{2(1-\mu)},\quad A_3 = \frac{E(1-\mu)}{(1+\mu)(1-2\mu)}$$

由于单元中的应力是常量,所以四面体单元是常应力单元。

9.1.3 单元刚度矩阵

由虚功原理,按照平面问题的类似推导,可得空间问题的单元刚度矩阵:

$$\{R\}^e = \iiint_V [B]^T[D][B]\,dxdydz\{\delta\}^e = [K]^e\{\delta\}^e \tag{9.12}$$

$$\{K\}^e = \iiint_V [B]^T[D][B]\,dxdydz = [B]^T[D][B]V \tag{9.13}$$

单元刚度矩阵可表示为分块形式,即

$$[K]^e = \begin{bmatrix} k_{ii} & -k_{ij} & k_{im} & -k_{in} \\ -k_{ji} & k_{jj} & -k_{jm} & k_{jn} \\ k_{mi} & -k_{mj} & k_{mm} & -k_{mn} \\ -k_{ni} & k_{nj} & -k_{nm} & k_{nn} \end{bmatrix} \tag{9.14}$$

其中任一子块$[k_{st}]$由下式计算得到

$$[k_{st}] = [B_r]^T[D][B_s]V = \frac{E(1-\mu)}{36V(1+\mu)(1-2\mu)}\begin{bmatrix} K_1 & K_4 & K_7 \\ K_2 & K_5 & K_8 \\ K_3 & K_6 & K_9 \end{bmatrix} \quad (r,s=i,j,m,p) \tag{9.15}$$

式中

$$\left.\begin{aligned} K_1 &= b_r b_s + A_2(c_r c_s + d_r d_s) \\ K_2 &= A_1 c_r b_s + A_2 b_r c_s \\ K_3 &= A_1 d_r b_s + A_2 b_r d_s \\ K_4 &= A_1 b_r c_s + A_2 c_r b_s \\ K_5 &= c_r c_s + A_2(b_r b_s + d_r d_s) \\ K_6 &= A_1 d_r c_s + A_2 c_r d_s \\ K_7 &= A_1 b_r d_s + A_2 d_r b_s \\ K_8 &= A_1 c_r d_s + A_2 d_r c_s \\ K_9 &= d_r d_s + A_2(b_r b_s + c_r c_s) \\ A_1 &= \frac{\mu}{1-\mu},\ A_2 = \frac{1-2\mu}{2(1-\mu)} \end{aligned}\right\} \tag{9.16}$$

9.1.4 等效结点荷载

与平面问题相同,空间问题的等效荷载可由下式分别求得。

9.1.4.1　集中荷载

若集中荷载为

$$\{\bar{p}\} = \begin{bmatrix} \bar{p}_x & \bar{p}_y & \bar{p}_z \end{bmatrix}^{\mathrm{T}}$$

则等效荷载可表示为

$$\begin{aligned}\{R\}^e &= [N]^{\mathrm{T}}\{p\} \\ &= \begin{bmatrix} R_i^{\mathrm{T}} & R_j^{\mathrm{T}} & R_m^{\mathrm{T}} & R_n^{\mathrm{T}} \end{bmatrix}^{\mathrm{T}} \\ &= \begin{bmatrix} X_i & Y_i & Z_i & X_j & Y_j & Z_j & X_m & Y_m & Z_m & X_n & Y_n & Z_n \end{bmatrix}^{\mathrm{T}}\end{aligned} \tag{9.17}$$

9.1.4.2　分布面力

若单元的某一边界上的分布面力表示为

$$\{\bar{p}\} = \begin{bmatrix} \bar{X} & \bar{Y} & \bar{Z} \end{bmatrix}^{\mathrm{T}}$$

则等效荷载可表示为

$$\{R\}^e = \iint [N]^{\mathrm{T}}\{\bar{p}\}\,\mathrm{d}A \tag{9.18}$$

A 为面力作用面积。

若分布体力为

$$\{p\} = [X \quad Y \quad Z]^{\mathrm{T}}$$

则等效荷载可表示为

$$\{R\}^e = \iiint [N]^{\mathrm{T}}\{p\}\,\mathrm{d}x\mathrm{d}y\mathrm{d}z \tag{9.19}$$

如单元自重的等效结点荷载可由式(9.19)计算，因为 $X=Y=0, Z=-\rho g$，所以等效结点荷载表示为

$$\begin{aligned}\{R\}^e = [N]^{\mathrm{T}}\{p\} &= \begin{bmatrix} 0 & 0 & -\frac{1}{4}\rho Vg & 0 & 0 & -\frac{1}{4}\rho Vg & 0 & 0 & -\frac{1}{4}\rho Vg & 0 & 0 & -\frac{1}{4}\rho Vg \end{bmatrix}^{\mathrm{T}} \\ &= \begin{bmatrix} 0 & 0 & -\frac{1}{4}W & 0 & 0 & -\frac{1}{4}W & 0 & 0 & -\frac{1}{4}W & 0 & 0 & -\frac{1}{4}W \end{bmatrix}^{\mathrm{T}}\end{aligned}$$

可看作将单元自重 W 均匀移置到每个结点上。

9.2　高次四面体单元有限元分析

和平面问题的三角形单元族及矩形单元族相同，三维问题中为了提高单元精度，可在四结点四面体单元的基础上增加结点数，形成四面体单元族，如图 9.2 所示。图中的 4 结点、10 结点和 20 结点四面体单元，与左侧的四面体比较，可以看出结点的数目与完全多项式的项数完全一致，因此相应的位移模式可取为一次、二次和三次完全多项式。可以证明四面体单元族中各单元的位移在边界上都能满足连续性要求。

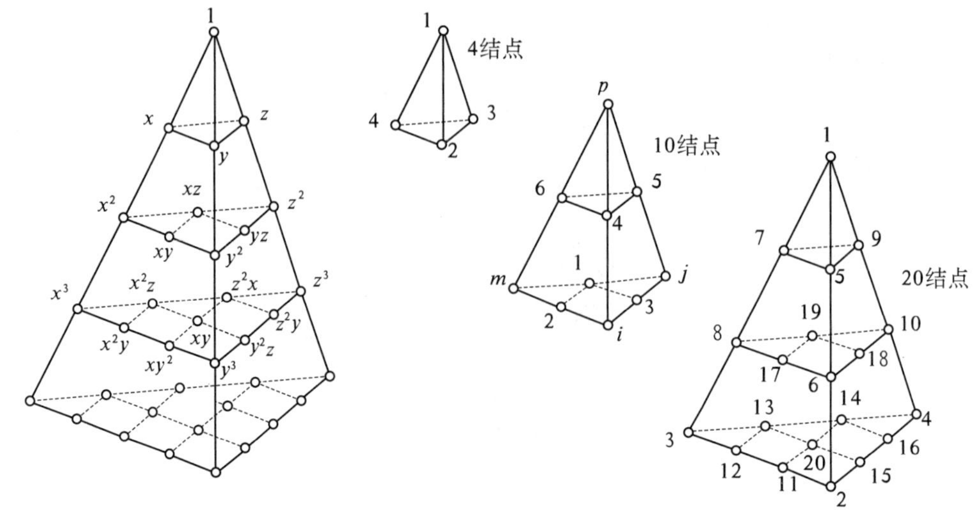

图 9.2　四面体单元族

9.2.1　四面体单元的体积坐标

与三角形的面积坐标类似,四面体的体积坐标 L_i、L_j、L_m、L_p 可表示为

$$L_i = \frac{V_i}{V} \quad (i,j,m,p \text{ 轮换}) \tag{9.20}$$

式中,V_i、V_j、V_m、V_p 为四面体 $cjmp$、$icmp$、$cijp$、$icmj$ 的体积。c 为四面体内的一点,如图 9.3 所示。

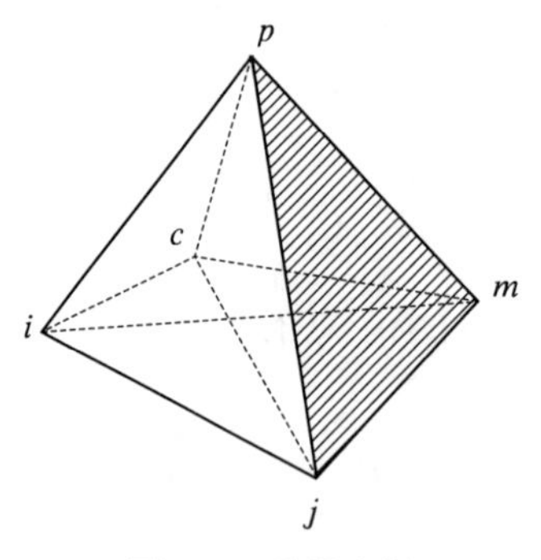

图 9.3　体积坐标

体积 V_i 可用行列式表示为

$$V_i = \frac{1}{6}\begin{vmatrix} 1 & x & y & z \\ 1 & x_j & y_j & z_j \\ 1 & x_m & y_m & z_m \\ 1 & x_p & y_p & z_p \end{vmatrix} \tag{9.21}$$

式中,x、y、z 为点 c 在直角坐标系中的坐标。

根据式(9.6),将式(9.21)展开后可得 $cjmp$ 的体积为

$$V_i = \frac{1}{6}(a_i + b_i x + c_i y + d_i z)$$

同理可得 $icmp$、$cijp$、$icmj$ 的体积为

$$V_j = -\frac{1}{6}(a_i + b_i x + c_i y + d_i z)$$

$$V_m = \frac{1}{6}(a_i + b_i x + c_i y + d_i z)$$

$$V_p = -\frac{1}{6}(a_i + b_i x + c_i y + d_i z)$$

因此四面体的体积坐标表示为

$$\left.\begin{aligned} L_i &= \frac{1}{6V}(a_i + b_i x + c_i y + d_i z) \quad (i,m \text{ 轮换}) \\ L_j &= -\frac{1}{6V}(a_i + b_i x + c_i y + d_i z) \quad (j,p \text{ 轮换}) \end{aligned}\right\} \tag{9.22}$$

比较式(9.5)和式(9.22)可以看出,四面体的体积坐标和四结点四面体单元的形函数的形式是相同的,即

$$L_i = N_i \quad (i,j,m,p \text{ 轮换})$$

则直角坐标与体积坐标的变换关系可以表示为

$$\left.\begin{aligned} x &= L_i x_i + L_j x_j + L_m x_m + L_p x_p \\ y &= L_i y_i + L_j y_j + L_m y_m + L_p y_p \\ z &= L_i z_i + L_j z_j + L_m z_m + L_p z_p \end{aligned}\right\} \tag{9.23}$$

其中 $L_i + L_j + L_m + L_p = 1$。

9.2.2　10 结点四面体单元

为了提高计算精度,可采用高次四面体单元,在四面体各棱的中点各取 1 个结点就形成了 10 结点四面体单元,如图 9.2 所示。

用体积坐标表示的单元位移函数为

$$\left.\begin{aligned} u(x,y,z) &= \sum_k N_k u_k \\ v(x,y,z) &= \sum_k N_k v_k \quad (k = 1,2,\cdots,10) \\ w(x,y,z) &= \sum_k N_k w_k \end{aligned}\right\} \tag{9.24}$$

其中

$$\left.\begin{aligned} N_i &= (2L_i - 1)L_1 \quad (i,j,m,p \text{ 轮换}) \\ N_1 &= 4L_j L_m \quad (i = 1,2,3;i,j,m \text{ 轮换}) \\ N_4 &= 4L_p L_i \quad (i = 4,5,6;i,j,m \text{ 轮换}) \end{aligned}\right\} \tag{9.25}$$

9.3 六面体单元有限元分析

常见的六面体单元有 8 结点、20 结点和 32 结点的立方体单元,如图 9.4 所示。

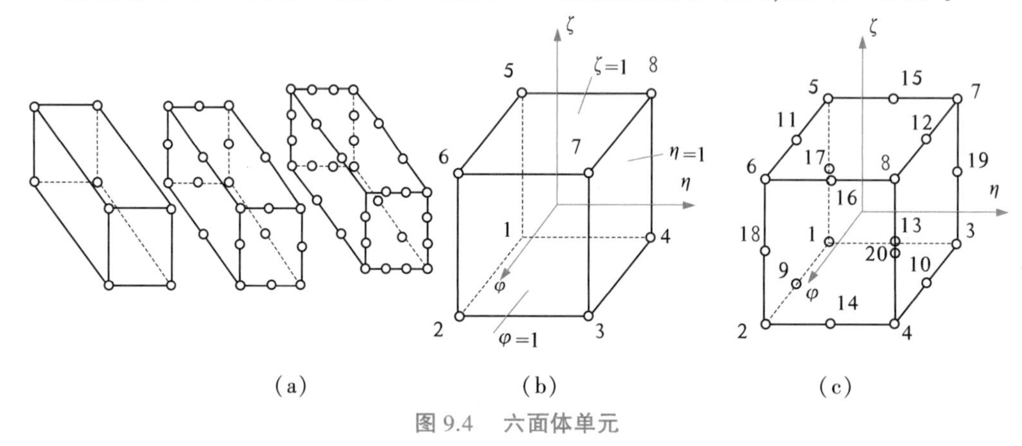

图 9.4 六面体单元

9.3.1 8 结点立方体单元

仿照二维问题的四结点矩形单元,图 9.4(b) 中的 8 结点立方体单元的位移模式可取为

$$\left.\begin{aligned}u&=\alpha_1+\alpha_2\xi+\alpha_3\eta+\alpha_4\zeta+\alpha_5\xi\eta+\alpha_6\eta\zeta+\alpha_7\xi\zeta+\alpha_8\xi\eta\zeta\\v&=\alpha_9+\alpha_{10}\xi+\alpha_{11}\eta+\alpha_{12}\zeta+\alpha_{13}\xi\eta+\alpha_{14}\eta\zeta+\alpha_{15}\xi\zeta+\alpha_{16}\xi\eta\zeta\\w&=\alpha_{17}+\alpha_{18}\xi+\alpha_{19}\eta+\alpha_{20}\zeta+\alpha_{21}\xi\eta+\alpha_{22}\eta\zeta+\alpha_{23}\xi\zeta+\alpha_{24}\xi\eta\zeta\end{aligned}\right\}\tag{9.26}$$

形函数表示如下:

$$N_i=\frac{1}{8}(1+\xi_0)(1+\eta_0)(1+\zeta_0)\quad(i=1,2,\cdots,8)\tag{9.27}$$

其中

$$\left.\begin{aligned}\xi_0&=\xi_i\xi\\\eta_0&=\eta_i\eta\\\zeta_0&=\zeta_i\zeta\end{aligned}\right\}\tag{9.28}$$

因此位移模式可简化为

$$u=\sum_{i=1}^{8}N_iu_i,\quad v=\sum_{i=1}^{8}N_iv_i,\quad w=\sum_{i=1}^{8}N_iw_i\tag{9.29}$$

9.3.2 20 结点立方体单元

20 结点的立方体单元如图 9.4(c) 所示,位移模式取为

$$\begin{aligned}u=&\alpha_1+\alpha_2\xi+\alpha_3\eta+\alpha_4\zeta+\alpha_5\xi\eta+\alpha_6\eta\zeta+\alpha_7\xi\zeta+\alpha_8\xi\eta\zeta+\alpha_9\xi^2+\\&\alpha_{10}\eta^2+\alpha_{11}\zeta^2+\alpha_{12}\xi^2\eta+\alpha_{13}\xi^2\zeta+\alpha_{14}\xi^2\eta\zeta+\alpha_{15}\eta^2\xi+\alpha_{16}\eta^2\zeta+\\&\alpha_{17}\eta^2\xi\zeta+\alpha_{18}\zeta^2\xi+\alpha_{19}\zeta^2\eta+\alpha_{20}\zeta^2\xi\eta\end{aligned}\tag{9.30}$$

形函数表示为

$$
\left.\begin{aligned}
N_i &= \frac{1}{8}(1+\xi_0)(1+\eta_0)(1+\zeta_0)(\xi_0+\eta_0+\zeta_0-2) && (i=1,2,\cdots,8)\\
N_i &= \frac{1}{4}(1-\xi^2)(1+\eta_0)(1+\zeta_0) && (i=9,10,11,12)\\
N_i &= \frac{1}{4}(1-\eta^2)(1+\xi_0)(1+\zeta_0) && (i=13,14,15,16)\\
N_i &= \frac{1}{4}(1-\zeta^2)(1+\xi_0)(1+\eta_0) && (i=17,18,19,20)
\end{aligned}\right\} \tag{9.31}
$$

则位移模式可简写为

$$
u=\sum_{i=1}^{20}N_iu_i,\quad v=\sum_{i=1}^{20}N_iv_i,\quad w=\sum_{i=1}^{20}N_iw_i \tag{9.32}
$$

根据几何方程,单元的应变为

$$
\{\varepsilon\}=[B_1\quad B_2\quad\cdots\quad B_{20}]\{\delta\}^e \tag{9.33}
$$

其中

$$
\{\delta\}^e=\begin{bmatrix}u_1 & v_1 & w_1 & u_2 & v_2 & w_2 & \cdots & u_{20} & v_{20} & w_{20}\end{bmatrix}^{\mathrm{T}} \tag{9.34}
$$

$$
[B_i]=\begin{bmatrix}
\frac{\partial N_i}{\partial x} & 0 & 0\\
0 & \frac{\partial N_i}{\partial y} & 0\\
0 & 0 & \frac{\partial N_i}{\partial z}\\
\frac{\partial N_i}{\partial y} & \frac{\partial N_i}{\partial x} & 0\\
0 & \frac{\partial N_i}{\partial z} & \frac{\partial N_i}{\partial y}\\
\frac{\partial N_i}{\partial z} & 0 & \frac{\partial N_i}{\partial x}
\end{bmatrix}\quad (i=1,2,\cdots,20) \tag{9.35}
$$

其中

$$
\begin{bmatrix}\frac{\partial N_i}{\partial x}\\ \frac{\partial N_i}{\partial y}\\ \frac{\partial N_i}{\partial z}\end{bmatrix}=[J]^{-1}\begin{Bmatrix}\frac{\partial N_i}{\partial \xi}\\ \frac{\partial N_i}{\partial \eta}\\ \frac{\partial N_i}{\partial \zeta}\end{Bmatrix} \tag{9.36}
$$

$[J]^{-1}$ 为雅可比矩阵的逆矩阵,表示为

$$[J]=\begin{bmatrix}\frac{\partial x}{\partial\xi} & \frac{\partial y}{\partial\xi} & \frac{\partial z}{\partial\xi}\\ \frac{\partial x}{\partial\eta} & \frac{\partial y}{\partial\eta} & \frac{\partial z}{\partial\eta}\\ \frac{\partial x}{\partial\zeta} & \frac{\partial y}{\partial\zeta} & \frac{\partial z}{\partial\zeta}\end{bmatrix}=\begin{bmatrix}\frac{\partial N_1}{\partial\xi} & \frac{\partial N_2}{\partial\xi} & \cdots & \frac{\partial N_{20}}{\partial\xi}\\ \frac{\partial N_1}{\partial\eta} & \frac{\partial N_2}{\partial\eta} & \cdots & \frac{\partial N_{20}}{\partial\eta}\\ \frac{\partial N_1}{\partial\zeta} & \frac{\partial N_2}{\partial\zeta} & \cdots & \frac{\partial N_{20}}{\partial\zeta}\end{bmatrix}\begin{bmatrix}x_1 & y_1 & z_1\\ x_2 & y_2 & z_2\\ \vdots & \vdots & \vdots\\ x_{20} & y_{20} & z_{20}\end{bmatrix} \tag{9.37}$$

单元中的应力为

$$\{\sigma\}=[D]\{\varepsilon\}=[D][B]\{\delta\}^e \tag{9.38}$$

单元刚度矩阵为

$$[k]=\int_{-1}^{1}\int_{-1}^{1}\int_{-1}^{1}[B]^{\mathrm{T}}[D][B]\,|J|\,\mathrm{d}\xi\mathrm{d}\eta\mathrm{d}\zeta \tag{9.39}$$

$[k]$ 为 60×60 的矩阵,通常采用高斯积分法进行积分。

等效结点力如下:

(1) 体积力　若体积力表示为 $\{P_V\}=\begin{Bmatrix}P_{Vx} & P_{Vy} & P_{Vz}\end{Bmatrix}^{\mathrm{T}}$,则结点力表示为

$$\{P_{Vi}\}=\begin{Bmatrix}P_{Vxi}\\ P_{Vyi}\\ P_{Vzi}\end{Bmatrix}=\int_{-1}^{1}\int_{-1}^{1}\int_{-1}^{1}N_i\begin{Bmatrix}P_{Vx}\\ P_{Vy}\\ P_{Vz}\end{Bmatrix}|J|\,\mathrm{d}\xi\mathrm{d}\eta\mathrm{d}\zeta \tag{9.40}$$

(2) 表面力　若表面力表示为 $\{P_S\}=\begin{Bmatrix}P_{Sx} & P_{Sy} & P_{Sz}\end{Bmatrix}^{\mathrm{T}}$,则结点力表示为

$$\{P_{Si}\}=\begin{Bmatrix}P_{Sxi}\\ P_{Syi}\\ P_{Szi}\end{Bmatrix}=\iint N_i\begin{Bmatrix}P_{Sx}\\ P_{Sy}\\ P_{Sz}\end{Bmatrix}\mathrm{d}S \tag{9.41}$$

本章小结

1.四面体单元的单元刚度矩阵:

$$[K]^e=\begin{bmatrix}k_{ii} & -k_{ij} & k_{im} & -k_{in}\\ -k_{ji} & k_{jj} & -k_{jm} & k_{jn}\\ k_{mi} & -k_{mj} & k_{mm} & -k_{mn}\\ -k_{ni} & k_{nj} & -k_{nm} & k_{nn}\end{bmatrix}$$

$$[k_{st}]=[B_r]^{\mathrm{T}}[D][B_s]V=\frac{E(1-\mu)}{36V(1+\mu)(1-2\mu)}\begin{bmatrix}K_1 & K_4 & K_7\\ K_2 & K_5 & K_8\\ K_3 & K_6 & K_9\end{bmatrix}\quad(r,s=i,j,m,p)$$

$$
\left.\begin{aligned}
K_1 &= b_r b_s + A_2(c_r c_s + d_r d_s) \\
K_2 &= A_1 c_r b_s + A_2 b_r c_s \\
K_3 &= A_1 d_r b_s + A_2 b_r d_s \\
K_4 &= A_1 b_r c_s + A_2 c_r b_s \\
K_5 &= c_r c_s + A_2(b_r b_s + d_r d_s) \\
K_6 &= A_1 b_r c_s + A_2 c_r d_s \\
K_7 &= A_1 b_r d_s + A_2 d_r b_s \\
K_8 &= A_1 c_r d_s + A_2 d_r c_s \\
K_9 &= d_r d_s + A_2(b_r b_s + c_r c_s) \\
A_1 &= \frac{\mu}{1-\mu}, A_2 = \frac{1-2\mu}{2(1-\mu)}
\end{aligned}\right\}
$$

2.四面体单元的位移：

$$
f = \begin{Bmatrix} u \\ v \\ w \end{Bmatrix} = \begin{bmatrix} N_i & 0 & 0 & N_j & 0 & 0 & N_m & 0 & 0 & N_n & 0 & 0 \\ 0 & N_i & 0 & 0 & N_j & 0 & 0 & N_m & 0 & 0 & N_n & 0 \\ 0 & 0 & N_i & 0 & 0 & N_j & 0 & 0 & N_m & 0 & 0 & N_n \end{bmatrix} \begin{Bmatrix} \delta_i \\ \delta_j \\ \delta_m \\ \delta_n \end{Bmatrix}
$$

$$
= [N]\{\delta\}^e = [N_i I \quad N_j I \quad N_m I \quad N_n I]\{\delta\}^e
$$

$$
N_i = \frac{1}{6V}(a_i + b_i x + c_i y + d_i z)
$$

$$
N_j = \frac{1}{6V}(a_j + b_j x + c_j y + d_j z)
$$

$$
N_m = \frac{1}{6V}(a_m + b_m x + c_m y + d_m z)
$$

$$
N_n = \frac{1}{6V}(a_n + b_n x + c_n y + d_n z)
$$

$$
a_i = \begin{vmatrix} x_j & y_j & z_j \\ x_m & y_m & z_m \\ x_n & y_n & z_n \end{vmatrix}, \quad b_i = -\begin{vmatrix} 1 & y_j & z_j \\ 1 & y_m & z_m \\ 1 & y_n & z_n \end{vmatrix}, \quad c_i = \begin{vmatrix} x_j & 1 & z_j \\ x_m & 1 & z_m \\ x_n & 1 & z_n \end{vmatrix},
$$

$$
d_i = -\begin{vmatrix} x_j & y_j & 1 \\ x_m & y_m & 1 \\ x_n & y_n & 1 \end{vmatrix} \quad (i,j,m,n \text{ 轮换}), \quad V = \begin{vmatrix} 1 & x_i & y_i & z_i \\ 1 & x_j & y_j & z_j \\ 1 & x_m & y_m & z_m \\ 1 & x_n & y_n & z_n \end{vmatrix}
$$

3.四面体单元的应变：

$$
\{\varepsilon\} = [B]\{\delta\}^e = [B_i \quad -B_i \quad B_m \quad -B_n]\{\delta\}^e
$$

$$[B_i]=\begin{bmatrix}\frac{\partial N_i}{\partial x} & 0 & 0\\ 0 & \frac{\partial N_i}{\partial y} & 0\\ 0 & 0 & \frac{\partial N_i}{\partial z}\\ \frac{\partial N_i}{\partial y} & \frac{\partial N_i}{\partial x} & 0\\ 0 & \frac{\partial N_i}{\partial z} & \frac{\partial N_i}{\partial y}\\ \frac{\partial N_i}{\partial z} & & \frac{\partial N_i}{\partial x}\end{bmatrix}=\frac{1}{6V}\begin{bmatrix}b_i & 0 & 0\\ 0 & c_i & 0\\ 0 & 0 & d_i\\ c_i & b_i & 0\\ 0 & d_i & c_i\\ d_i & 0 & b_i\end{bmatrix}\quad (i,j,m,n\text{ 轮换})$$

4.四面体单元的应力：

$$\{\sigma\}=[D]\{\varepsilon\}=[D][B]\{\delta\}^e=[S_i\quad -S_i\quad S_m\quad -S_n]\{\delta\}^e$$

$$[S_i]=\frac{A_3}{6V}=\begin{bmatrix}b_i & A_1c_i & A_1d_i\\ A_1b_i & c_i & A_1d_i\\ A_1b_i & A_1c_i & d_i\\ A_2c_i & A_2b_i & 0\\ 0 & A_2d_i & A_2c_i\\ A_2d_i & 0 & A_2b_i\end{bmatrix}\quad (i,j,m,n\text{ 轮换})$$

$$A_1=\frac{\mu}{1-\mu},\quad A_2=\frac{1-2\mu}{2(1-\mu)},\quad A_3=\frac{E(1-\mu)}{(1+\mu)(1-2\mu)}$$

习题

1.空间直三棱柱如图所示，试用插值法构造单元的形函数。

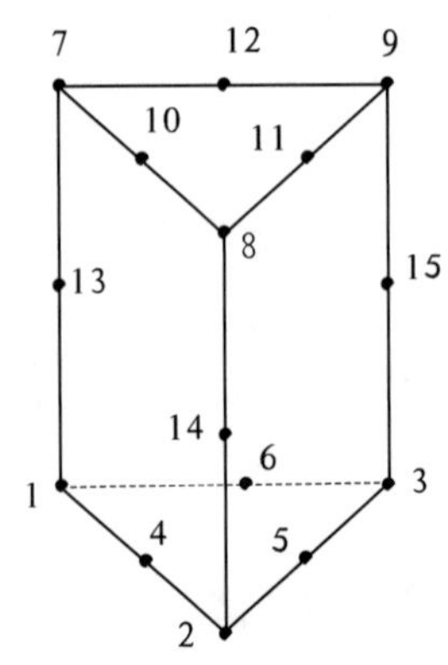

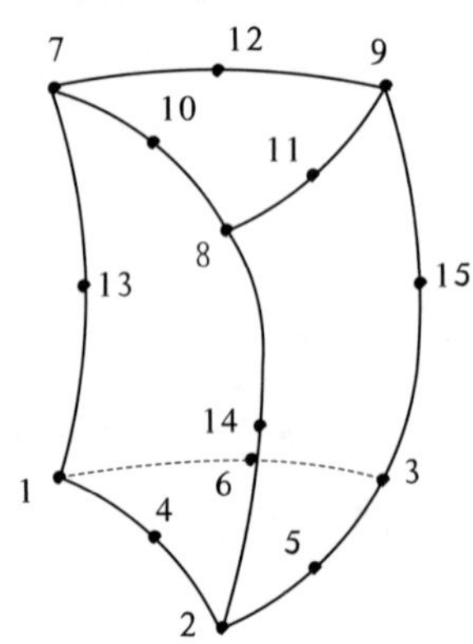

习题第 1 题图

2.试用插值法构造如图所示20结点六面体等参单元的形函数。

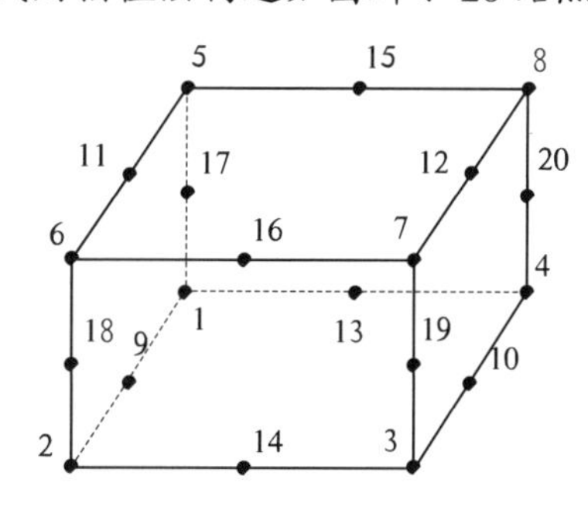

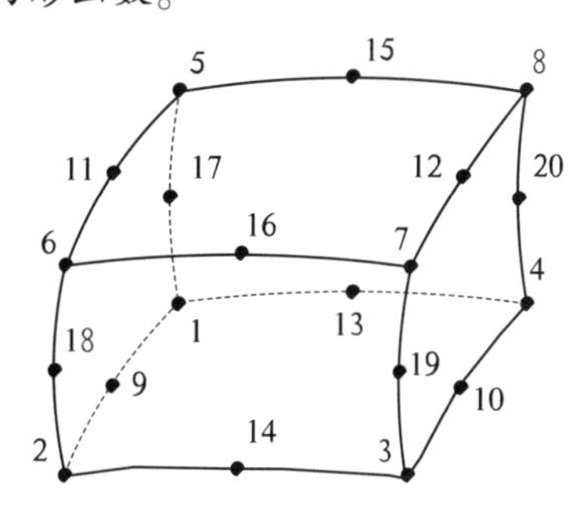

习题第2题图

3.如图所示8结点正六面体单元，当在C点$(0,0,1)$作用一集中力$[p_x,p_y,p_z]$时，试计算各结点的等效结点荷载。

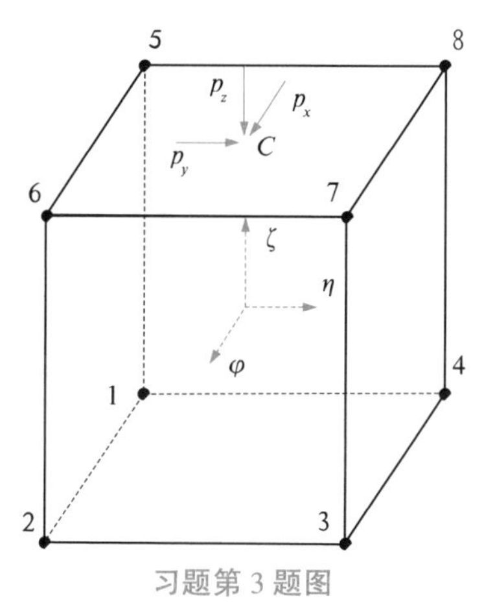

习题第3题图

习题答案

第 10 章　大型通用有限元程序 ANSYS 简介

ANSYS 公司成立于 1970 年,是世界有限元界最著名的公司,总部位于美国宾夕法尼亚州的匹兹堡市。ANSYS 家族产品包括 ANSYS Multiphysics、ANSYS LS-DYNA、ANSYS Mechanical、ANSYS Linear Plus、ANSYS Structural、ANSYS Emag 等。ANSYS 产品结构如图10.1 所示。

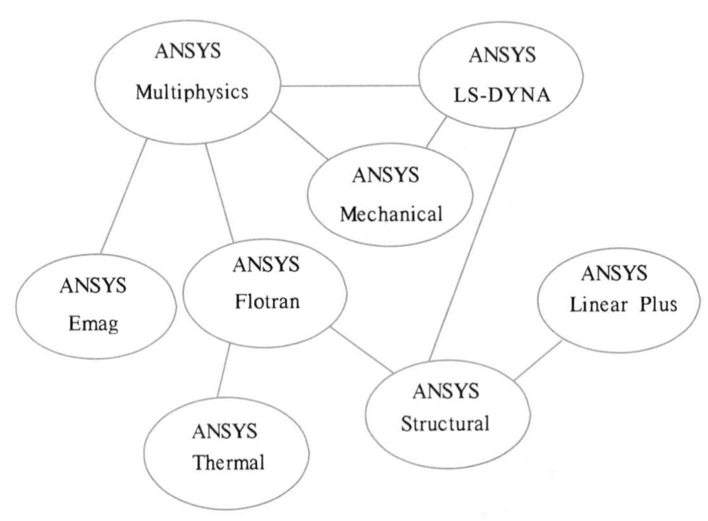

图 10.1　ANSYS 软件的主要功能和特点

10.1　ANSYS 软件的主要功能与特点

10.1.1　软件功能简介

到 20 世纪 80 年代初期,国际上较大型的面向工程的有限元通用软件主要有ANSYS、NASTRAN、ASKA、ADINA、SAP 等。以 ANSYS 为代表的工程数值模拟软件,是一个多用途的有限元法分析软件,它的 1971 年的4.0 版本与今天的 19.0 版本已有很大的不同,起初它仅提供结构线性分析和热分析,现在可用来求结构、流体、电力、电磁场及碰撞等问题的解答。ANSYS 软件是融结构、流体、电场、磁场、声场分析于一体的大型通用有限元分析软件,由世界上最大的有限元分析软件公司之一的美国 ANSYS 公司开发,它能与多数

CAD 软件接口，实现数据的共享和交换，如 Pro/Engineer、NASTRAN、Alogor、I-DEAS、AutoCAD 等，是现代产品设计中的高级 CAD 工具之一。它包含了前置处理、解题程序以及后置处理，将有限元分析、计算机图形学和优化技术相结合，已成为现代工程学问题必不可少的有力工具。

ANSYS 是一种广泛的商业套装工程分析软件。所谓工程分析软件，主要是分析机械结构系统受到外力负载所出现的反应，例如应力、位移、温度等，根据该反应可知道机械结构系统受到外力负载后的状态，进而判断是否符合设计要求。一般机械结构系统的几何结构相当复杂，受的负载也相当多，理论分析往往无法进行。想要解答，必须先简化结构，采用数值模拟方法分析。ANSYS 软件在工程上应用相当广泛，在机械、电机、土木、电子及航空等领域的使用，都能达到某种程度的可信度，颇获各界好评。使用该软件，能够降低设计成本，缩短设计时间。

ANSYS 软件已广泛地用于核工业、铁道、石油化工、航空航天、机械制造、能源、汽车交通、国防军工、电子、土木工程、生物医学、水利、日用家电等一般工业及科学研究。该软件提供了不断改进的功能清单，具体包括结构高度非线性分析、电磁分析、计算流体力学分析、设计优化、接触分析、自适应网格划分及利用 ANSYS 参数设计语言扩展宏命令功能。

软件主要包括三个模块：前处理模块、分析计算模块和后处理模块。前处理模块提供了一个强大的实体建模及网格划分工具，用户可以方便地构造有限元模型；分析计算模块包括结构分析（可进行线性分析、非线性分析和高度非线性分析）、流体动力学分析、电磁场分析、声场分析、压电分析以及多物理场的耦合分析，可模拟多种物理介质的相互作用，具有灵敏度分析及优化分析能力；后处理模块可将计算结果以彩色等值线、梯度、矢量、粒子流迹、立体切片、透明及半透明（可看到结构内部）等图形方式显示出来，也可将计算结果以图表、曲线形式显示或输出。软件提供了 100 种以上的单元类型，用来模拟工程中的各种结构和材料。该软件有多种不同版本，可以运行在从个人机到大型机的多种计算机设备上，如 PC、SGI、HP、SUN、DEC、IBM、CRAY 等。

ANSYS 软件是第一个通过 ISO 9001 质量认证的大型分析设计类软件，是美国机械工程师协会（ASME）、美国核安全局（NNSA）及近 20 种专业技术协会认证的标准分析软件。在国内第一个通过了中国压力容器标准化技术委员会认证并在国务院 17 个部委推广使用。

10.1.2　ANSYS 软件主要技术特点

该软件主要的技术特点有：

(1) 是唯一能实现多场及多场耦合分析的软件；

(2) 是唯一实现前后处理、求解及多场分析统一数据库的一体化大型 FEA 软件；

(3) 是唯一具有多物理场优化功能的 FEA 软件；

(4) 是唯一具有中文界面的大型通用有限元软件；

(5) 有强大的非线性分析功能；

(6) 多种求解器分别适用于不同的问题及不同的硬件配置；

(7) 支持异种、异构平台的网络浮动,在异种、异构平台上用户界面统一、数据文件全部兼容;

(8) 有强大的并行计算功能,支持分布式并行及共享内存式并行;

(9) 有多种自动网格划分技术;

(10) 有良好的用户开发环境。

10.1.3 ANSYS 工作环境简介

ANSYS 工作有两种模式:一种是交互模式[GUI(Graphical User Interface) 方式],另一种是非交互模式(Batch Mode)。交互模式为初学者和大多数使用者所采用,包括建模、保存文件、打印图形及结果分析等,一般无特别原因皆用交互模式。但若分析的问题要很长时间,如一两天等,可把分析问题的命令做成文件,利用它的非交互模式进行分析。

运行该程序一般采用交互式方式进入,这样可以定义工作名称,并且存放到指定的工作目录中,如图 10.2 所示。在开始分析一个问题时,建议使用交互模式。

图 10.2　运行界面

进入系统后会有 6 个窗口,提供使用者与软件之间的交流,凭借这 6 个窗口可以非常

容易地输入命令、检查模型的建立、观察分析结果及图形输出与打印。整个窗口系统称为 GUI,如图 10.3 所示。

各窗口的功能如下：

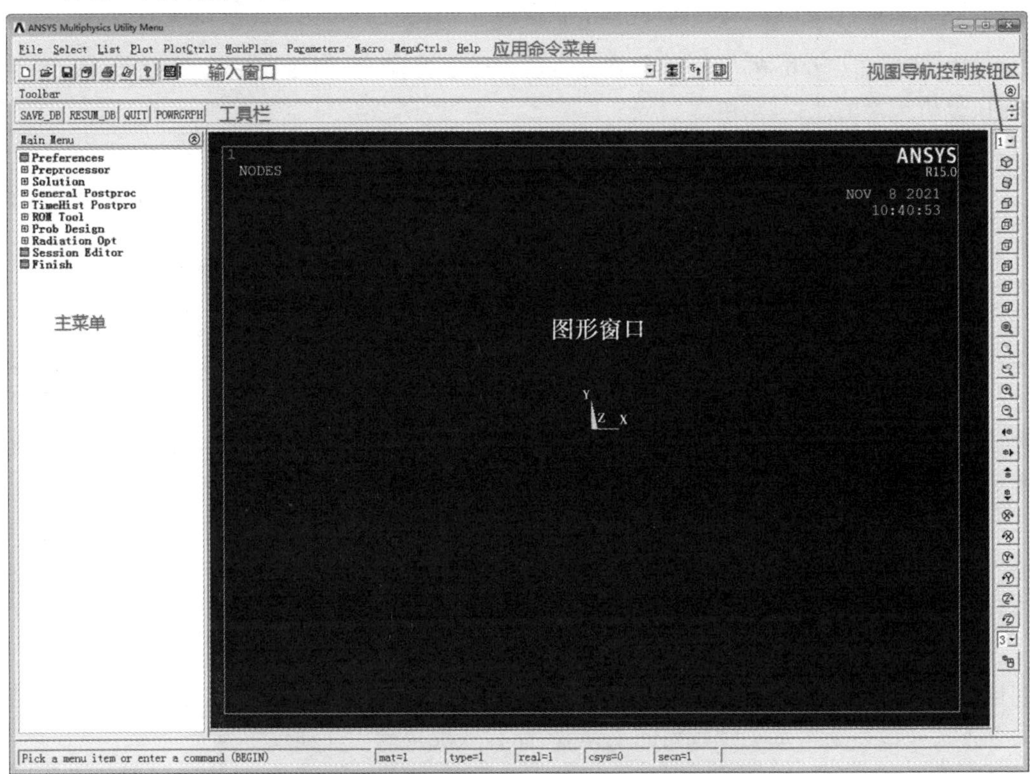

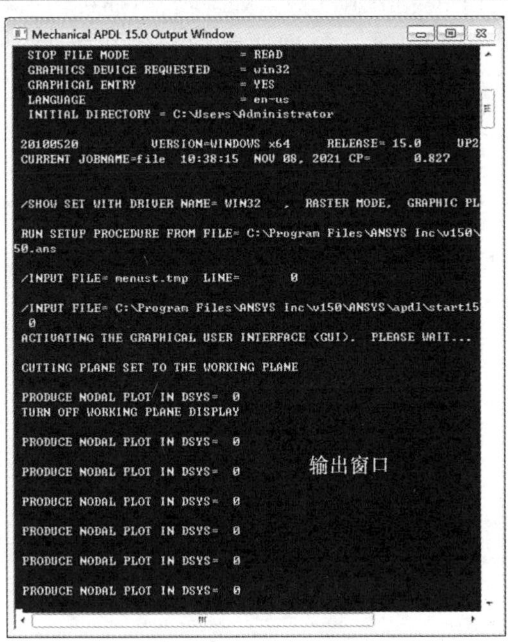

图 10.3　交互式界面

(1) 应用命令菜单(Utility Menu)　包含各种应用命令,如文件控制(File)、对象选择(Select)、资料列式(List)、图形显示(Plot)、图形控制(PlotCtrls)、工作界面设定(WorkPlane)、参数化设计(Parameters)、宏命令(Macro)、窗口控制(MenuCtrls)及辅助说明(Help)等。

(2) 主菜单(Main Menu)　包含分析过程的主要命令,如建立模块、外力负载、边界条件、分析类型的选择、求解过程等。

(3) 工具栏(Toolbar)　执行命令的快捷方式,可依照各人爱好自行设定。

(4) 输入窗口(Input Window)　该窗口是输入命令的地方,同时可监视命令的历程。

(5) 图形窗口(Graphic Window)　显示使用者所建立的模块及查看结果分析。

(6) 输出窗口(Output Window)　该窗口叙述了输入命令执行的结果。

启动 ANSYS,进入欢迎画面以后,程序停留在开始平台。从开始平台(主菜单)可以进入各处理模块:PREP7(通用前处理模块),SOLUTION(求解模块),POST1(通用后处理模块),POST26(时间历程后处理模块)。ANSYS 用户手册的全部内容都可以联机查阅。

用户的指令可以通过鼠标点击菜单项选取和执行,也可以在命令输入窗口通过键盘输入。命令一经执行,该命令就会在.log 文件中列出,打开输出窗口可以看到.log 文件的内容。如果软件运行过程中出现问题,查看.log 文件中的命令流及其错误提示,将有助于快速发现问题的根源。.log 文件的内容可以略作修改存到一个批处理文件中,在以后进行同样工作时,由 ANSYS 自动读入并执行,这是 ANSYS 软件的第三种命令输入方式。这种命令方式在进行某些重复性较高的工作时,能有效地提高工作速度。

在静态结构分析中,由 Begin Level 进入处理器,可通过输入斜杠加处理器的名称方式,如/PREP7、/SOLU、/POST1 等。处理器间的转换通过 FINISH 命令先回到 Begin Level,然后进入想到达的处理器位置,如图 10.4 所示。

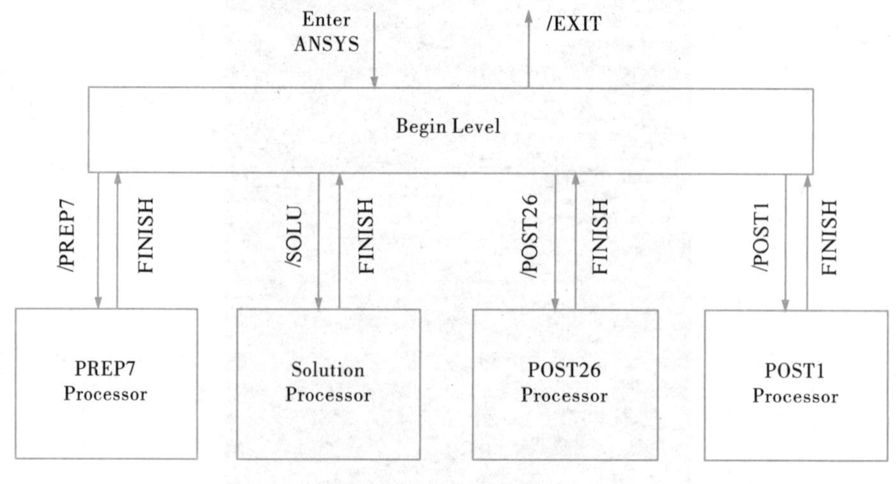

图 10.4　分析处理模块

10.1.4　建模方法

由结点和单元构成的有限元模型与机械结构系统的几何外形基本是一致的。有限元模型的建立可分为直接法和间接法(也称实体模型 ,Solid Modeling)。直接法为直接根据机械结构的几何外形建立结点和单元,因此直接法只适应于简单的机械结构系统。反之,间接法适应于结点及单元数目较多的复杂几何外形机械结构系统。该方法通过点、线、面、体积,先建立有限元模型,再进行实体网格划分,以完成有限元模型的建立。请看下面对一个平板建模的例子,把该板分为四个单元。若用直接建模法,如图 10.5(a) 所示,首先建立结点 1 ~ 9(如 N,1,0,0),定义单元类型后,连接相邻结点生成四个单元(如 E,1,2,5,4)。如果用间接法,如图 10.5(b) 所示,先建立一块面积,再用二维空间四边形单元将面积分为 9 个结点及 4 个单元的有限元模型,即需在网格划分时,设定网格尺寸或密度。注意用间接法,结点及单元的序号不容易控制,其结点等对象的序号的安排可能会与给定的图例存在差异。

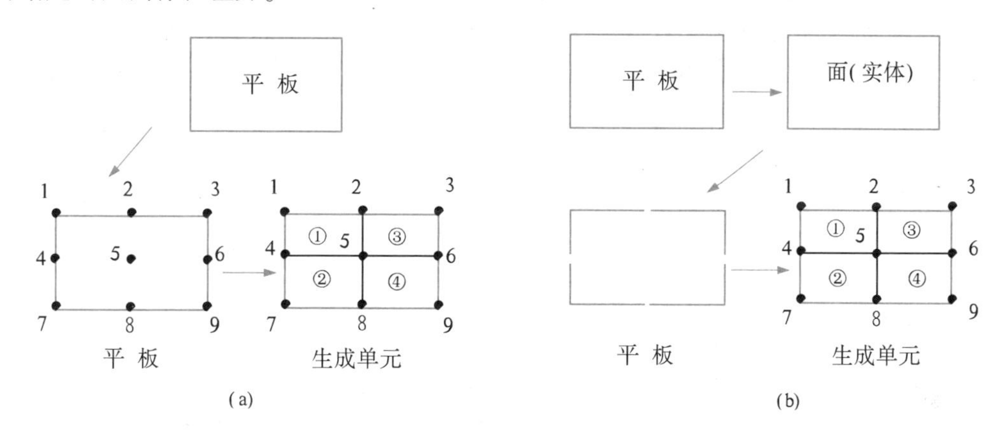

图 10.5　有限元模型建立

10.1.5　典型分析过程

ANSYS 分析过程共分三个模块进行。

10.1.5.1　前处理模块 PREP7

1) 建立有限元模型所须输入的资料,如结点、坐标资料、单元内结点排列次序。

双击实用菜单中的“Preprocessor”,进入 ANSYS 的前处理模块。这个模块主要有两部分内容:实体建模和网格划分。

ANSYS 程序提供了两种实体建模方法:自顶向下与自底向上。

自顶向下进行实体建模时,用户定义一个模型的最高级图元,如球、棱柱,称为基元,程序则自动定义相关的面、线及关键点。用户利用这些高级图元直接构造几何模型,如二维的圆和矩形以及三维的块、球、锥和柱。无论使用自顶向下还是自底向上方法建模,用户均能使用布尔运算来组合数据集,从而“雕塑出”一个实体模型。ANSYS 程序提供了完整的布尔运算,诸如相加、相减、相交、分割、黏结和重叠。在创建复杂实体模型时,对线、面、体、基元的布尔操作能减少相当可观的建模工作量。ANSYS 程序还提供了拖拉、延伸、旋转、移动、延伸和拷贝实体模型图元的功能。附加的功能还包括圆弧构造、切线构造、通过拖拉与旋转生成面和体、线与面的自动相交运算、自动倒角生成,这些功能用于网格划分的结点的建立、移动、拷贝和删除。

自底向上进行实体建模时,用户从最低级的图元向上构造模型,即:用户首先定义关键点,然后依次是相关的线、面、体。

2) 定义材料属性。

3) 划分单元。

ANSYS 程序提供了使用便捷、高质量的对 CAD 模型进行网格划分的功能。包括 4 种网格划分方法:延伸划分、映象划分、自由划分和自适应划分。延伸网格划分可将一个二维网格延伸成一个三维网格。映象网格划分允许用户将几何模型分解成简单的几部分,然后选择合适的单元属性和网格控制,生成映象网格。ANSYS 程序的自由网格划分器功能是十分强大的,可对复杂模型直接划分,避免了用户对各个部分分别划分然后进行组装时各部分网格不匹配带来的麻烦。自适应网格划分是在生成了具有边界条件的实体模型以后,用户指示程序自动地生成有限元网格,分析、估计网格的离散误差,然后重新定义网格大小,再次分析、计算、估计网格的离散误差,直至误差低于用户定义的值或达到用户定义的求解次数。

10.1.5.2 求解模块 SOLUTION2

1) 定义荷载条件。

2) 定义边界条件及求解。

前处理阶段完成建模以后,用户可以在求解阶段获得分析结果。

点击快捷工具区的SAVE_DB将前处理模块生成的模型存盘,退出 Preprocessor,点击实用菜单项中的Solution,进入分析求解模块。在该阶段,用户可以定义分析类型,分析选项、荷载数据和荷载步选项,然后开始有限元求解。

ANSYS 软件提供的分析类型如下:

(1) 结构静力分析　用来求解外荷载引起的位移、应力和力。静力分析很适合求解惯性和阻尼对结构的影响并不显著的问题。ANSYS 程序中的静力分析不仅可以进行线性分析,而且也可以进行非线性分析,如塑性、蠕变、膨胀、大变形、大应变及接触分析。

(2) 结构动力学分析　结构动力学分析用来求解随时间变化的荷载对结构或部件的影响。与静力分析不同,动力分析要考虑随时间变化的力荷载以及它对阻尼和惯性的影响。ANSYS 可进行的结构动力学分析类型包括瞬态动力学分析、模态分析、谐波响应分析及随机振动响应分析。

(3) 结构非线性分析　结构非线性导致结构或部件的响应随外荷载不成比例变化。ANSYS 程序可求解静态和瞬态非线性问题,包括材料非线性、几何非线性和单元非线性三种。

(4) 动力学分析　ANSYS 程序可以分析大型三维柔体运动。当运动的积累影响起主要作用时,可使用这些功能分析复杂结构在空间中的运动特性,并确定结构中由此产生的应力、应变和变形。

(5) 热分析　程序可处理热传递的三种基本类型:传导、对流和辐射。热传递的三种类型均可进行稳态和瞬态、线性和非线性分析。热分析还具有可以模拟材料固化和熔解过程的相变分析能力以及模拟热与结构应力之间的热 - 结构耦合分析能力。

(6) 电磁场分析　主要用于电磁场问题的分析,如电感、电容、磁通量密度、涡流、电场分布、磁力线分布、力、运动效应、电路和能量损失等。还可用于螺线管、调节器、发电机、变换器、磁体、加速器、电解槽及无损检测装置等的设计和分析领域。

(7) 流体动力学分析　ANSYS 流体单元能进行流体动力学分析,分析类型可以为瞬态或稳态。分析结果可以是每个结点的压力和通过每个单元的流率。并且可以利用后处理功能产生压力、流率和温度分布的图形显示。另外,还可以使用三维表面效应单元和热 - 流管单元模拟结构的流体绕流并包括对流换热效应。

(8) 声场分析　程序的声学功能用来研究在含有流体的介质中声波的传播,或分析浸在流体中的固体结构的动态特性。这些功能可用来确定音响话筒的频率响应,研究音乐大厅的声场强度分布,或预测水对振动船体的阻尼效应。

(9) 压电分析　用于分析二维或三维结构对 AC(交流)、DC(直流)或任意随时间变化的电流或机械荷载的响应。这种分析类型可用于换热器、振荡器、谐振器、麦克风等部件及其他电子设备的结构动态性能分析。可进行 4 种类型的分析:静态分析、模态分析、谐波响应分析、瞬态响应分析。

10.1.5.3　后处理模块 POST1 和 POST26

POST1 用于静态结构分析、屈曲分析及模态分析,将解题部分所得的解答,如应变、应力、反力、位移等资料,通过图形接口以各种不同的表示方式把等位移图、等应力图等显示出来。POST26 仅用于动态结构分析,用于与时间相关的时域处理。

ANSYS 软件的后处理过程包括两个部分:通用后处理模块 POST1 和时间历程后处理模块 POST26。通过友好的用户界面,可以很容易获得求解过程的计算结果并对其进行显示。这些结果可能包括位移、温度、应力、应变、速度及热流等,输出形式可以有图形显示和数据列表两种。

(1) 通用后处理模块 POST1　点击实用菜单项中的“General Postproc”选项即可进入通用后处理模块。这个模块对前面的分析结果能以图形形式显示和输出。例如,计算结果(如应力)在模型上的变化情况可用等值线图表示,不同的等值线颜色代表了不同的值(如应力值)。浓淡图则用不同的颜色代表不同的数值区(如应力范围),清晰地反映了计算结果的区域分布情况。

(2) 时间历程响应后处理模块 POST26　点击实用菜单项中的“TimeHist Postpro”选项即可进入时间历程响应后处理模块。这个模块用于检查在一个时间段或子步历程中的结果,如结点位移、应力或支反力。这些结果能通过绘制曲线或列表查看。绘制一个或多个变量随频率或其他量变化的曲线,有助于形象化地表示分析结果。另外,POST26 还可以进行曲线的代数运算。

10.1.6　ANSYS 文件系统

ANSYS 在分析过程中需要读写文件,文件格式为 jobname.ext,其中 jobname 是设定的工作文件名,ext 是由 ANSYS 定义的扩展名,用于区分文件的用途和类型,默认的工作文件名是 file。ANSYS 分析中有一些特殊的文件,其中主要的几个是数据库文件 jobname.db、记录文件 jobname.log、输出文件 jobname.out、错误文件 jobname.err、结果文件 jobname.rxx 及图形文件 jobname.grph。

10.1.7 图形控制

图形在校验前处理的数据和后处理中检查结果是非常重要的。ANSYS 的图形常用功能如下：

① 在实体模型和有限元模型上边界条件显示；

② 计算结果的彩色等值线显示；

③ 可以对视图进行放大、缩小、平移、旋转等操作；

④ 用于实体显示的橡皮筋技术；

⑤ 多窗口显示；

⑥ 隐藏线、剖面及透视显示；

⑦ 边缘显示；

⑧ 变形比率控制；

⑨ 三维内直观化显示；

⑩ 动画显示；

⑪ 窗口背影的选择。

以上功能利用 GUI 可方便实现，如打开图形控制窗口（Utility Menu > PlotCtrls > Pan，Zoom，Rotate……）

可对图形进行放大、缩小、平移、旋转等操作。也可通过键盘和三键鼠标实现上述操作，同时按下 Ctrl 键和鼠标左键并拖移可实现视图的平移；同时按下 Ctrl 键和鼠标中键并拖移可实现视图的缩放和 Z 向旋转（上下拖动实现缩放，左右实现旋转）；同时按下 Ctrl 键和鼠标中键并拖移可实现视图的 X 向及 Y 向旋转。

10.1.8 坐标系统及工作平面

10.1.8.1 总体坐标系

总体坐标系被认为是一个绝对坐标系。ANSYS 程序提供了三种总体坐标系 —— 直角坐标、圆坐标系和球坐标系，来表示点的坐标位置，如图 10.6 所示。不管哪种坐标系都需要三个参数来表示该点的正确位置。每一坐标系统都有确定的代号，0 表示直角坐标系，1 是柱坐标系，2 是球坐标系。ANSYS 的默认坐标系是直角坐标系统。上述的三个坐标系统又称为整体坐标系统，在某些情况下可通过辅助结点来定义局部坐标系统。

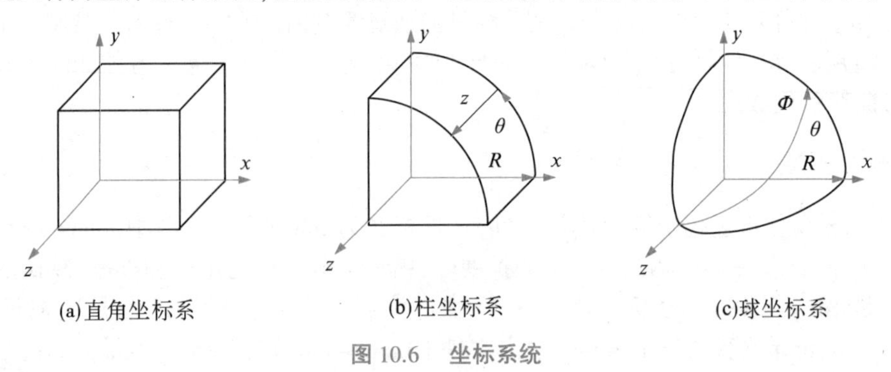

(a)直角坐标系　(b)柱坐标系　(c)球坐标系

图 10.6 坐标系统

10.1.8.2　局部坐标系

在许多情况下需要建立自己的坐标系,其原点与总体坐标系的原点偏移一定的距离,或坐标方向不同于总体坐标系,用户可以定义局部坐标系。

(1) 定义局部坐标系

1) 根据直角坐标系定义局部坐标系

命令:LOCAL

GUI:Utility Menu > WorkPlane > Local Coordinate System > Create Local CS > At Specified Loc

2) 通过已有结点定义局部坐标系

命令:CS

GUI:Utility Menu > WorkPlane > Local Coordinate System > Create Local CS > By 3 Nodes

3) 通过已有关键点定义局部坐标系

命令:CSKP

GUI:Utility Menu > WorkPlane > Local Coordinate System > Create Local CS > By 3 Keypoints

4) 以当前定义工作面的原点为中心定义局部坐标系

命令:CSWPLA

GUI:Utility Menu > WorkPlane > Local Coordinate System > Create Local CS > At WP Origin

(2) 删除局部坐标系

命令:CSDELE

GUI:Utility Menu > WorkPlane > Local Coordinate System > Delete Local CS

(3) 查看局部坐标系

命令:CSLIST

GUI:Utility Menu > List > Other > Local Coordinate System

(4) 激活坐标系

命令:CSYS

GUI:Utility Menu > Change Active CSto > Global Caresian
Utility Menu > Change Active CSto > Global Cylindrical
Utility Menu > Change Active CSto > Global Spherical
Utility Menu > Change Active CSto > Specified Coord Sys
Utility Menu > Change Active CSto > Working Plane

(5) 显示坐标系

命令:DSYS

GUI:Utility Menu > WorkPlane > Change Display Csto > Global Caresian
GUI:Utility Menu > WorkPlane > Change Display Csto > Global Cylindrical
GUI:Utility Menu > WorkPlane > Change Display Csto > Global Spherical
GUI:Utility Menu > WorkPlane > Change Display Csto > Specified Coord Sys

10.1.8.3 工作平面

(1) 生成工作面

工作平面是一个参考平面,类似于绘图板,可依用户要求移动。

1) 由三点生成一个工作平面

命令:WPLANE

GUI:Utility Menu > WorkPlane > Align WP with > XYZ Locations

2) 由三结点生成一个工作平面

命令:NWPLAN

GUI:Utility Menu > WorkPlane > Align WP with > Nodes

3) 由三关键点生成一个工作平面

命令:KWPLAN

GUI:Utility Menu > WorkPlane > Align WP with > Keypoints

4) 由现有坐标系定义工作平面

命令:WPCSYS

GUI:Utility Menu > WorkPlane > Align WP with > Active Coord Sys

GUI:Utility Menu > WorkPlane > Align WP with > Global Cartesian

GUI:Utility Menu > WorkPlane > Align WP with > Specified Coord Sys

5) 由指定线上的点的垂直于视向量的平面定义为工作平面

命令:LWPLAN

GUI:Utility Menu > WorkPlane > Align WP with > Keypoints

(2) 显示工作平面

GUI:Utility Menu > WorkPlane

GUI:Utility Menu > WorkPlane > Display Working Plane

设置平面辅助网格开关可用如下操作:

GUI:Utility Menu > WorkPlane > WP Settings

(3) 声明单位系统

UNITS,LABEL

表示分析时所用的单位,LABEL 表示系统单位,如下所示:

LABEL = SI(公制,公尺、公斤、秒)

LABEL = CSG(公制,公分、公克、秒)

LABEL = BFT(英制,长度 = ft)

LABEL = BIN(英制,长度 = in)

10.2 基于直接法建模的有限元分析

10.2.1 结点定义

有限元模型的建立是将机械结构转换为多结点和单元相连接,所以结点即为机械结

构中一个点的坐标,指定一个号码和坐标位置。在 ANSYS 中所建立的对象(坐标系、结点、点、线、面、体积等)都有编号。

10.2.1.1　定义结点

N,NODE,X,Y,Z,THXY,THYZ,THZX

若在圆柱坐标系统下 x,y,z 对应 r,θ,z,在球面系统下对应 r,θ,ϕ。

NODE:欲建立结点的号码。

X,Y,Z:结点在目前坐标系统下的坐标位置。

Menu Paths:Main Menu > Preprocessor > Create > Node > In Active CS

Menu Paths Main Menu > Preprocessor > Create > Node > On WorkPlane

10.2.1.2　删除结点

NDELE,NODE1,NODE2,NINC

删除序号在 NODE1 与 NODE2 间隔为 NINC 的所有结点,但若结点已连成单元,要删除结点必先删除单元。例如:

NDELE,1,100,1 ! 删除从 1 到 100 的所有点

NDELE,1,100,99 ! 删除 1 和 100 两个点

Menu Paths:Main Menu > Preprocessor > Delete > Nodes

10.2.1.3　显示结点

NPLOT,KNUM

该命令是将现有直角坐标系统下结点显示在图形窗口中,以供使用者参考及查看模块的建立。建构模块的显示为软件的重要功能之一,以检查建立的对象是否正确。有限元模型的建立过程中,经常会检查各个对象的正确性及相关位置,包含对象视角、对象号码等,所以图形显示为有限元模型建立过程中不可缺少的步骤。KNUM 为 0 不显示号码,为 1 显示同时显示结点号。

Menu Paths:Utility Menu > plot > nodes

Menu Paths:Utility Menu > plot > Numbering…(选中 NODE 选项)

10.2.1.4　列出结点

NLIST,NODE1,NODE2,NINC,Lcoord,SORT1,SORT2,SORT3

该命令将现有直角坐标系统下结点的资料列示于窗口中(会打开一个新的窗口),使用者可检查建立的坐标点是否正确,并可将资料保存为一个文件。如欲在其他坐标系统下显示结点资料,可以先行改变显示系统,例如圆柱坐标系统,执行命令 DSYS,1。

Menu Paths:Utility Menu > List > Nodes

10.2.1.5　填充结点

FILL,NODE1,NODE2,NFILL,NSTRT,NINC,ITIME,INC,SPACE

结点的填充命令是自动将两结点在现有的坐标系统下填充许多点,两结点间填充的结点个数及分布状态视其参数而定,系统的设定为均分填满。NODE1,NODE2 为欲填充点的起始结点号码及终结结点号码,例如两结点号码为 1(NODE1) 和 5(NODE2),则平均填充三个结点(2,3,4) 介于结点 1 和 5 之间。

Menu Paths:Main Menu > Preprocessor > Create > Node > Fill between Nds

10.2.1.6 复制结点

NGEN,ITIME,INC,NODE1,NODE2,NINC,DX,DY,DZ,SPACE

结点复制命令是将一组结点在现有坐标系统下复制到其他位置。

ITIME：复制的次数,包含自己本身。

INC：每次复制结点时结点号码的增加量。

NODE1,NODE2,NINC：选取要复制的结点,即要对哪些结点进行复制。

DX,DY,DZ：每次复制时在现有坐标系统下,几何位置的改变量。

Menu Paths:Main Menu > Preprocessor > (- Modeling -)Copy > (- Nodes -)Copy

例 10.1　建一个平面结构结点的安排图,如图 10.7 所示。

ANSYS 命令如下：

/FILNAME,EX1

/UNITS,CSG

/TITLE,PLANE NODES GENERATION

/PREP7

LOCAL,11,1,5,0,0！建立 11 号局部圆柱区域坐标

N,1,5,30

N,2,5,60

CSYS,0！回至直角坐标

N,3,0,5

N,4,4.5, - 5

CSYS,11！回至 11 号圆柱坐标

N,5,5,0

N,6,0,0

N,7,5, - 45

CSYS,0

N,8,5,5

N,9,7.5,0

…………

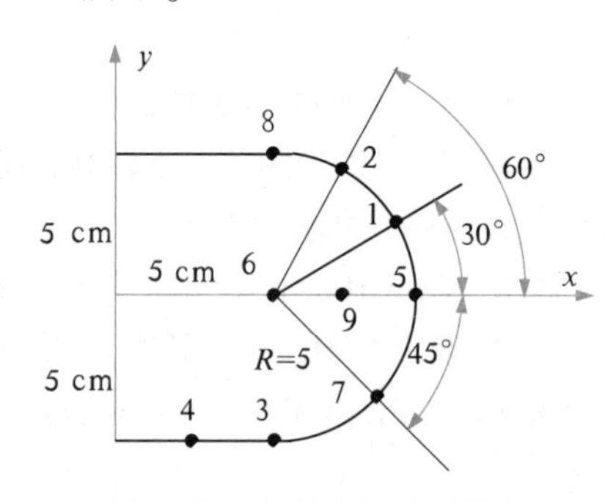

图 10.7　平面结构结点安排

10.2.2 单元的定义

当结点建立完成后,必须使用适当单元,将机械结构按照结点连接成单元,并完成其有限元模型。单元选择正确与否,将决定其最后的分析结果。ANSYS 提供了 120 多种不同性质与类别的单元,每一个单元都有其固定的编号,例如 LINK1 是第 1 号单元、SOLID45 是第 45 号单元。每个单元前的名称可判断该单元适用范围及其形状,基本上单元类别可分为 1 - D 线元、2 - D 平面单元及 3 - D 立体单元。1 - D 线单元同两点连接而成,2 - D 单元由三点连成三角形或四点连成四边形,3 - D 单元可由八点连接成六面体、四点连接成角锥体或六点连接成三角柱体。每个单元的用法在 ANSYS 的帮助文档中都有详

细的说明,可用 HELP 命令查看。

建立单元前必须先行定义使用者欲选择的单元型号、单元材料特性、单元几何特性等,为了程序的协调性一般在 /PREP7 后,就定义单元型号及相关资料,只要在建立单元前说明使用哪种单元即可。

10.2.2.1　定义单元类型

ET,ITYPE,Ename,KOPT1,KOPT2,KOPT3,KOPT4,KOPT5,KOPT6,INOPR

单元类型(Element Type) 为机械结构系统所含的单元类型种类,例如桌子可由桌面平面单元、各桌脚梁单元构成,故有两个单元类型。ET 命令是由 ANSYS 单元库中选择某个单元并定义该结构分析所使用的单元类型号码。

ITYPE:单元类型的号码。

Ename:ANSYS 单元库的名称,即使用者所选择的单元。

KOPT1 ~ KOPT6:单元特性编码。

Menu Paths:Main Menu > Preprocessor Element Type > Add/Edit/Delete

10.2.2.2　定义材料属性

MP,Lab,MAT,C0,C1,C2,C3,C4

定义材料的属性(Material Property),材料属性为固定值时,其值为 C0,当随温度变化时,由后 4 个参数控制。

MAT:对应 ET 所定义的号码(ITYPE),表示该组属性属于 ITYPE。

Lab:材料属性类别,任何单元具备何种属性在单元属性表中均有说明。例如杨氏系数(Lab = EX,EY,EZ),密度(Lab = DENS),泊松比(Lab = NUXY,NUXYZ,NUZX),剪切模数(Lab = GXY,GYZ,GXZ),热膨胀系数(Lab = ALPX,ALPY,ALPZ) 等。

Menu paths:Main Menu > Preprocessor > Material Props > Isotropic

10.2.2.3　定义实常数

R,NSET,R1,R2,R3,R4,R5,R6

定义实常数是对某一单元的补充几何特征,如梁单元的面积、壳单元的厚度。所带的参数必须与单元表的顺序一致。

Menu paths:Main Menu > Preprocessor > Real Constants

10.2.2.4　声明单元类型

TYPE, ITYPE

声明使用哪一组定义了的单元类型,与 ET 命令相对应。

Menu paths:Main Menu > Preprocessor > Create > Elements > Elem Attributes

Menu paths:Main Menu > Preprocessor > Define > Default Attribs

10.2.2.5　声明实常数类型

REAL, NSET

声明使用哪一组定义了的实常数,与 R 命令相对应。

Menu paths:同上。

10.2.2.6　声明单元材料类型

MAT, MAT

使用哪一组定义了的单元属性,与 MP 命令相对应。

Menu paths:同上。

10.2.2.7 定义单元的连接方式

E,I,J,K,L,M,N,O,P

单元表已对该单元连接顺序作出了说明,通常 2 - D 平面单元结点顺序采用顺时针或逆时针均可以,但结构中的所有单元并不一定全采用顺时针或逆时针顺序。3 - D 八点六面体单元,结点顺序采用相对应的顺时针或逆时针皆可。当单元建立后,该单元的属性便由前面所定义的 ET、MP、R 来决定,所以单元定义前一定要定义 ET、MP、R。I ~ P 为定义单元结点的顺序号码。

Menu paths:Main Menu > Preprocessor > Create > Elements > Thru Nodes

10.2.2.8 复制单元

EGEN,IIME,NINC,IEL1,IEL2,IEINC,MINC,IINC,RINC,CINC

单元复制命令是将一组单元在现有坐标下复制到其他位置,但条件是必须先建立结点,结点之间的号码要有所关联。

ITIME:复制次数,包括自己本身。

NINC:每次复制单元时,相对应结点号码的增加量。

IEL1,IEL2,IEINC:选取复制的单元,即哪些单元要复制。

10.2.2.9 显示单元

EPLOT

该命令是将现有单元在直角坐标系统下显示在图形窗口中,以供使用者参考及查看模块。

Menu paths:Utility Menu > Plot > Elements

Menu paths:Utility Menu > PlotCtrls > Numbering…

10.2.2.10 列出单元

ELIST

单元列示命令是将现有的单元资料,以直角坐标系统列于窗口中,使用者可检查其所建单元属性是否正确。

Menu paths:Utility Menu > List > Element > (Attributes Type)

10.2.3 荷载定义

ANSYS 中有不同的方法施加荷载以达到分析的需要。荷载可分为边界条件(boundary condition) 和实际外力(external force) 两大类,在不同领域中荷载的类型列出如下。

结构力学:位移、集中力、压力(分布力)、温度(热应力)、重力。

热学:温度、热流率、热源、对流、无限表面。

磁学:磁声、磁通量、磁源密度、无限表面。

电学:电位、电流、电荷、电荷密度。

流体力学:速度、压力。

10.2.3.1　荷载分类

以特性而言,荷载可分为六大类:DOF 约束、力(集中荷载)、表面荷载、体积荷载、惯性荷载与耦合场荷载。

(1) DOF 约束(DOF Constraint)　将给定某一自由度用一已知值。例如,结构分析中约束被指定为位移和对称边界条件;在热力学分析中指定为温度和热通量平行的边界条件。

(2) 力(Force)　为施加于模型结点的集中荷载。如在模型中被指定的力和力矩。

(3) 表面荷载(Surface Loads)　为施加于某个面的分布荷载。例如在结构分析中为压力。

(4) 体积荷载(Body Loads)　为体积的或场荷载。在结构分析中为温度和 fluences。

(5) 惯性荷载(Interia Loads)　是由物体惯性引起的荷载,如重力和加速度,角速度和角加速度。

(6) 耦合场荷载(Coupled - Field loads)　为以上荷载的一种特殊情况,从一种分析得到的结果用作另一种分析的荷载。

10.2.3.2　定义荷载

/SOLU

进入解题处理器,当有限元模型建立完以后,便可以进入 /SOLU 处理器,声明各种荷载。但大部分荷载的声明也可在 /PREP7 中完成,建议全部荷载在 /SOLU 处理中进行声明。

(1) 声明分析类型

/ANTYPE,Antype,Status

系统默认为分析类型为静力学分析。

Antype = STATIC or 0:静态分析(系统默认)

BUCKLE or 1:屈曲分析

MODAL or 2:振动模态分析

HARMIC or 3:调和外力动力系统

TRANS or 4:瞬时动力系统分析

Menu Paths:Main Menu > Preprocessor > Loads > New Analysis

Menu Paths:Main Menu > Preprocessor > Loads > Restart

Menu Paths:Main Menu > Preprocessor > Solution > New Analysis

Menu Paths:Main Menu > Preprocessor > Solution > Restart

(2) 定义结点的集中力

F,NODE,Lab,VALUE,VALUE2,NEND,NINC

NODE:结点号码。

Lab:外力的形式。

Lab = FX,FY,FZ,MX,MY,MZ(结构力学的方向、力矩方向)

　= HEAT(热学的热流量)

　= AMP,CHRG(电学的电流、荷载)

　= FLUX(磁学的磁通量)

VALUE:外力的大小。

NODE,NEND,NINC:选取施力结点的范围,故在建立结点时应先规划结点的号码,以方便整个程序的编辑。

Menu Paths:Main Menu > Solution > Apply > (Load Type) > On Node

(3) 定义结点自由度约束

D,NODE,Lab,VALUE,VALUE2,NEND,NINC,Lab2,…,Lab6

NODE,NEND,NINC:选取自由度约束结点的范围。

Lab:相对单元的每一个结点受自由度约束的形式。

结构力学:DX,DY,DZ(直线位移);ROTX,ROTY,ROTZ(旋转位移)。

热学:TEMP(温度)。

流体力学:PRES(压力);VX,VY,VZ(速度)。

磁学:MAG(磁位能);AX,AY,AZ(向量磁位能)。

电学:VOLT(电压)。

Menu Paths:Main Menu > Solution > Apply > (displacement type) > On Nodes

(4) 定义梁单元上的分布力

SFBEAM, ELEM, LKEY, Lab,VALI, VALJ, VAL2I, VAL2J, IOFFST, JOFFST

ELEM:单元号码。

LKEY:建立单元后,依结点顺序梁单元有 4 个面,该参数为分力所施加的面号。

Lab:PRES(表示分布压力)。

VALI,VALJ:在 I 点及 J 点分布力的值。

Menu Paths:Main Menu > Solution > Apply > Pressure > On Beams

(5) 定义分布力作用于单元上的方式和大小

SFE,ELEM,LKEY,Lab,KVAL,VAL1,VAL2,VAL3,VAL4

单元可分为 2 - D 单元及 3 - D 单元,如图 10.8 所示。VAL1 ~ VAL4 为初建单元时结点顺序。

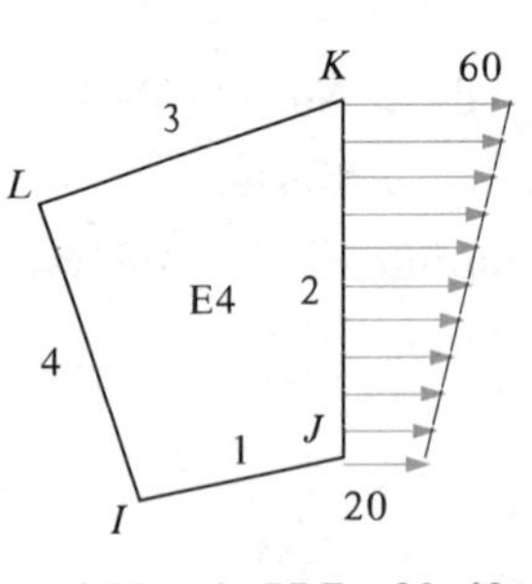

SFE,4,2, PRE,, 20, 60

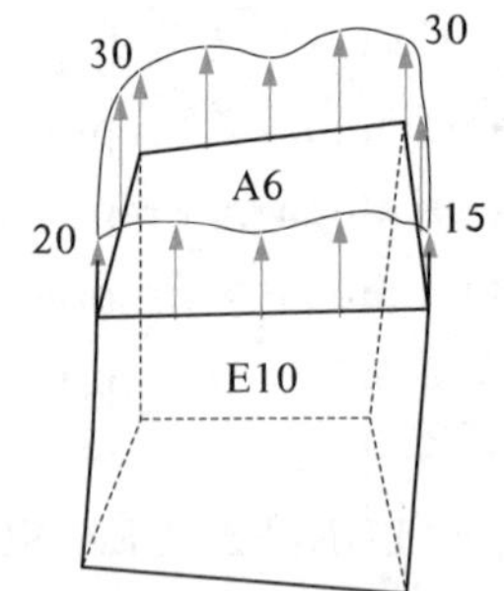

SFE,10,6, PRE,, 30, 20,15,30

图 10.8 定义面力

ELEM:单元号码。

LKEY:建立单元后,依结点顺序,该分布力定义施加边或面的号码。

Lab:力的形式。

Lab = PRES 结构压力

= CONV 热学的对流

= HFLUX 热学的热流率

VAL1 ~ VAL4:相对应作用于单元边及面上结点的值。

Menu Paths:Main Menu > Solution > Apply > (load type) > (type option)

(6) 定义结点间分布力

SF,Nlist,Lab,VALUE1,VALUE2

该命令和SFE命令相似,均为定义分布力。但SFE指定特定单元分布力,作用于单元的边、面上的状态,故适用于非均匀分布力。SF适用于均匀荷载,分布力作用于Nlist结点所包含单元的边及面,如图10.9所示。

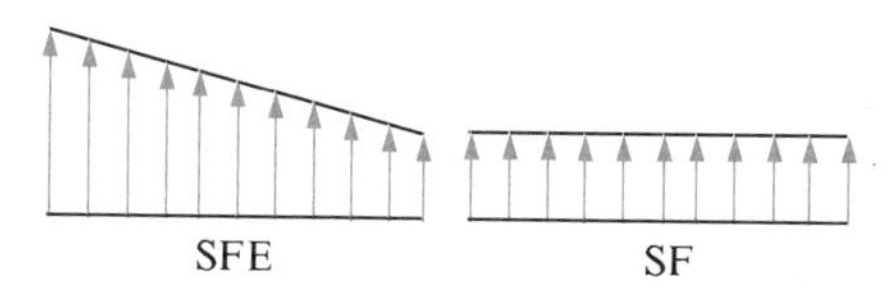

图10.9 分布力

Nlist:分布力作用的边或面上的所有结点。通常有NSEL命令选择结点为Active结点,然后设定Nlist = ALL,表示Nlist含有NSEL所选择的所有结点。

Lab:力的形式。

Lab = PRES 结构压力

= CONV 热学的对流

= HFLUX 热学的热流率

VALUE1:作用分布力的值。

VALUE2:若Lab = CONV,该值为对流的外界温度,其他领域的分析不使用该参数。

Menu Paths:Main Menu > Solution > Apply > (load type) > On Nodes

(7) 选择结点

NSEL,Type,Item,Comp,VMIN,VMAX,VINC,KABS

完成有限元模型结点、单元建立后,选择对象非常重要,正常情况下在ANSYS中所建立的任何对象(结点、单元),皆为有效(Active)对象,只有Active对象才能对其进行操作,为配合建模简化命令,可适时选取某些对象为Active对象,再对其进行操作。

Type:选择方式。

Type = S　选择一组结点为Active结点

= R　在现有的Active结点中,重新选取Active结点

= A　再选择某些结点,加入Active结点中

= U　在现有Active结点中,排除某些结点

= ALL　选择所有结点为Active结点

Item:资料卷标。

Item = NODE　用结点号码选取

= LOC　用结点坐标选取

Comp =（无）（Item = NODE）

= X（Y,Z）（ 表示结点 X（Y,Z）为准，当 Item = LOC）

VIMIN，VMAX，VINC：选取范围，Item = NODE 其范围为结点号码，Item = LOC 范围为 Comp 坐标的范围，如图 10.10 所示。

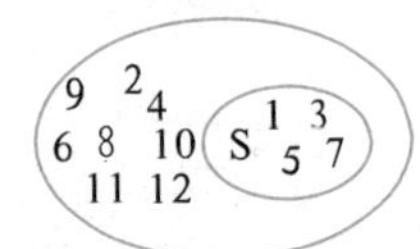

NSEL, S, NODE, , 1, 7, 2

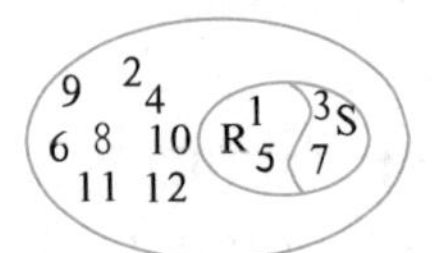

NSEL, S, NODE, , 1, 7, 2
NSEL, R, NODE, , 1, 5, 4

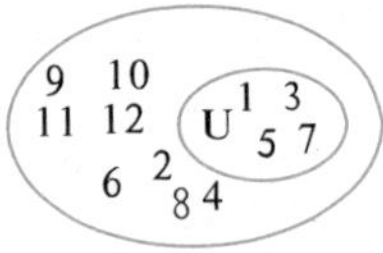

NSEL, ALL
NSEL, U, NODE, , 1, 7, 2

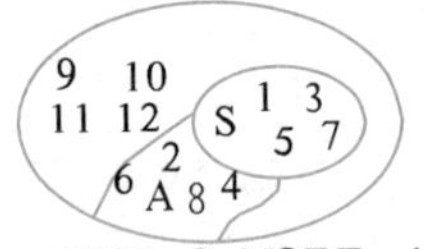

NSEL, S, NODE, , 1, 7, 2
NSEL, A, NODE, , 2, 8, 2

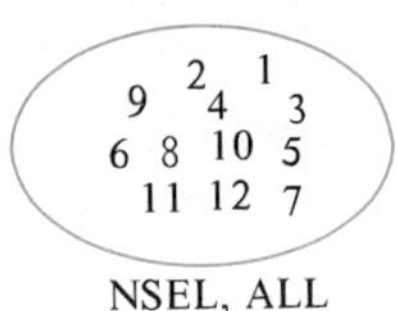

NSEL, ALL

图 10.10　结点选取

10.2.4　求解

求解前先保存数据库，将 Output 窗口提到最前面观察求解信息，然后在 SOLU 处理器里，输入 SOLVE 命令即可求解。GUI 路径为 Main Menu：Solution ＞ － Solve － Current LS。如果求解失败，典型的原因有：

（1）约束不够（通常出现的问题）。

（2）材料性质参数有负值，如密度值等。

（3）屈曲——当应力刚化效应为负（压）时，在荷载作用下整个结构刚度弱化。如果刚度减小到 0 或更小，求解存在奇异性，因为整个结构已发生屈曲。

（4）模型中有非线性单元。

10.2.5　用 POST1 进行结果后处理

（1）进入 POST1

命令：/POST1

GUI：Main Menu ＞ General Postproc

（2）读取结果

依据荷载步和子步号或者时间读取出需要的荷载步和子步结果。

命令：SET

GUI：Main Menu ＞ General Postproc ＞ Read Results － Load step

（3）绘变形图

命令：PLDISP，KUND

KUND = 0　显示变形后的结构形状

KUND = 1　同时显示变形前及变形后的结构形状

KUND = 1　同时显示变形前及变形后的结构形状,但仅显示结构外观

GUI:Main Menu > General Postprocessor > Plot Results > Deformed Shape

(4) 变形动画

以动画的方式模拟结构静力作用下的变形过程。

GUI:Utility Menu > Plotctrls > Animate > Deformed Shape

(5) 列表支反力

在任一方向,支反力总和必等于在此方向的荷载总和。

GUI:Main Menu > General Postprocessor > List Results > Reaction Solution…

(6) 应力等值线与应力等值线动画

应力等值线方法可清晰描述一种结果在整个模型中的变化,可以快速确定模型中的危险区域。

GUI:Main Menu > General Postprocessor > Plot Results >- Contour Plot - Nodal Solution…

应力等值线动画

GUI:Utility Menu > Plotctrls > Animate > Deformed Shape

10.2.6　实例

例 10.2　有一个梁结构如图 10.11(a) 所示,图10.11(b) 为均布 11 个结点的规划。已知条件:弹性模量 $E = 207$ GPa;截面参数 $b = 20$ mm,$h = 5$ mm,$A = 100\ \text{mm}^2$,$I = 408\ \text{mm}^4$;$L = 30$ cm,$F = 1000$ N,$q = 600$ N/m。

ANSYS 命令如下:

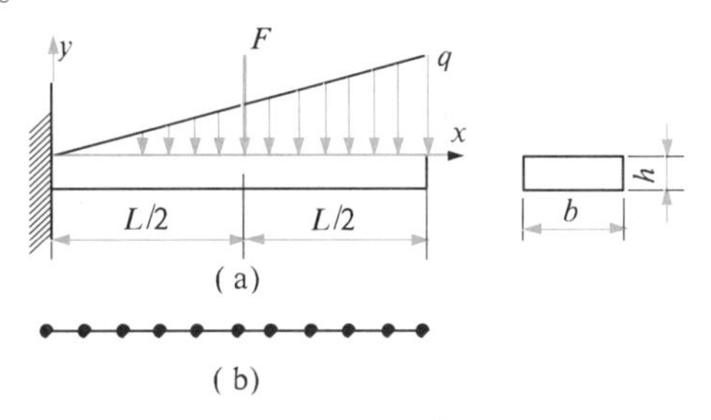

图 10.11　矩形截面梁

```
/FILNAME,EX2
/UNITS,SI
/TITLE, NODE SIMULATION
/PREP7
N,1,0,0
N,11,0.3,0
FILL,1,11
ET,1,BEAM3
MP,EX,1,207E9
R,1,1e - 4,4.083e - 10,0.005
E,1,2
EGEN,10,1,1,1,1
EPLOT
/PNUM,ELEM,1
EPLOT
FINISH
/SOLU
```

```
ANTYPE,STATIC
OUTPR,BASIC,ALL  ! 在输出窗口中列出单元的结果
D,1,UX,0,,,,,UY,ROTZ
D,11,UX,0,,,,,UY
SFBEAM,1,1,PRES,0,60
SFBEAM,2,1,PRES,60,120 $ SFBEAM,3,1,PRES,120,180
SFBEAM,4,1,PRES,180,240 $ SFBEAM,5,1,PRES,240,300
SFBEAM,6,1,PRES,300,360 $ SFBEAM,7,1,PRES,360,420
SFBEAM,8,1,PRES,420,480 $ SFBEAM,9,1,PRES,480,540
SFBEAM,10,1,PRES,540,600
F,6,FY, - 1000
SOLVE
FINISH
/POST1
PLDISP  ! 显示变形图
PRDISP  ! 列出变形资料
FINISH
```

例 10.3　考虑悬臂梁如图 10.12 所示，求 $x = L$ 变形量。已知：弹性模量 $E = 200$ GPa；截面参数 $t = 10$ mm，$w = 30$ mm，$A = 300$ mm^2，$I = 4500$ mm^4；几何参数：$L = 4$ m，$a = 2$ m，$b = 2$ m；边界外力 $F = 2$ N，$q = 0.05$ N/m。

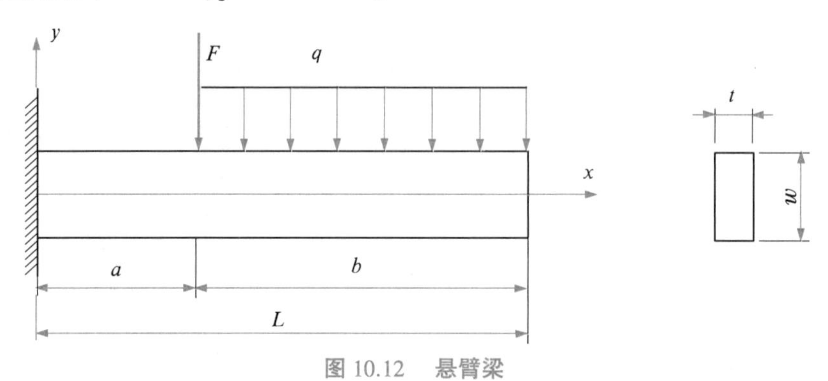

图 10.12　悬臂梁

ANSYS 命令如下：

```
/FILNAM,EX3  ! 定义文件名
/TITLE,CANTILEVER BEAM DEFLECTION  ! 定义分析的标题
/UNITS,SI  ! 定义单位制(注意观察输出窗口的单位)
/PREP7  ! 进入前置处理
ET,1,3  ! 定义单元类型为 beam3
MP,EX,1,200E9  ! 定义杨氏模量
R,1,3E-4,4.5E-9,0.03 ! 定义实常数(要严格根据该单元类型的说明文档所给出的实常数格式)
```

N,1,0,0　！定义第 1 号结点 X 坐标为 0,Y 坐标为 0

N,2,1,0　！定义第 2 号结点 X 坐标为 1,Y 坐标为 0

N,3,2,0　！定义第 3 号结点 X 坐标为 2,Y 坐标为 0

N,4,3,0　！定义第 4 号结点 X 坐标为 3,Y 坐标为 0

N,5,4,0　！定义第 5 号结点 X 坐标为 4,Y 坐标为 0

E,1,2　！把 1、2 号结点相连构成单元,系统将自定义为 1 号单元

E,2,3　！把 2、3 号结点相连构成单元,系统将自定义为 2 号单元

E,3,4　！把 3、4 号结点相连构成单元,系统将自定义为 3 号单元

E,4,5　！把 4、5 号结点相连构成单元,系统将自定义为 4 号单元

FINISH　！退出该处理层

/SOLU　！进入求解处理器

D,1,ALL,0　！对 1 结点施加约束使它 X,Y 向位移都为 0

F,3,FY, - 2　！在 3 结点加集中外力向下 2N

SFBEAM,3,1,PRES,0.05　！在 3 号单元的第 1 个面上施加压力

SFBEAM,4,1,PRES,0.05　！同上在 4 号单元的第 1 个面上加压力

SOLVE　！计算求解

FINISH　！完成该处理层

/POST1　！进入后处理

SET,1,1　！查看子步 1,在有限元中复杂的载荷可以看作简单的载荷相互叠加,在 ANSYS 中每施加一类载荷都可以进行一次求解,可以查看它对结构的影响,称为子步。

PLDISP　！显示变形后的形状

FINISH　！完成

例 10.4　固定端杆件 $L = 10$ m,在距顶端 3 m 的位置受到外力 F_1 的作用,在距底端 4 m 的位置受到外力 F_2 的作用,如图 10.13 所示,求固定端的约束反力。图 10.13(a) 为实际的工程系统,图 10.13(b) 为转化后的有限元模型系统,其中包含 4 个结点、3 个单元。已知:弹性模量 $E = 30$ MPa;截面参数 $A = 1$ m^2;外力 $F_1 = 1000$ N,$F_2 = 500$ N。

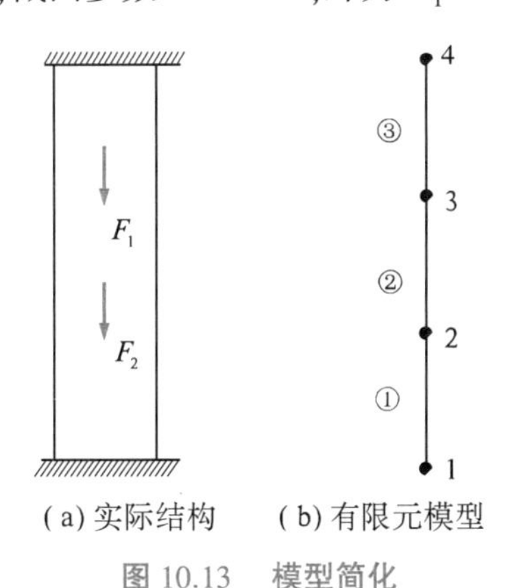

(a) 实际结构　(b) 有限元模型

图 10.13　模型简化

ANSYS 命令如下：

```
/FILNAM,EX4  ！ 定义文件名
/PREP7
ET, 1, LINK1  ！定义杆单元
R, 1, 1  ！定义实常数
MP, EX, 1, 30E6
N, 1
N, 2, 0, 4
N, 3, 0, 7
N, 4, 0,10
E, 1, 2
E, 2, 3
E, 3, 4
D, 1, ALL, , ,4, 3  ！在 1、4 结点施加约束
F, 2, FY, - 500
F, 3, FY, - 1000
SAVE  ！存数据文件
FINISH
/SOLU
SOLVE
FINISH
EXIT
```

10.3 实体模型的建立

10.3.1 实体模型简介

在上一节里已介绍了直接法建模方法，但对于复杂的结构，该方法建立过程复杂而且容易出错，因此这里引入实体模型的建立，即与一般的 CAD 软件一样，利用点、线、面、体积组合而成。实体模型几何图形决定之后，由边界来决定网格，即每一线段要分成几个单元或单元的尺寸是多大。决定了每边单元数目或尺寸大小之后，ANSYS 的内建程序即能自动产生网格，即自动产生结点和单元，并同时完成有限元模型。

10.3.2 实体模型的建立方法

实体模型建立有下列方法：

(1) 由下往上法(bottom - up method)　由建立最低单元的点到最高单元的体积，即建立点，再由点连成线，然后由线组合成面积，最后由面积组合建立体积。

(2) 由上往下法(top - down method) 及布尔运算命令一起使用　此方法直接建立

较高单元对象,其所对应的较低单元对象一起产生,对象单元高低顺序依次为体积、面积、线段及点。布尔运算为对象相互加、减、组合等。

(3) 混合使用前两种方法　依照个人的经验,可结合前两种方法综合运用,但应考虑到要获得什么样的有限元模型,即在网格化分时,要产生自由网格划分或对应网格划分。自由网格划分时,实体模型的建立比较简单,只要所有的面积或体积能接合成一个体就可以,对应网格划分时,平面结构一定要四边形或三边形面积相接而成,立体结构一定要六面体相接而成。

10.3.3　群组命令介绍

表 10.1 给出了 ANSYS 中 X 对象的名称,表 10.2 中列出了 ANSYS 中 X 对象的群组命令,命令参数大部分与结点及单元相似。以后对组命令不再详述。

表 10.1　X 对象名称

对象种类(X)	结点	单元	点	线	面积	体积
对象名称	X = N	X = E	X = K	X = L	X = A	X = V

表 10.2　X 对象的群组操作命令

群组命令	意 义	例 子
XDELE	删除 X 对象	LDELE 删除线
XLIST	在窗口中列示 X 对象	VLIST 在窗口中列出体积资料
XGEN	复制 X 对象	VGEN 复制体积
XSEL	选择 X 对象	NSEL 选择结点
XSUM	计算 X 对象几何资料	ASUM 计算面积的几何资料,如面积大小、边长、重心等
XMESH	网格化 X 对象	AMESH 面积网格化,LMESH 线的网格化
XCLEAR	清除 X 对象网格	ACLEAR 清除面积网格,VCLEAR 清除体积网格
XPLOT	在窗口中显示 X 对象	KPLOT 在窗口中显示点,APLOT 在窗口中显示面积

10.3.4　点定义

实体模型建立时,点是最小的单元对象,点即为机械结构中一个点的坐标,点与点连接成线也可直接组合成面积及体积。点的建立按实体模型的需要而设定,但有时会建立些辅助点以帮助其他命令的执行,如圆弧的建立。

10.3.4.1　定义关键点

K,KPT,X,Y,Z

建立点(Keypoint) 坐标位置(X,Y,Z) 及点的号码 KPT 时,号码的安排不影响实体模型的建立,点的建立也不一定要连号,但为了数据管理方便,定义点之前先规划好点的号码,有利于实体模型的建立。在圆柱坐标系下,X,Y,Z 对应于 R,θ,Z,球面坐标下对应着 R,θ,Φ。

Menu Paths:Main Menu > Preprocessor > Create > Key Point > In Active Cs

Menu Paths:Main Menu > Preprocessor > Create > Key Point > On Working Plane

10.3.4.2 在两点间填充关键点

KFILL,KP1,KP2,NFILL,NSTRT,NINC,SPACE

点的填充命令是自动将两点 KP1、KP2 间,在现有的坐标系下填充许多点,两点间填充点的个数(NFILL) 及分布状态视其参数(NSTRT,NINC,SPACE) 而定,系统设定为均分填充。如语句 FILL,1,6,则平均填充 4 个点在 1 和 6 之间,如图 10.14 所示。

1 • 6 • → 1 • 2 • 3 • 4 • 5 • 6 •

图 10.14 填充结点

Menu Paths:Main Menu > Preprocessor > Create > Key Point > Fill

10.3.4.3 在结点上定义关键点

KNODE,KPT,NODE

定义点(KPT) 于已知结点上。

Menu Paths:Main Menu > Preprocessor > Create > Keypoint > On Node

10.3.5 定义线段

建立实体模型时,线段为面积或体积的边界,由点与点联结而成,构成不同种类的线段,例如直线、曲线、BSPLIN、圆、圆弧等,也可直接由建立面积或体积而产生。线的建立与坐标系统有关,直角坐标系下为直线,圆柱坐标下为曲线。

10.3.5.1 两个点定义线段

L,P1,P2,NDIV,SPACE,XV1,YV1,ZV1,XV2,YV2,ZV2

此线段的形状可为直线或曲线,此线段在产生面积之前可作任何修改,但若已成为面积的一部分,则不能再作任何改变,除非先把面积删除。NDIV 指欲进行网格化时所要分的单元数目。

Menu Paths:Main Menu > Preprocessor > Create > Lines > In Active Coord

10.3.5.2 分割线段

LDIV,NL1,RATIO,PDIV,NDIV,KEEP

NL1 为线段的号码,NDIV 为线段欲分的段数(系统默认为两段),在等于2 时为均分,RATIO 为两段的比例(NDIV = 2时才起作用),KEEP = 0时原线段资料将删除,KEP = 1则保留。

Menu Paths:Main Menu > Preprocessor > Operate > Divide > (type options)

10.3.5.3 在两直线间倒圆弧

LFILLT,NL1,NL2,RAD,PCENT

此命令是在两条相交的线段(NL1,NL2) 间产生一条半径等于 RAD 的圆角线段,同时自动产生三个点,其中两个点在 NL1,NL2 上,是新曲线与 NL1,NL2 相切的点,第三个点是新曲线的圆心点(PCENT,若 PENT = 0 则不产生该点),新曲线产生后原来的两条线段会改变,新形成的线段和点的号码会自动编排上去,如图 10.15 所示。

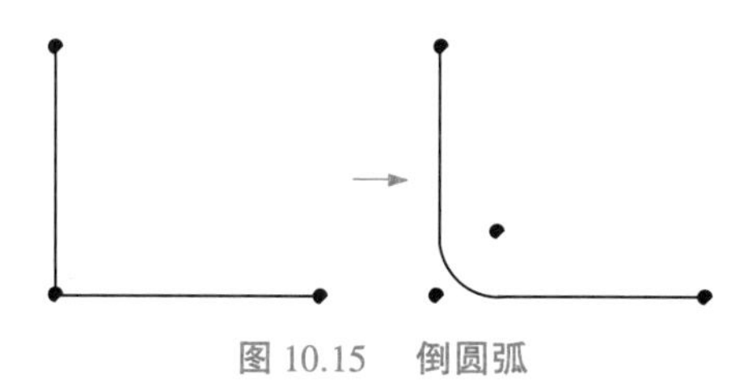

图 10.15　倒圆弧

Menu Paths:Main Menu > Preprocessor > Create > Line Fillet

10.3.5.4　在两点间定义圆弧

LARC,P1,P2,PC,RAD

定义两点(P1,P2)间的圆弧线(Line of Arc),其半径为 RAD,若 RAD 的值没有输入,则圆弧的半径直接从 P1、PC 到 P2 自动计算出来。不管现在坐标为何,线的形状一定是圆的一部分。PC 为圆弧曲率中心部分任何一点,不一定是圆心,如图 10.16 所示。

图 10.16　形成圆弧

Menu Paths:Main Menu > Preprocessor > Create > Arcs > By End KPs & Rad

Menu Paths:Main Menu > Preprocessor > Create > Arcs > Through 3 KPs

CIRCLE,PCENT,RAD,PAXIS,PZERO,ARC,NSEG

此命令会产生圆弧线(CIRCLE Line),该圆弧线为圆的一部分,依参数状况而定,与目前所在的坐标系统无关,点的号码和圆弧的线段号码会自动产生。

PCENT:圆弧中心点坐标号码。

PAXIS:定义圆心轴正向上任意点的号码。

PZERO:定义圆弧线起点轴上的任意点的号码,此点不一定在圆上。

RAD:圆的半径,若此值不输入,则半径的定义为 PCENT 到 PZERO 的距离。

ARC:弧长(以角度表示),若输入为正值,则由开始轴产生一段弧长,若没输入,产生一个整圆。

NSEG:圆弧欲划分的段数,此处段数为线条的数目,非有限元网格化时的数目。

Menu Paths:Main Menu > Preprocessor > Create > Arcs > By End Cent & Radius

Menu Paths:Main Menu > Preprocessor > Create > Arcs > Full Circle

例 10.5　练习点和线段的生成。

```
/PREP7
K,1,5,4            ! 建立点 1 坐标(5,4)
K,4, - 1,2         ! 建立点 4 坐标( - 1,2)
KPLOT              ! 显示点,无号码
/PNUM,KP,1
```

```
KPLOT             ! 显示点,无号码
KLIST             ! 列出点的资料
K,,2,-2           ! 建立点 2 坐标(2,-2),点 2 是自动获得的最小号码
DSYS,1            ! 改变显示坐标系统为圆柱坐标
KLIST
DSYS              ! 回复显示直角坐标系统
K,2,,-3           ! 改变 2 点的坐标为(0,-3)
CSYS,1            ! 改变坐标系统为圆柱坐标
K,,4              ! 建立点 3 坐标,半径 = 4,角度 = 0
K,4,4,30          ! 建立点 4 坐标,半径 = 4,角度 = 30
K,,4,60           ! 建立点 5 坐标,半径 = 4,角度 = 60
KLIST
DSYS,1            ! 改变显示坐标系统为圆柱坐标
KLIST
CSYS              ! 回复坐标系统为直角坐标
DSYS              ! 回复显示坐标系统为直角坐标
L,3,5             ! 建立点 3 至点 5 的直线段
LPLOT             ! 显示线段,无号码
/PNUM,LINE,1
LPOT              ! 显示线段,有号码
LLIST             ! 列出线段资料
L,2,3             ! 建立点 2 至点 3 的直线段
CSYS,1            ! 改变坐标系统为圆柱坐标系统
L,2,5             ! 建立点 2 至点 5 的圆柱坐标线段
LPLOT             ! 显示线段
```

例 10.6　练习 LARC 命令产生圆弧线段。

```
/PREP7
K,1,0
K,2,1,2
K,3,1,-1
/PNUM,KP,1
/PNUM,LINE,1
KPLOT
LARC,1,2,3,2           ! 建立点 1 至点 2 的圆弧,半径为 2
LARC,1,2,3,4           ! 建立点 1 至点 2 的圆弧,半径为 4
LARC,1,2,3,-2          ! 建立点 1 至点 2 的圆弧,半径为 2,反曲率
```

例 10.7　练习 CIRCLE 命令产生圆弧线段。

```
/PREP7
K,1
```

```
K,2,3
K,3,0,3
K,4,0,0,3
/PNUM,KP,1
/PNUM,LINE,1
KPLOT
CIRCLE,1,2
CIRCLE,1,1.5,3,4,135,4    ! 产生一个 X - Z 平面,135°,4 段的圆弧
```

10.3.6　定义面积

实体模型建立时,面积为体积的边界,面积的建立可由点直接相接或线段围接而成,也可直接建构体积而产生面积,如要进行对应网格化,则必须将实体模型建构为四边形面积的组合,最简单的面积为 3 点连接而成,以点围成面积时,点必须以顺时针或逆时针输入,面积的法向按点的顺序依右手定则决定。

10.3.6.1　由点定义面

A,P1,P2,P3,P4,P5,P6,P7,P8,P9

此命令用已知的一组点(P1 ~ P9) 来定义面积(Area),最少使用 3 个点才能围成面积,同时产生围绕面积的线段。点要依次序输入,输入的顺序会决定面积的法线方向。如果此面积超过了 4 个点,则这些点必须在同一个平面上,如图 10.17 所示。

Menu Paths:Main Menu > Preprocessor > Create > Arbitrary > Through KPs

10.3.6.2　由线定义面

AL,L1,L2,L3,L4,L5,L6,L7,L8,L9,L10

此命令用已知的一组线段(Lines)(L1,…,L10) 围绕成面积(Area),至少需要 3 条线段才能形成平面,线段的号码没有严格的顺序限制,只要它们能完成封闭的面积即可。同时若使用超过 4 条线段去定义平面时,所有的线段必须在同一平面上,以右手定则来决定面积的方向,如图 10.18 所示。

Menu Paths:Main Menu > Preprocessor > Create > Arbitrary > By Lines

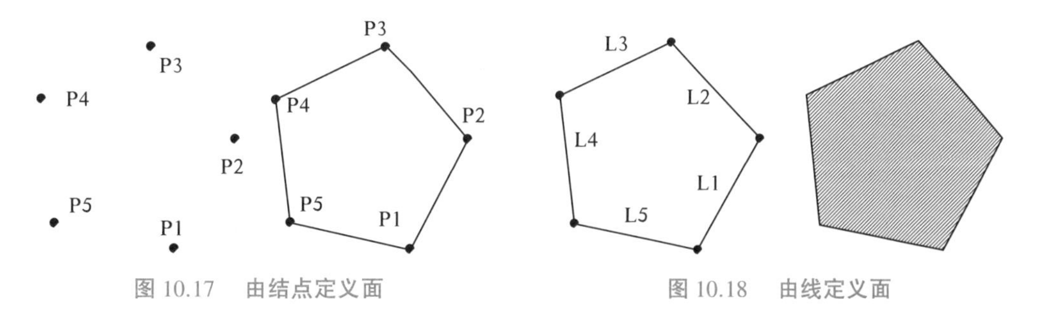

图 10.17　由结点定义面　　图 10.18　由线定义面

10.3.6.3　由线拉伸形成面

将 L2 沿 L1 拉伸成面 A1,如图 10.19 所示。

10.3.6.4　由线旋转形成面

AROTAT,NL1,NL2,NL3,NL4,NL5,NL6,PAX1,PAX2,ARC,NSEG

建立一组圆柱形面积(Area),产生方式为绕着某轴(PAX1,PAX2 为轴上的任意两点,并定义轴的方向) 旋转一组已知线段(NL1 ~ NL6),以已知线段为起点,旋转角度为ARC,NSEG 为在旋转角度方向可分的数目,如图 10.20 所示。

Menu Paths:Main Menu > Preprocessor > Operator > Extrude/Sweep > About Line

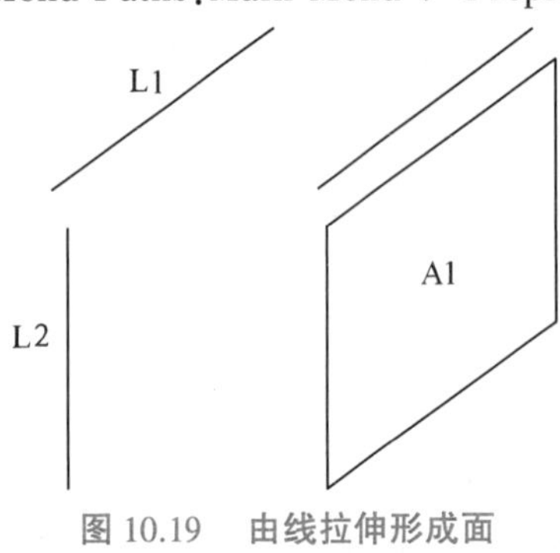

图 10.19　由线拉伸形成面

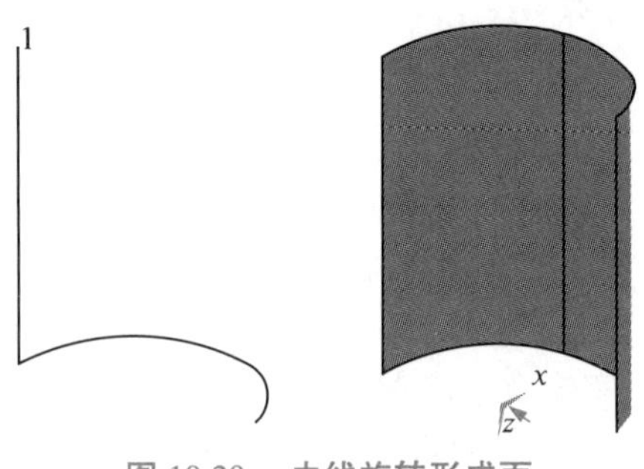

图 10.20　由线旋转形成面

10.3.7　定义体积

体积为对象的最高单元,最简单体积定义为点或面积组合而成。由点组合时,最多由八点形成六块面积,八点顺序为相应面顺时针或逆时针皆可,其所属的面积、线段自动产生。以面积组合时,最多为 10 块面积围成的封闭体积。也可由原始对象(Primitive Object) 建立,例如:圆柱、长方体、球体等可直接建立。

10.3.7.1　由点定义体

V,P1,P2,P3,P4,P5,P6,P7,P8

此命令由已知的一组点(P1 ~ P8) 定义体积(Volume),同时也产生相对应的面积及线。点的输入必须依连续的顺序,以八点面言,连接的原则为相对应面相同方向,对于四点角锥、六点角柱的建立都适用,如图 10.21 所示。

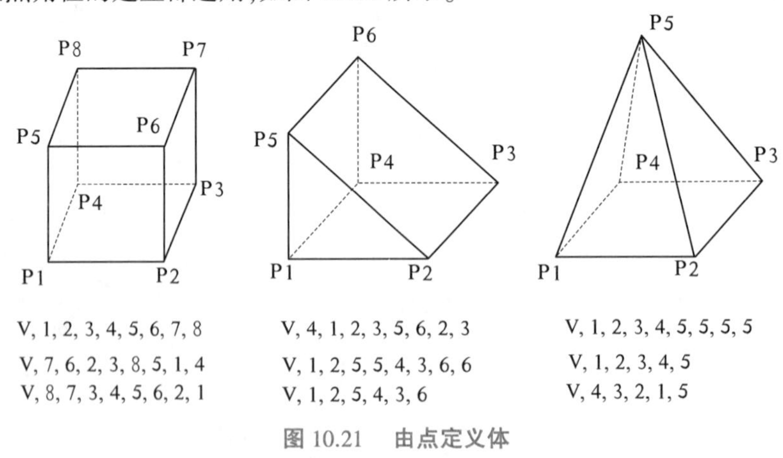

图 10.21　由点定义体

10.3.7.2　由面生成体

Menu paths:Main Menu > Preprocessor > Create > Arbitrary > Through KPs

VA,A1,A2,A3,A4,A5,A6,A7,A8,A9,A10

定义由已知的一组面(VA1 ~ VA10) 包围成的一个体积,至少需要4个面才能围成一个体积,这些命令适用于当体积要多于 8 个点才能产生时。平面号码可以是任何次序输入,只要该组面积能围成封闭的体积即可。

Menu Paths:Main Menu > Preprocessor > Create > Arbitrary > By Areas

Menu Paths:Main Menu > Preprocessor > Create > Volume by Areas

Menu Paths:Main Menu > Preprocessor > Geom Repair > Create Volume

10.3.7.3　由面拉伸形成体

VDRAG,NA1,NA2,NA3,NA4,NA5,NA6,NLP1,NLP2,NLP3,NLP4,NLP5,NLP6

体积(Volume)的建立是由一组面积(NA1 ~ NA6),沿某组线段(NL1 ~ NL6)为路径,拉伸而成,如图 10.22 所示。

Menu Paths:Main Menu > Operate > Extrude/Sweep > Along Lines

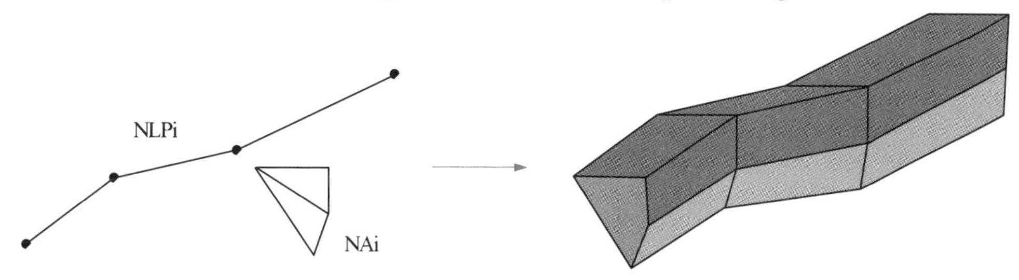

图 10.22　由面拉伸形成体

10.3.7.4　由面旋转形成体

VROTAT,NA1,NA2,NA3,NA4,NA5,NA6,PAX1,PAX2,ARC,NSEG

建立柱形体积,即将一组面(NA1 ~ NA6)绕轴 PAX1,PAX2 旋转而成,以已知面为起点,ARC 为旋转的角度,NSEG 为整个旋转角度中欲分的数目,如图 10.23 所示。

Menu Paths:Main Menu > Operate > Extrude/Sweep > About Axis

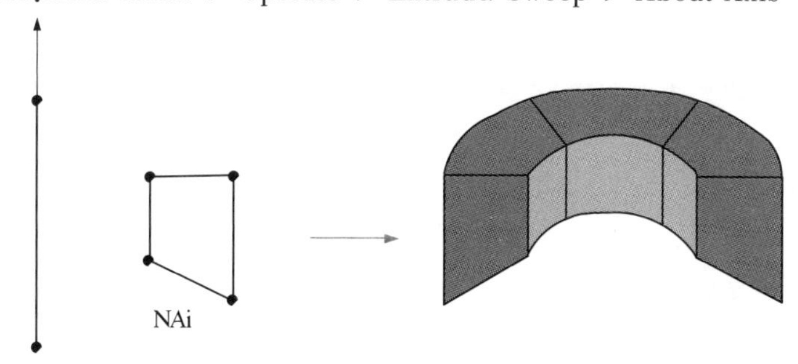

图 10.23　由面旋转形成体

例 10.8　综合点、线、面、体积练习。

```
/PREP7
/PNUM,KP,1            $ /PUM,LINE,1
/PNUM,AREA,1          $ /PNUM,VOLU,1
K,1,2            ! 建立点 1,坐标(2,0)
K,2,3,4          ! 建立点 2,坐标(3,4)
K,3, - 0.5,3     ! 建立点 3,坐标( - 0.5,3)
K,4, - 2,0.5     ! 建立点 4,坐标( - 2,0.5)
```

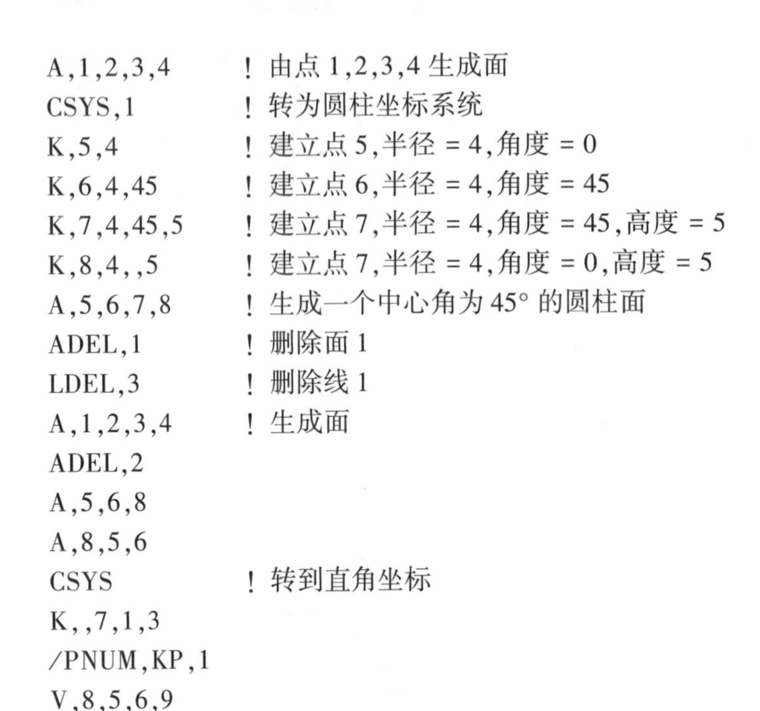

```
A,1,2,3,4       ! 由点1,2,3,4 生成面
CSYS,1          ! 转为圆柱坐标系统
K,5,4           ! 建立点5,半径 = 4,角度 = 0
K,6,4,45        ! 建立点6,半径 = 4,角度 = 45
K,7,4,45,5      ! 建立点7,半径 = 4,角度 = 45,高度 = 5
K,8,4,,5        ! 建立点7,半径 = 4,角度 = 0,高度 = 5
A,5,6,7,8       ! 生成一个中心角为45° 的圆柱面
ADEL,1          ! 删除面1
LDEL,3          ! 删除线1
A,1,2,3,4       ! 生成面
ADEL,2
A,5,6,8
A,8,5,6
CSYS            ! 转到直角坐标
K,,7,1,3
/PNUM,KP,1
V,8,5,6,9
```

10.3.8 用体素创建 ANSYS 对象

这里先引入体素(Primitive) 的概念,ANSYS 中,体素指预先定义好的具有共同形状的面或体。利用它可直接建立某些形状的高级对象,例如矩形、正多边形、圆柱体、球体等,高级对象的建立可节省很多时间,其所对应的低级对象同时产生,系统给予最小的编号。我们用体素创建对象时,通常要结合一定的布尔操作才能完成实体模型的建立。常用的 2 - D 及 3 - D 体素如图 10.24 所示。

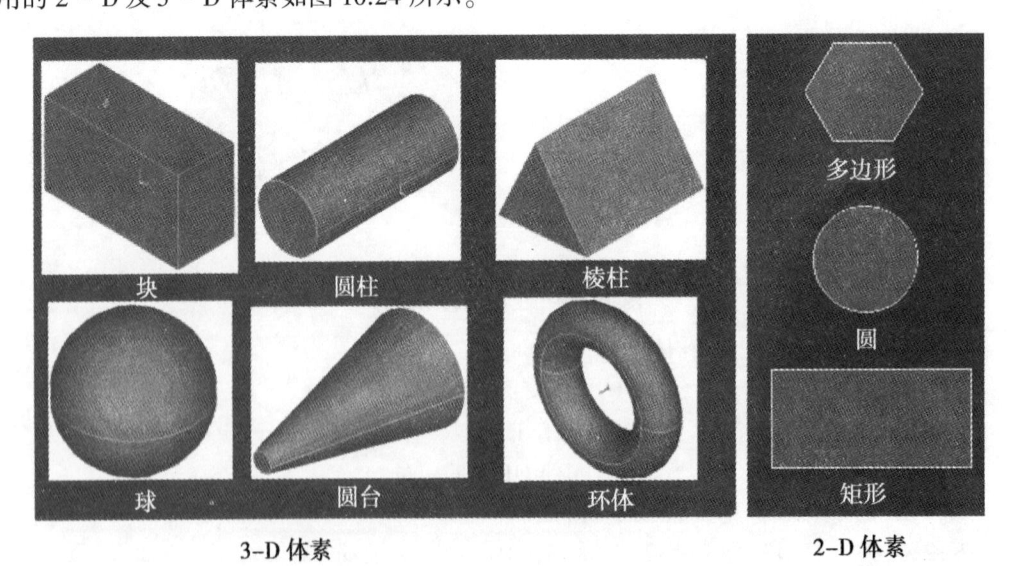

图 10.24　体素

在创建对象时,要注意的是,3 - D 对象具有高度,其高度必须在 Z 轴方向,如欲在非原点坐标建立 3 - D 体素对象,必须移动坐标平面至所需的点上,对象的高度非 Z 轴的,必须旋转工作平面。图 10.25 为一个空心球示意图,当命令 Menu paths:Main Menu > Preprocessor > Create > Sphere > By Dimensions 执行完后,其中的 4 个面、10 条线及 8 个关键点自动产生。

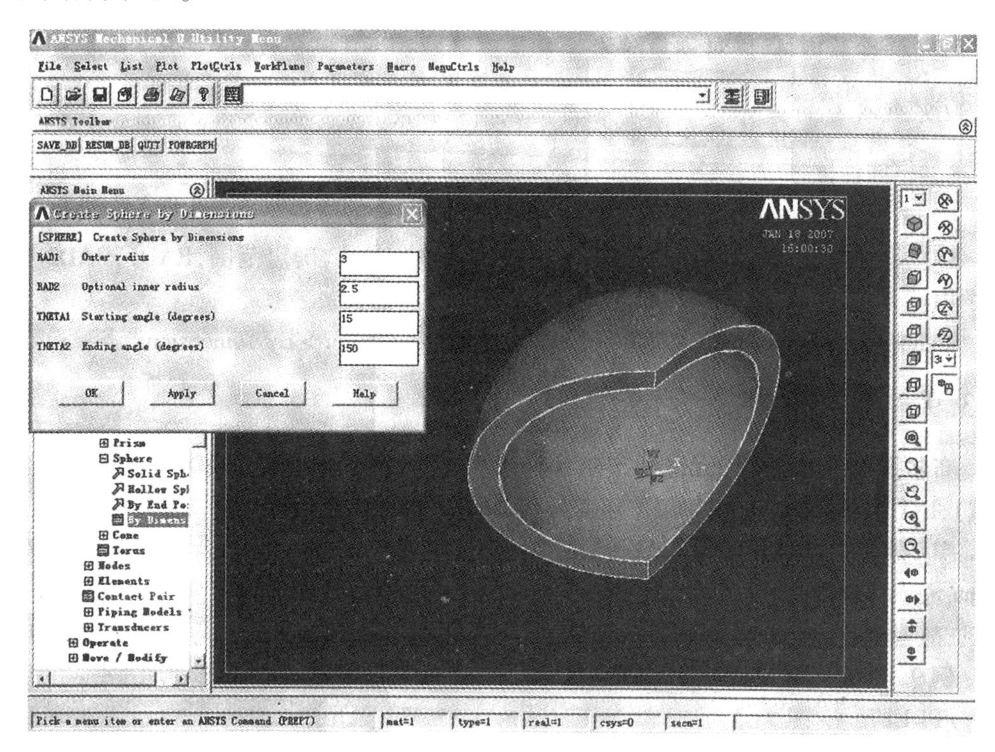

图 10.25　空心球体

10.3.8.1　矩形

RECTNG,X1,X2,Y1,Y2

建立一长方形面积,以两个对顶的坐标为参数即可。X1,X2 为 X 方向的最小及最大值,Y1,Y2 为 Y 方向的最小及最大值。

Menu paths:Main Menu > Preprocessor > Create > Rectangle > By Dimensions

10.3.8.2　圆

PCIRC,RAD1,RAD2,THETA1,THETA2

以工作平面的坐标为基准,建立平面圆面积。RAD1,RAD2 为内外圆半径,THETA1,THETA2 为圆面的角度范围。系统默认为 360°,并以 90° 自行分段,如图 10.26 所示。

Menu paths:Main Menu > Preprocessor > Create > By Dimensions

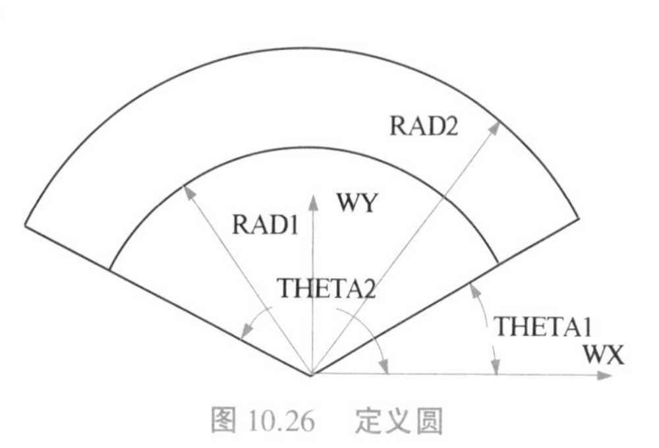

图 10.26　定义圆

10.3.8.3 长方体

BLOCK,X1,X2,Y1,Y2,Z1,Z2

建立一个长方体,以对顶角的坐标为参数。X1,X2 为 X 向最小及最大坐标值,Y1,Y2 为 Y 向最小及最大坐标值, Z1,Z2 为 Z 向最小及最大坐标值。

Menu paths:Main Menu > Preprocessor > Create > Block > By Dimensions

10.3.8.4 圆柱体

CYLIND,RAD1,RAD2,Z1,Z2,THETA1,THETA2

建立一个圆柱体积,圆柱的方向为 Z 方向,并由 Z1,Z2 确定范围,RAD1,RAD2 为圆柱的内外半径,THETA1,THETA2 为圆柱的初始、终结角度。

Menu paths:Main Menu > Preprocessor > Create > Cylinder > By Dimensions

10.3.9 布尔操作

布尔操作可对几何图元进行布尔计算,ANSYS 布尔运算包括 ADD(加)、SUBTRACT(减)、INTERSECT(交)、DIVIDE(分解)、GLUE(黏结)、OVERLAP(搭接),它们不仅适用于简单的图元,也适用于从 CAD 系统中传入的复杂几何模型。GUI 命令路径为 Main Menu > Preprocessor > - Modeling - Operate。通常情况下,结构进行对应网格化几乎无法达到,故皆以自由网格化为主,同时布尔运算对所操作的对象进行编号。

例 10.9 练习建立图 10.27 的模型。

```
/PREP7
RECTNG,0,6, - 1,1
PCIRC,0,1,90,270
RECTNG,4,6, - 3, - 1
WPAVE,5, - 3
PCIRC,0,1, - 180,0
ADD,ALL
PCIRC,0.4
WPAVE,0,0,0
PCIRC,0.4
ASBA,5,1
ASBA,3,2
```

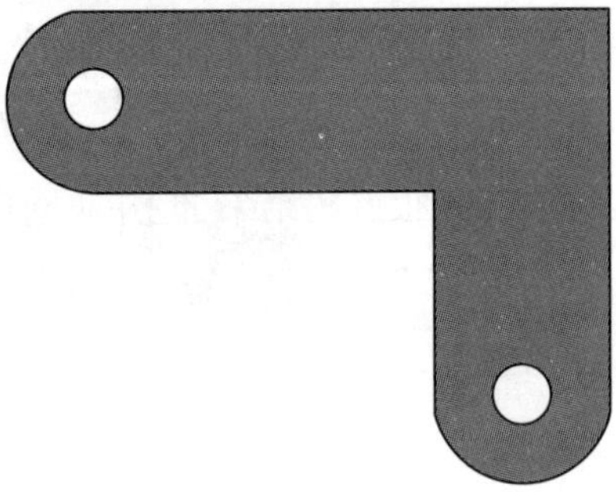

图 10.27 模型

10.4 网格划分

10.4.1 区分实体模型和有限元模型

现今所有的有限元分析都用实体建模,类似于 CAD,ANSYS 以数学的方式表达结构的几何形状,用于在里面填充结点和单元,还可以在几何边界上方便地施加荷载,但是几何实体模型并不参与有限元分析,所有施加在有限元边界上的荷载或约束,必须最终传递到有限元模型上(结点和单元) 进行求解,如图 10.28 所示。

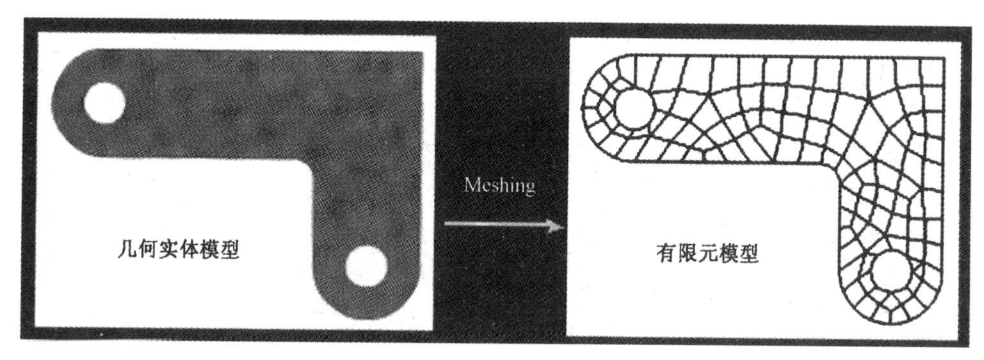

图 10.28　划分网格

10.4.2　网格化的步骤

10.4.2.1　建立选取单元数据

单元数据包括单元的种类(TYPE)、单元的几何常数(R)、单元的材料性质(MP)及单元形成时所在的坐标系统。当然我们可以设定不同种类的单元,相同的单元又可设定不同的几何常数,也可以设定不同的材料特性,以及不同的单元坐标系统。

10.4.2.2　设定网格建立所需的参数

设定网格划分的参数最主要是定义对象边界单元的大小和数目。网格设定所需的参数,将决定网格的大小、形状,这一步非常重要,将影响分析时的正确性和经济性。网格细也许会得到很好的结果,但并非网格划分得越细,得到的结果就越好,因为网太密太细,会占用大量的分析时间。有时较细的网格与较粗的网格比较起来,较细的网格分析的精确度只增加百分之几,但占用的计算机资源比起较粗的网格却是数倍之多,同时在较细的网格中,常会造成不同网格划分时连接的困难,这一点不能不特别注意。

10.4.2.3　划分网格

完成前两步即可进行网格划分,并完成有限元模型的建立,如果不满意网格化的结果,也可清除网格化,重新定义单元的大小、数目,再进行网格化,直到得到满意的有限元结果为止。

实体模型的网格化可分为自由网格化(Free Meshing)及对应网格化(Mapped Meshing)两种不同的网格化,对于建构实体模型过程有相当大的影响。自由网格化时实体模型的构建简单,无较多限制。反之,对应网格化,实体模型的建立比较复杂,有较多限制。

10.4.3　单元形状定义

单元形状在 2 - D 结构中可分为四边形和三角形,在 3 - D 结构中可分为六面体和角锥体。当实体模型进行对应网格划分时,2 - D 及 3 - D 结构所产生的单元必为四边形及六面体,当无法进行对应网格化时,程序会自动用自由网格化,所以 2 - D 结构将自行以四边形和三角形的混合方式进行,3 - D 结构以角锥体方式进行。网格化,有默认尺寸大小,也就是说不给定线段和网格数目,仍然可以进行网格划分,但不一定能满足设计者的要求。

单元大小基本上在线段上定义,可用线段数目和线段长度来划分,通常以线段数目分割比较方便。分割时可均分或不均分,不均分以线段方向或中间为准,根据数定义可得到渐增或渐减的效果。除此之外,也可以以整体对象为基准,确定网格的大小。此外自由网格化一般不需要定义线段的数目及大小,程序将提供智能化控制;而指定线段进行单元数目及大小的声明,大多用于对应网格化。

10.4.4 网格划分工具

网格划分工具是网格控制的一种快捷方式,它能方便地实现单元属性控制、智能网格划分控制、尺寸控制、自由网格划分和对应网格划分、执行网格划分、清除网格划分以及局部细分,如图 10.29 所示。

程序默认为自由网格划分,单元形状以四边形、六面体为准优先,三角形、角锥次之。网格化时,如果实体模型能够对应网格化,而且相对应边长度不是差得很多,则对应网格划分优先考虑进行。

网格划分工具中,我们一般只用它的一两组功能即可达到要求。这里有必要知道尺寸控制的优先级。

缺省单元尺寸控制:

(1) 对线划分的指定被最先考虑;

(2) 关键点附近的单元尺寸作为第二级考虑对象;

(3) 总体单元尺寸作为第三级考虑对象;

(4) 缺省尺寸最后考虑;

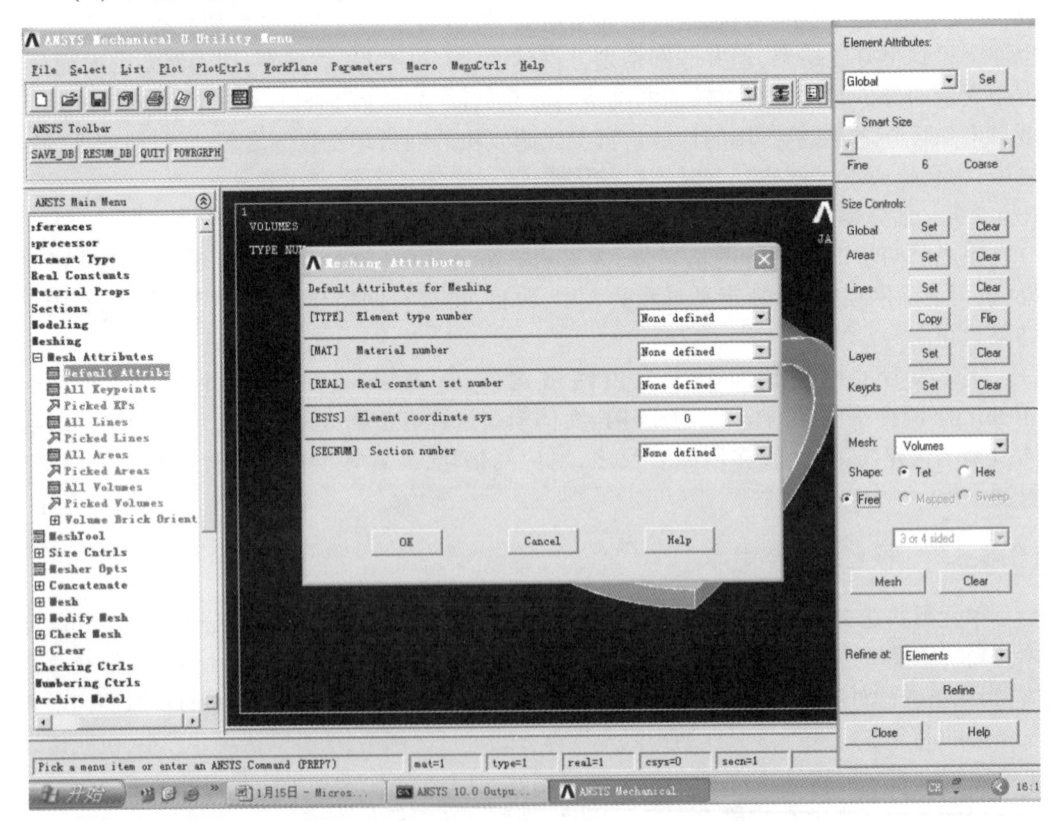

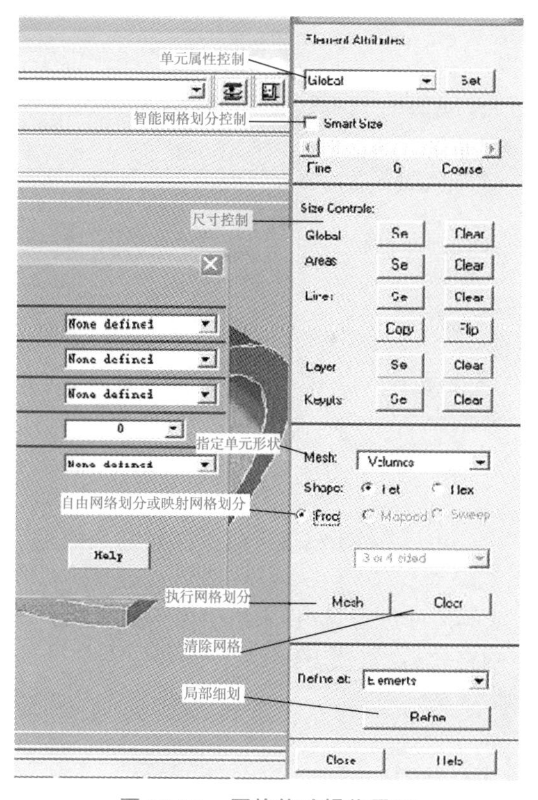

图 10.29　网格修改操作界面

(5) 智能单元尺寸的优先顺序;

(6) 对线划分的指定被最先考虑;

(7) 关键点附近的单元尺寸作为第二级考虑对象,当考虑到小的几何特征和曲率时,可以忽略它;

(8) 总体单元尺寸作为第三级考虑对象,当考虑到小的几何特征和曲率时,可以忽略它;

(9) 智能单元尺寸设置最后考虑。

例 10.10　综合练习,如图 10.30 所示。

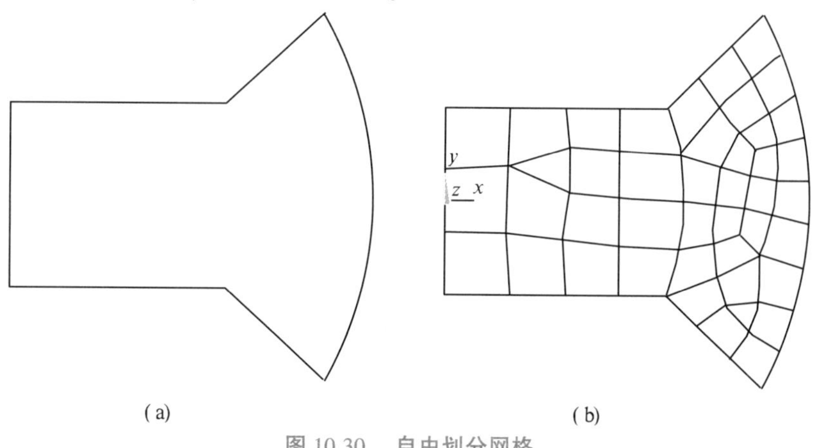

图 10.30　自由划分网格

```
/PREP7
ET,1,PLANE42
K,1,,-4.5          $ K,2,6,-4.5          $ K,3,,4.5          $ K,4,6,4.5
CSYS,1
K,5,10,-30         $ K,6,10,30
CSYS,0
SAVE
L,1,2              $ L,4,3
CSYS,1,
L,2,4              $ L,5,6
CSYS,0
A,1,2,4,3
A,2,5,6,4
SAVE               ! 可以用 RESUME 命令回复到当前点
AMESH,ALL!
```

此时网格以系统默认的尺寸进行自由划分,但由于面积符合对应网格化的要求,所以会进行对应网划分。在网格化后,可用 RESUME 命令回到划分前的状态,试使用网格划分工具,指定不同的控制,观察结果。

10.5 实体模型的外力

对于实体模型而言,施力方式可直接施加在实体模型的点、线、面上,施加方式同第 3 章里在结点和单元上直接施加非常相似。在实体模型上加载独立于有限元网格,重新划分网格或局部修改网格不会影响荷载,加载更加容易,可以在图形中拾取。

10.5.1 位移约束

10.5.1.1 在结点上施加位移约束

KD,KPOI,Lab1,VALUE,VALUE2,KEXPND,Lab2,Lab3, Lab4, Lab5, Lab6

该命令与 D 命令相对应,定义约束,KPOI 为受限点的号码,VALUE 为受约束点的值。Lab1 ~ Lab6 与 D 相同,可借着 KEXPND 去扩展定义在不同点间结点所受约束。

10.5.1.2 在线上施加位移约束

DL,LINE,AREA,Lab,Value1,Value2

在线段上定义约束条件(Displacement)LINE,AREA 为受约束线段及线段所属面积的号码。Lab 与 D 命令相同,但增加了对称(Lab = SYMM)与反对称(Lab = ASYM),Value 为约束的值。

Menu paths:Main Menu > Solution > Apply > On Lines

Menu paths:Main Menu > Solution > Apply > Boundary > On Lines

Menu paths:Main Menu > Solution > Apply > Displacement > On Lines

10.5.1.3　在面上施加位移约束

DA,AREA,Lab,Value1,Value2

在面积上定义约束条件,AREA 为受约束的号码,Lab 同 DL。

Menu paths:Main Menu > Solution > Apply > On Areas

Menu paths:Main Menu > Solution > Apply > Boundary > On Areas

Menu paths:Main Menu > Solution > Apply > Displacement > On Areas

10.5.2　加载

10.5.2.1　在关键点上施加集中力

FK,KPOI,Lab,VALUE1,VALUE2

该命令与 F 命令相对应,在点(Keypoint)上定义集中外力(Force),KPOI 为受力点的号码,VALUE 为外力的值。Lab 与 F 命令相同。

Menu paths:Main Menu > Solution > Apply > Excitation > On Keypoint

Menu paths:Main Menu > Solution > Apply > Others > On Keypoint

10.5.2.2　在线上施加分布力

SFL,LINE,Lab,VALI,VALJ,VAL2I,VAL2J

该命令与 SFE 相对应,在面积线上定义分布力作用的方式和大小,应用于 2 - D 的实体模型表面力。LINE 为线段的号码,Lab 的定义与 SFE 相同,VALI ~ VALJ 为当初建立线段时点顺序的分布力值,如图 10.31 所示。

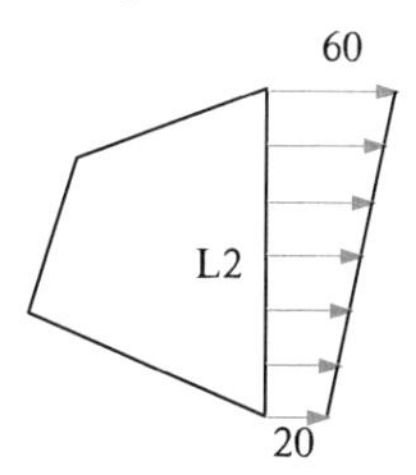

图 10.31　分布力加载

Menu paths:Main Menu > Solution > Apply > Excitation > On Lines

Menu paths:Main Menu > Solution > Apply > Others > On Lines

10.5.2.3　在面上施加分布力

FA,AREA,LKEY,Lab,VALUE1,VALUE2

该命令与 SFE 相对应,在体积的面上定义分布力作用的方式和大小,应用于 3 - D 的实体模型表面力。AREA 为面积的号码,LKEY 为当初建立体积时面积的顺序,选择 AREA 与 LKEY 其中的一个输入。Lab 的定义与 SFE 相同,VALUE 为分布力的值。

Menu paths:Main Menu > Solution > Apply > Excitation > On Areas

Menu paths:Main Menu > Solution > Apply > Others > On Areas

10.6 ANSYS 有限元分析实例

例 10.11 如图 10.32 所示平板，弹性模量为 30 MPa，泊松比为 0.3，两端拉力为 100 Pa，中心孔内压力为 500 Pa，中心孔径为 3 m，板的长、宽分别为 30 m 和 10 m，求解变形和应力。

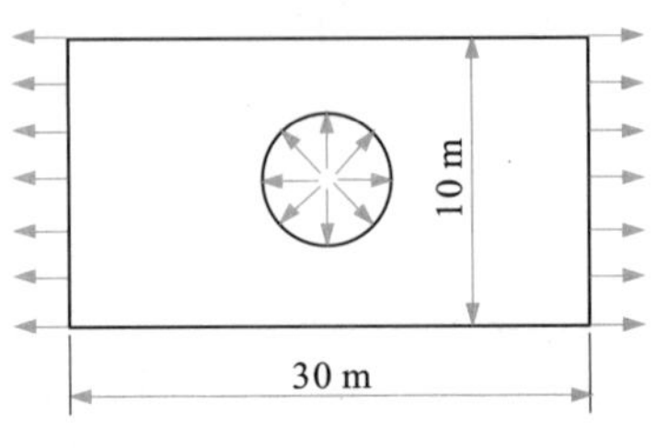

图 10.32 例 10.11 图

取对称进行分析，ANSYS 解题命令如下：

```
/PREP7
ET,1,PLANE42
MP,EX,1,30E6
MP,PRXY,1,0.3
K,1
K,2,15
K,3,15,2
K,4,12,5
K,5,15,8
K,6,15,10
K,7,,10
K,8,15,5,1
L,1,2
L,2,3
L,5,6
L,6,7
L,7,1
CIRCLE, 8,3,P,,180,4
NUMMRG,KP            ! 合并重合点
AL,ALL
! 几何模型创建完毕
ESIZE,,4        ! 指定线段要分成的单元的数目为 4,可以用网格划分工具方便实现
AMESH,ALL
FINISH
! 网格划分完毕,如图 10.33 所示。
```

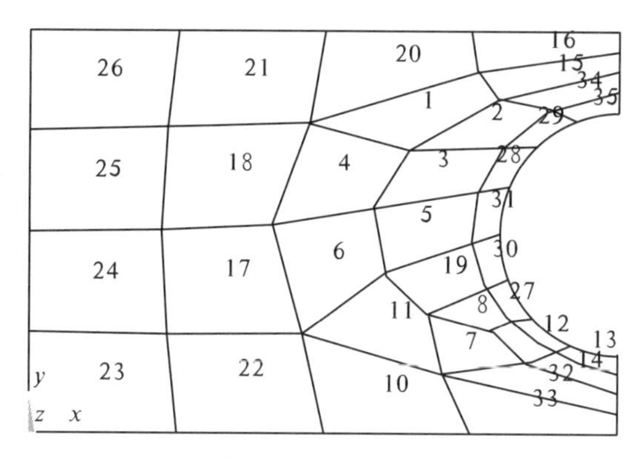

图 10.33 网格划分

```
/SOLU
LSEL,S, , ,P51X                  ! 只指定线段 5 有效
NSLL,S,1                         ! 指定线段 5 上的所有结点有效
SF,ALL,PRES, - 100,0             ! 施中压力
ALLSEL                           ! 选中所有对象有效
LSEL,S,LINE,6,7                  ! 只指定线段 6 有效
NSLL,S,1                         ! 线段 6 上的所有结点有效
SF,ALL,PRES,500                  ! 施加压力
ALLSEL
NSEL,S,LOC,X,14.99,15.01         ! 只指定 X 坐标在 14.99 ~ 15.01 范围内有效
DSYM,SYMM,X                      ! 对称约束
ALLSEL
SOLVE
FINISH
! 求解完毕
/POST
/PLDISP,1                        ! 显示变形图,如图 10.34 所示。
/PLNSOL,S,EQV                    ! 显示等效应力云图,如图 10.35 所示。
/PRNSOL                          ! 列出结点应力
```

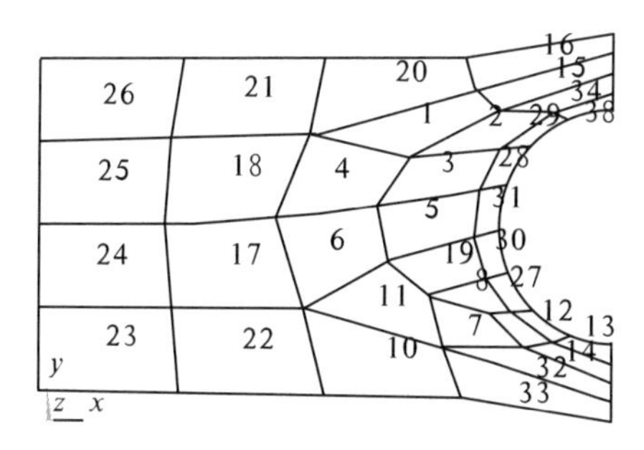

图 10.34 单元编号

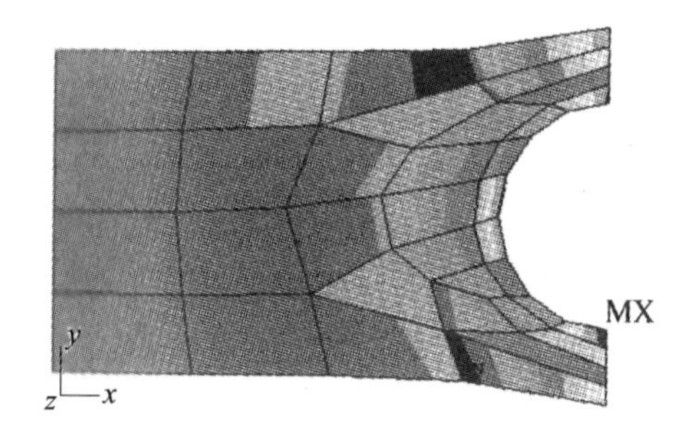

图 10.35 应力云图

例 10.12　如图 10.36 所示矩形截面深梁，两端简支，长度为 5 m，高度为 1.75 m，受均布荷载 q = 5000 N/m 作用，弹性模量为 30 GPa，泊松比为 0.3，求解变形和应力。

ANSYS 命令如下：

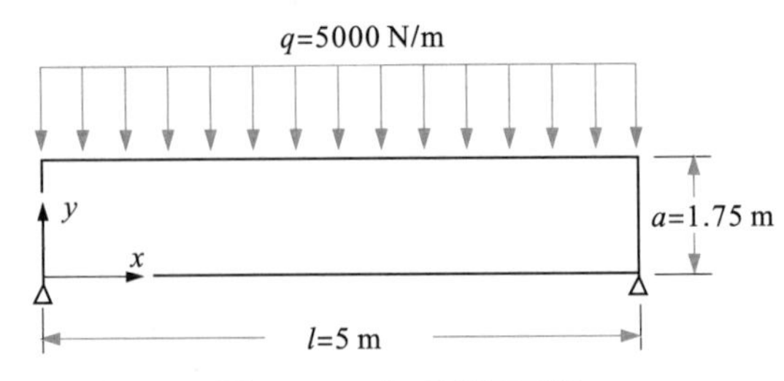

图 10.36　矩形截面深梁

```
/PREP7
ET,1,PLANE82
MP,EX,1,30E9
MP,PRXY,1,0.3
RECTNG,,5,,1.75
LESIZE,2,,,14
LESIZE,4,,,14
LESIZE,3,,,19
LESIZE,1,,,19
AMESH,ALL
FINISH
! 网格划分完毕,如图 10.37 所示。
```

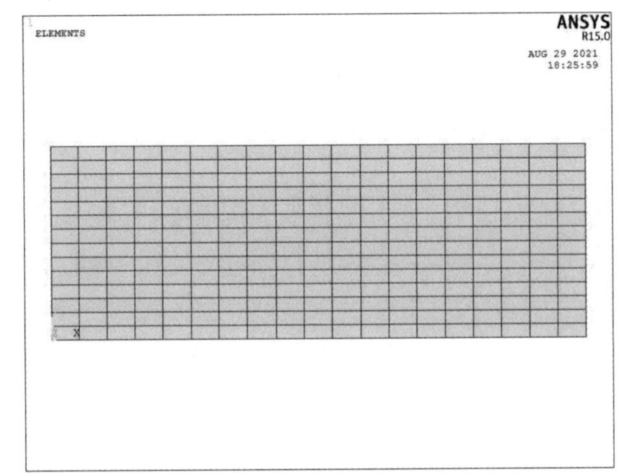

图 10.37　有限元网格划分

```
/SOLU
DK,1,ALL
DK,2,UY
SFL,3,PRES,5000
SOLVE
FINISH
/POST1
PLDISP,2              ! 显示变形图,如图 10.38 所示。
PLNSOL,S,X            ! 显示应力 SX 云图,如图 10.39 所示。
PLNSOL,S,Y            ! 显示应力 SY 云图,如图 10.40 所示。
```

```
PLNSOL,S,XY        ! 显示应力 SXY 云图,如图 10.41 所示。
PLNSOL,S,EQV       ! 显示等效应力云图,如图 10.42 所示。
FINISH
```

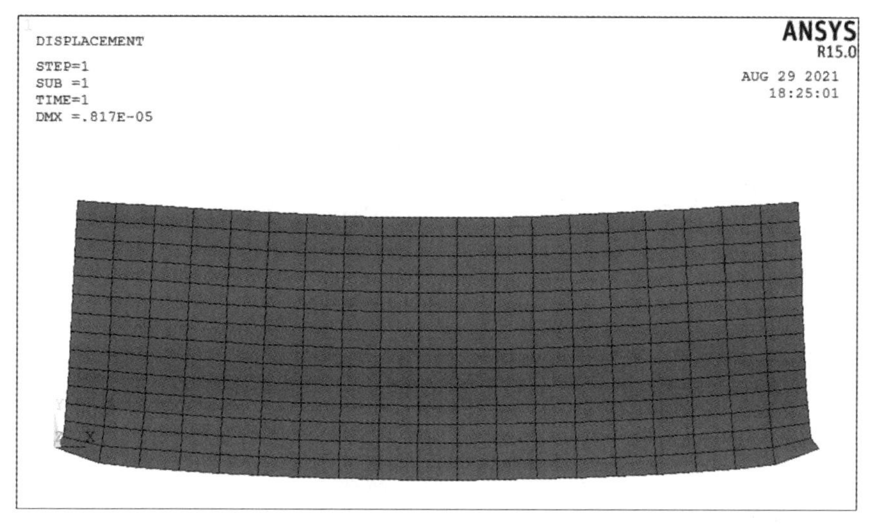

图 10.38　变形图

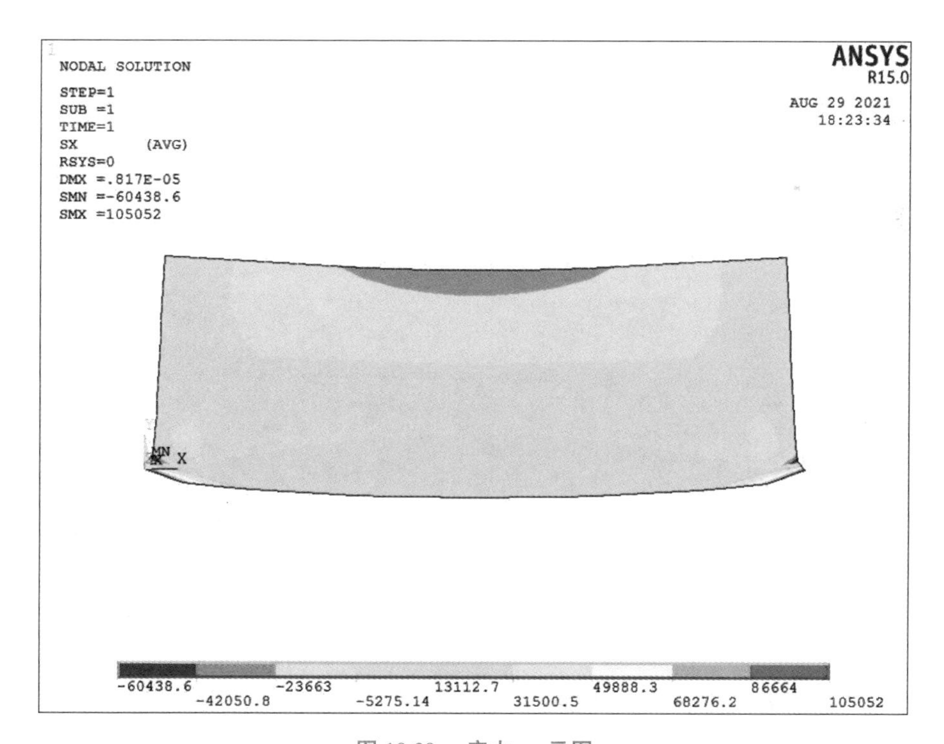

图 10.39　应力 σ_x 云图

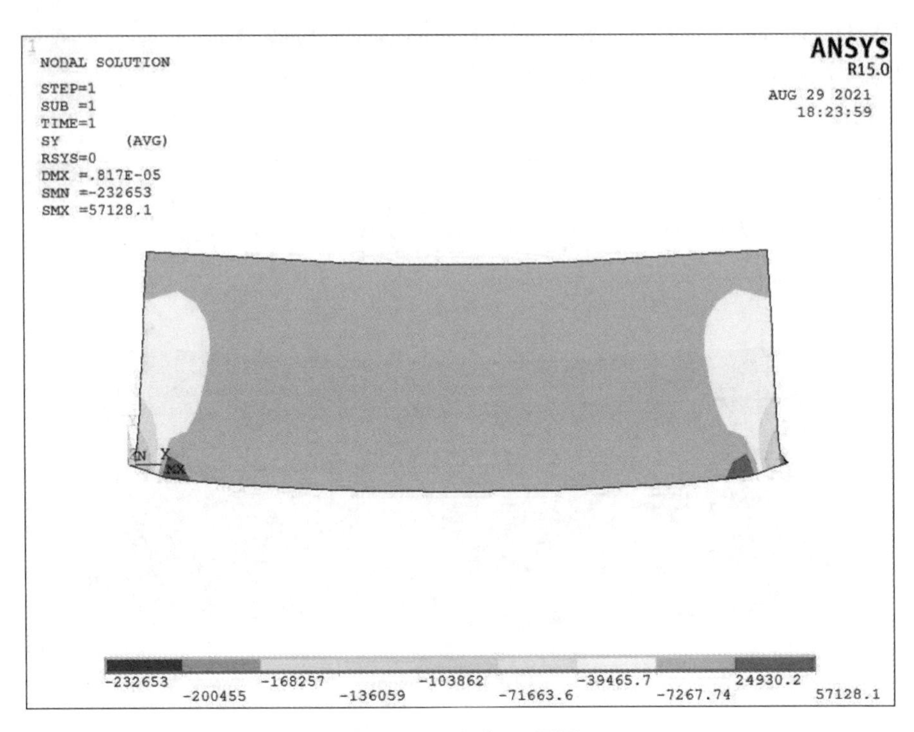

图 10.40 应力 σ_y 云图

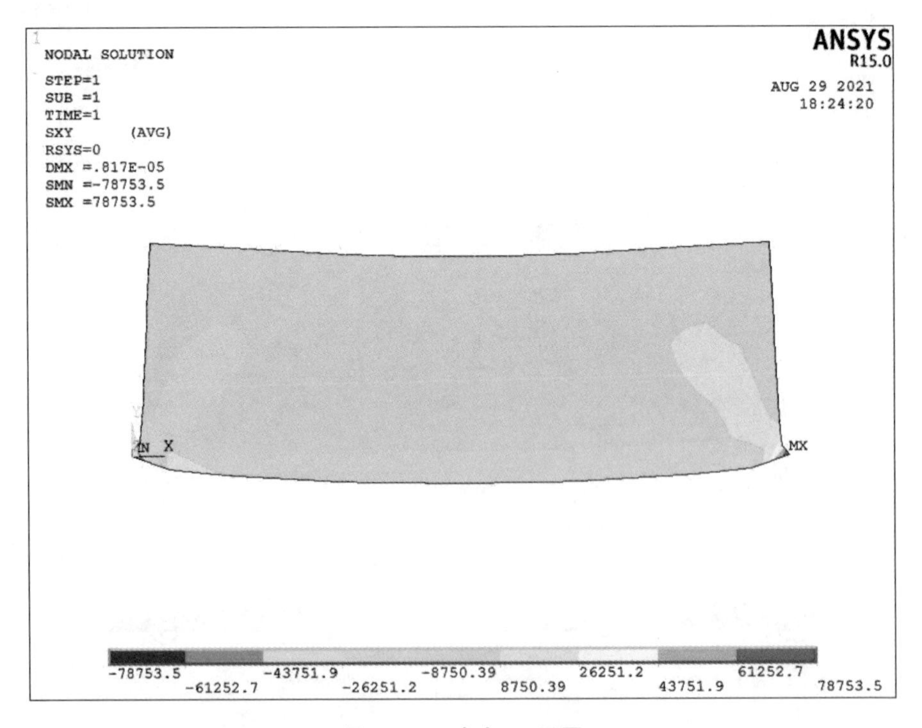

图 10.41 应力 τ_{xy} 云图

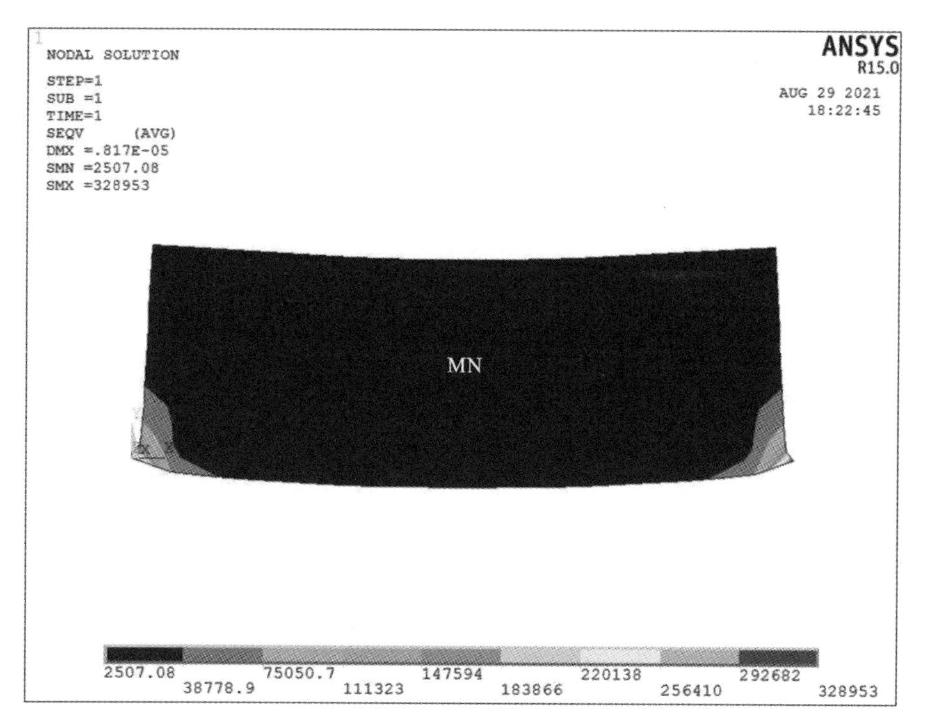

图 10.42　等效应力云图

例 10.13　平面桁架结构,受力和尺寸如图 10.43 所示,弹性模量 $E = 200$ GPa,杆件截面积均为 25 cm^2,求解桁架变形和杆件应力。

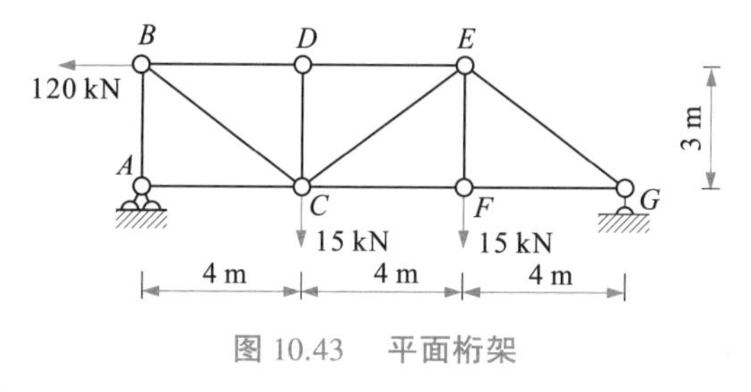

图 10.43　平面桁架

ANSYS 命令如下:

```
/PREP7
ET,1,LINK180
MP,EX,1,200E9
R,1,25E - 4
N,1
N,2,,3
N,3,4
N,4,4,3
N,5,8,3
N,6,8
```

```
N,7,12
E,1,2
E,1,3
E,2,3
E,2,4
E,3,4
E,3,5
E,3,6
E,4,5
E,5,6
E,5,7
E,6,7
FINISH
! 网格完成,如图 10.44 所示。
```

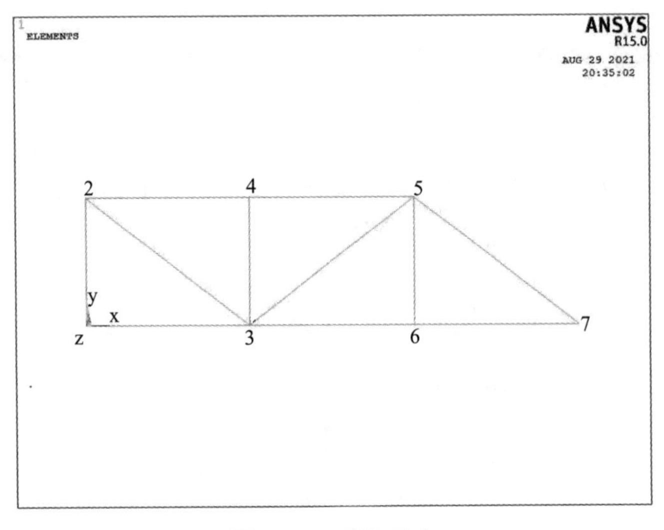

图 10.44　网格划分

```
/SOLU
D,1,ALL
D,7,UY,,,,,UZ
F,2,FX, - 120E3
F,3,FY, - 15E3,,6,3
SOLVE
FINISH
/POST1
PLDISP,2                ! 显示变形图,如图 10.45 所示。
PRRSOL,F                ! 显示支反力,如图 10.46 所示。
```

```
ETABLE,AXIALFORCE,SMISC,1
PRETAB,AXIALFORCE                 ! 显示杆件轴力,如图 10.47 所示。
ETABLE,AXIALSTRESS,LS,1
PRETAB,AXIALSTRESS                ! 显示杆件应力,如图 10.48 所示。
```

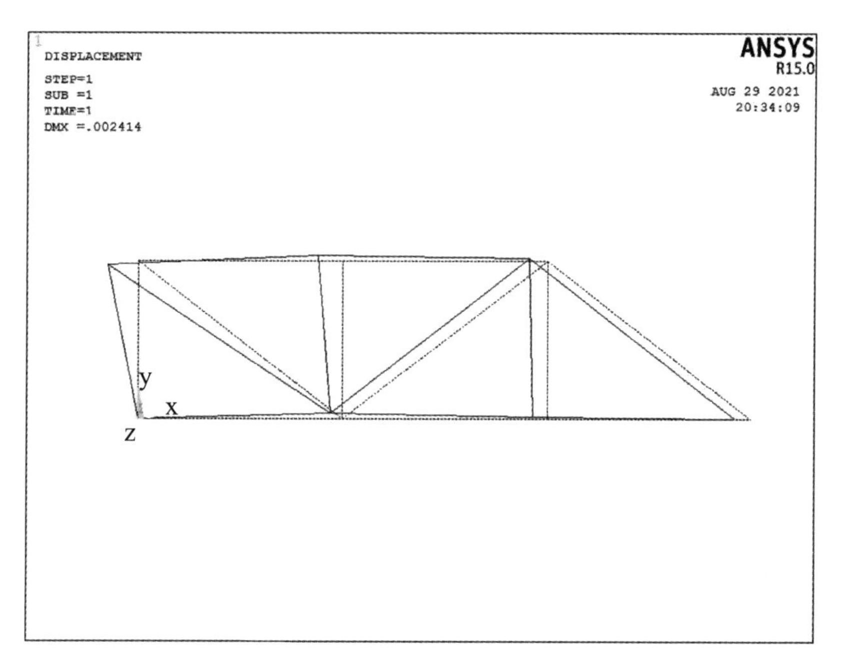

图 10.45　变形图

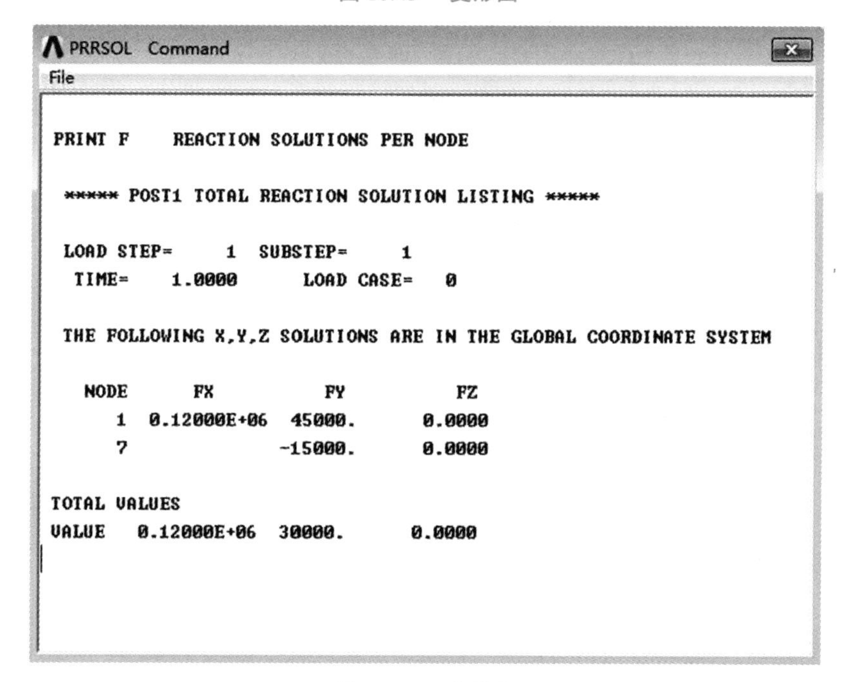

PRRSOL Command

File

```
PRINT F     REACTION SOLUTIONS PER NODE

 ***** POST1 TOTAL REACTION SOLUTION LISTING *****

 LOAD STEP=      1  SUBSTEP=     1
  TIME=    1.0000      LOAD CASE=   0

 THE FOLLOWING X,Y,Z SOLUTIONS ARE IN THE GLOBAL COORDINATE SYSTEM

   NODE       FX            FY            FZ
      1  0.12000E+06   45000.       0.0000
      7               -15000.       0.0000

TOTAL VALUES
VALUE   0.12000E+06   30000.       0.0000
```

图 10.46　支反力

PRETAB Command

File

```
PRINT ELEMENT TABLE ITEMS PER ELEMENT

 ***** POST1 ELEMENT TABLE LISTING *****

   STAT     CURRENT
   ELEM     AXIALFOR
      1  -45000.
      2 -0.12000E+06
      3   75000.
      4   60000.
      5 -0.13553E-10
      6  -50000.
      7  -20000.
      8   60000.
      9   15000.
     10   25000.
     11  -20000.

MINIMUM VALUES
ELEM           2
VALUE  -0.12000E+06

MAXIMUM VALUES
ELEM           3
VALUE    75000.
```

图 10.47　杆件轴力

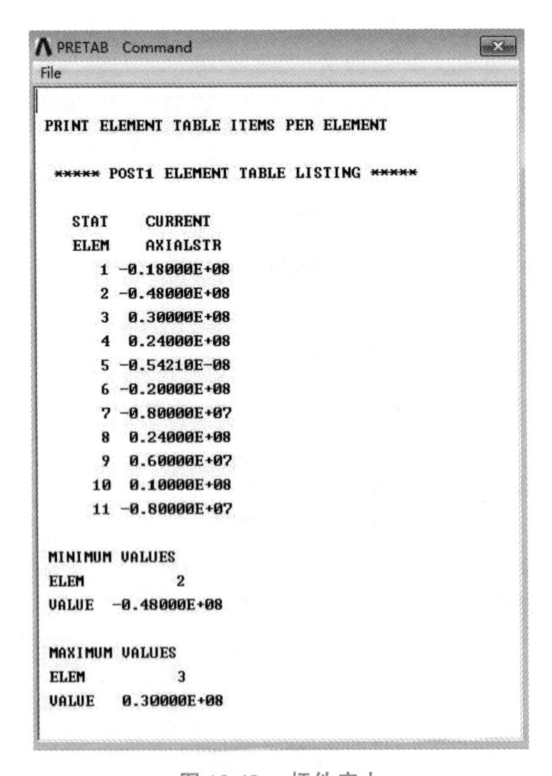

PRETAB Command

File

```
PRINT ELEMENT TABLE ITEMS PER ELEMENT

 ***** POST1 ELEMENT TABLE LISTING *****

   STAT     CURRENT
   ELEM     AXIALSTR
      1 -0.18000E+08
      2 -0.48000E+08
      3  0.30000E+08
      4  0.24000E+08
      5 -0.54210E-08
      6 -0.20000E+08
      7 -0.80000E+07
      8  0.24000E+08
      9  0.60000E+07
     10  0.10000E+08
     11 -0.80000E+07

MINIMUM VALUES
ELEM           2
VALUE  -0.48000E+08

MAXIMUM VALUES
ELEM           3
VALUE   0.30000E+08
```

图 10.48　杆件应力

参考文献

[1] 徐芝纶.弹性力学简明教程[M].5 版.北京:高等教育出版社,2018.
[2] 李世芸,肖正明.弹性力学及有限元[M].北京:机械工业出版社,2021.
[3] 徐芝纶.弹性力学[M].5 版.北京:高等教育出版社,2016.
[4] 王勖成.有限单元法[M].北京:清华大学出版社,2003.
[5] 曾攀.工程有限元方法[M].北京:科学出版社,2010.
[6] 李亚智,赵美英,万小朋.有限元法基础与程序设计[M].北京:科学出版社,2018.
[7] 白海波.FORTRAN 程序设计权威指南[M].北京:机械工业出版社,2013.
[8] 高耀东,郭喜平,张宝琴.ANSYS 18.2 有限元分析与应用实例[M].北京:电子工业出版社,2019.

弹性力学与有限元
勘误表

附表　结构静力学中常用的单元类型

类别	形状和特性	单元类型
杆	普通 双线性	LINK1,LINK8 LINK10
梁	普通 截面渐变 塑性 考虑剪切变形	BEAM3,BEAM4 BEAM54,BEAM44 BEAM23,BEAM24 BEAM188,BEAM189
管	普通 浸入 塑性	PIPE16,PIPE17,PIPE18 PIPE59 PIPE20,PIPE60
2-D 实体	四边形 三角形 超弹性单元 黏弹性 大应变 谐单元 P 单元	PLANE42,PLANE82,PLANE182 PLANE2 HYPER84,HYPER56,HYPER74 VISCO88 VISO106,VISO108 PLANE83,PLANE25 PLANE145,PLANE146
3-D 实体	块 四面体 层 各向异性 超弹性单元 黏弹性 大应变 P 单元	SOLID45,SOLID95,SOLID73,SOLID185 SOLID92,SOLID72 SOLID46 SOLID64,SOLID65 HYPER86,HYPER58,HYPER158 VISO89 VISO107 SOLID147,SOLID148
壳	四边形 轴对称 层 剪切板 P 单元	SHELL93,SHELL63,SHELL41,SHELL43,SHELL181 SHELL51,SHELL61 SHELL91,SHELL99 SHELL28 SHELL150